1-1

1-2

1——アカマツの生育を助ける外生菌根菌

1：地中へ広がる外生菌根菌の菌糸ネットワーク。アカマツの根に担子菌門のアテリア菌 T1 株を接種。灰白色部分が菌糸の広がり。2：アカマツへの外生菌根菌の接種効果。対照区（菌根菌なし、**上**）、コツブタケ接種（**中**）、アミタケ接種（**下**）。（第1章）

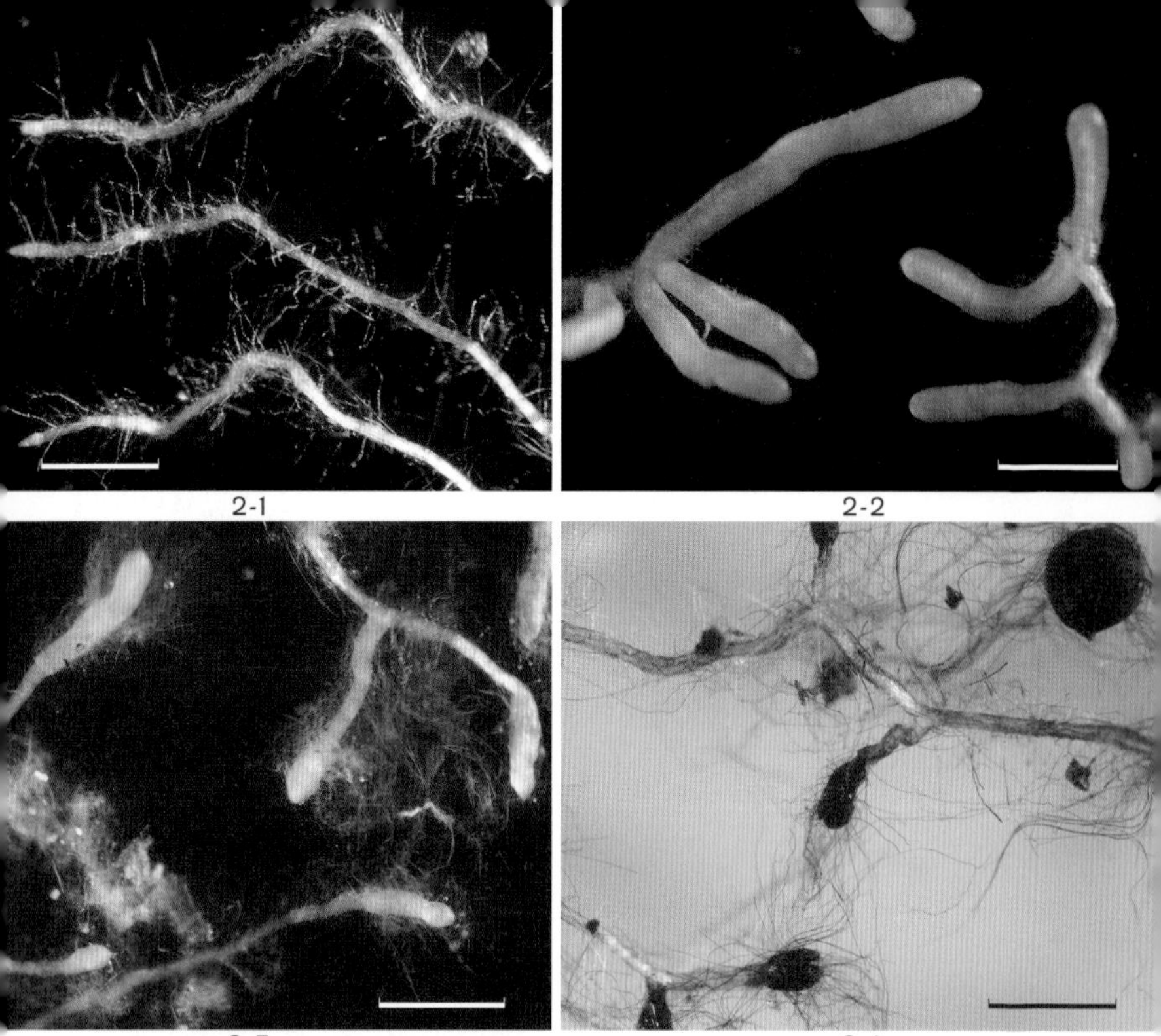

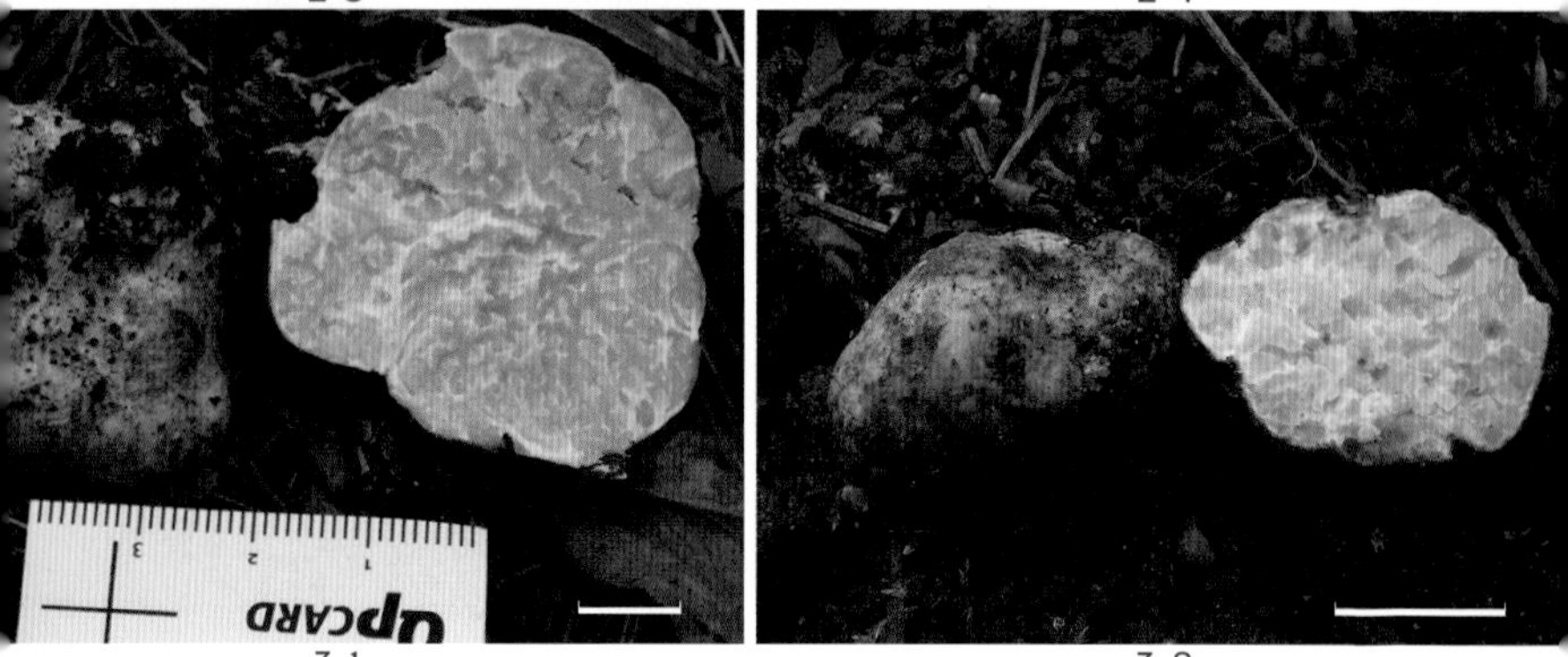

2──富士山の宝永大噴火跡地に定着したミヤマヤナギの外生菌根

1：非感染根。2：キツネタケ属、3：ワカフサタケ属、4：ケノコッカムに感染した根。スケール=1mm（第1章）

3──日本国内産のトリュフ

ホンセイヨウショウロ（1）とウスキセイヨウショウロ（2）の子実体。スケール=1cm（第2章）

4-1

4-2

4-3

4-4

4——世界中のさまざまな地域・環境に分布するコアツツジ科植物

いずれもエリコイド菌根を形成している。1：北海道の登山道で実ったシラタマノキ、2：沖縄県の海岸を彩るタイワンヤマツツジ、3：南アフリカの灌木地に群生したエリカ・ビスカリア（*Erica viscaria*）。4：中国雲南省の 4000m を超える高山で咲くカシオペ・ペクチナータ（*Cassiope pectinata*）。（第 3 章）

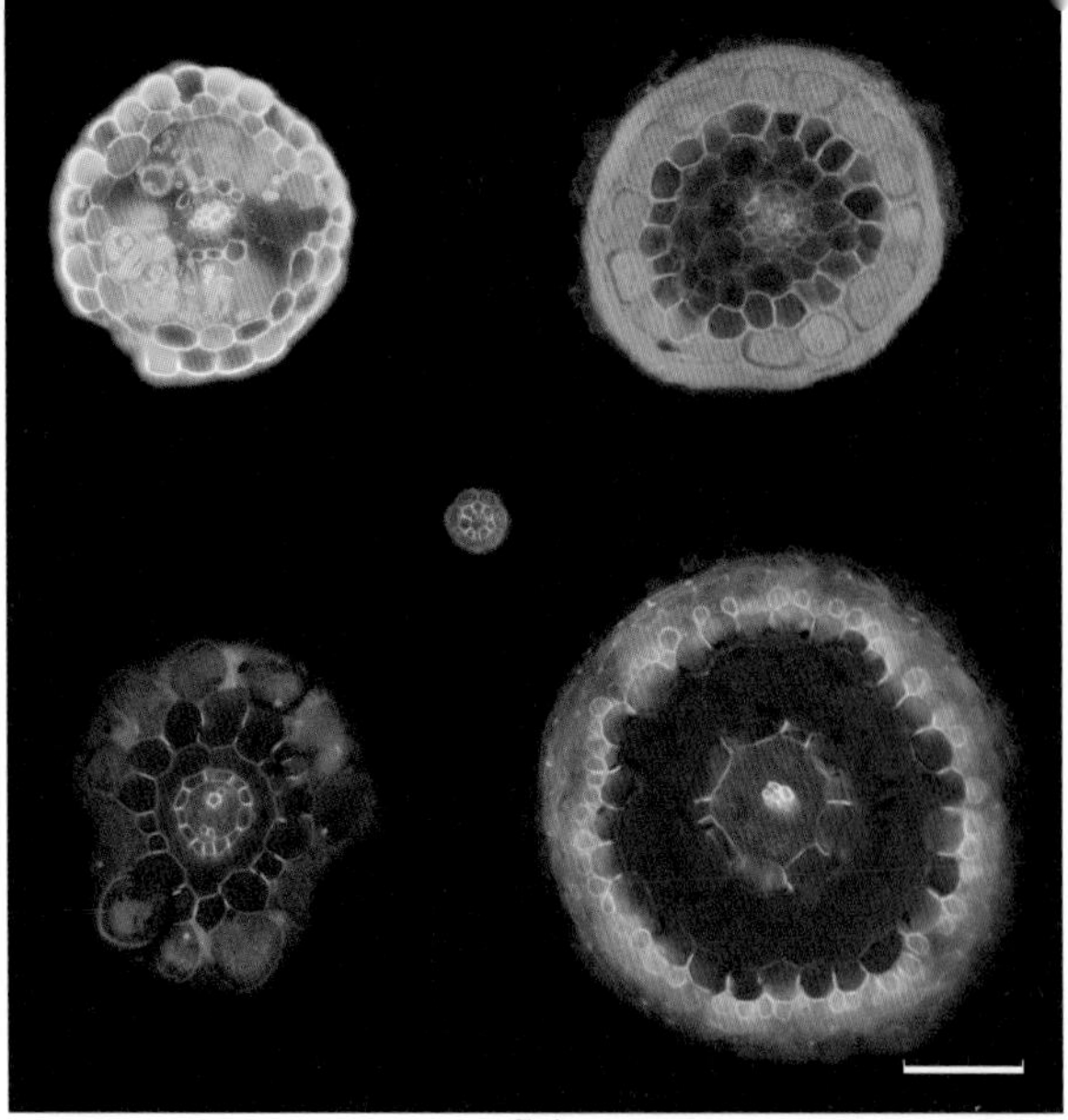

5-1

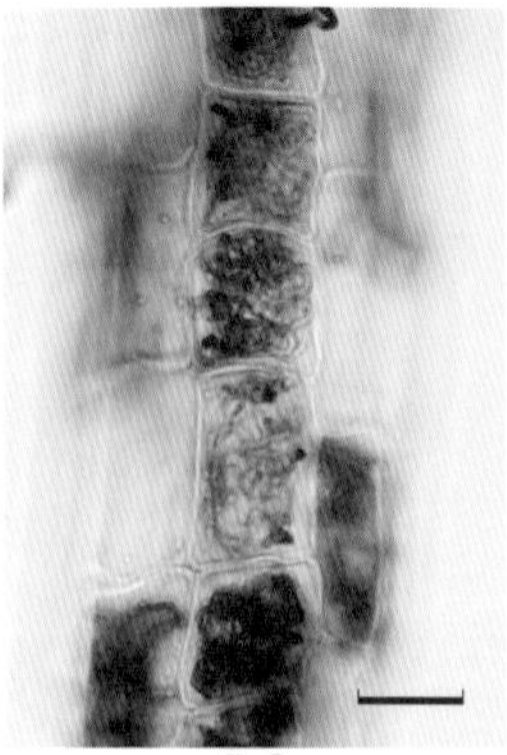

5-2

6-1

6-2

5――ツツジ科植物における菌根の多様性

1：根の横断面切片。紫外線による植物・菌細胞壁などの自家蛍光を観察。アーバスキュラー菌根（サラサドウダン、**左上**）、アーブトイド菌根（ウラシマツツジ、**右上**）、パイロロイド菌根（アーブトイド菌根に含むこともある。コバノイチヤクソウ、**左下**）、モノトロポイド菌根（シャクジョウソウ、**右下**）、エリコイド菌根（コケモモ、**中央**）。細胞内に共生する菌糸や根表面の菌鞘の有無などに、植物の系統と対応した形態の違いが認められる（本文参照）。スケール=100μm。2：エリコイド菌根菌と考えられるレオフミコーラ・ベルコーサによる菌糸コイルの形成。ブルーベリーの根表皮細胞内の菌糸を茶色に染色。スケール=20μm。（第3章）

6――朽ち木から生えるナラタケに寄生するオニノヤガラ

1：オニノヤガラの根茎。ナラタケ属に特徴的な針金状の菌糸束が絡みついている。 2：オニノヤガラ。（第4章）

7――日本で見られるさまざまな菌従属栄養植物

上段：アーバスキュラー菌根菌に寄生する菌従属栄養植物。左からコウベタヌキノショクダイ（1)、ホシザキシャクジョウ（2)、シロシャクジョウ（3)、タカクマソウ（4)。

中段：外生菌根菌に寄生する菌従属栄養植物。左からヒメノヤガラ（5)、タブガワムヨウラン（6)、ギンリョウソウ（7)、キリシマギンリョウソウ（8)。

下段：木材腐朽菌に寄生する菌従属栄養植物。左からツチアケビ（9)、キバナノショウキラン（10)、イモネヤガラ（11)、モイワラン（12)。（第４章）（提供／６：山下大明、その他：末次健司）

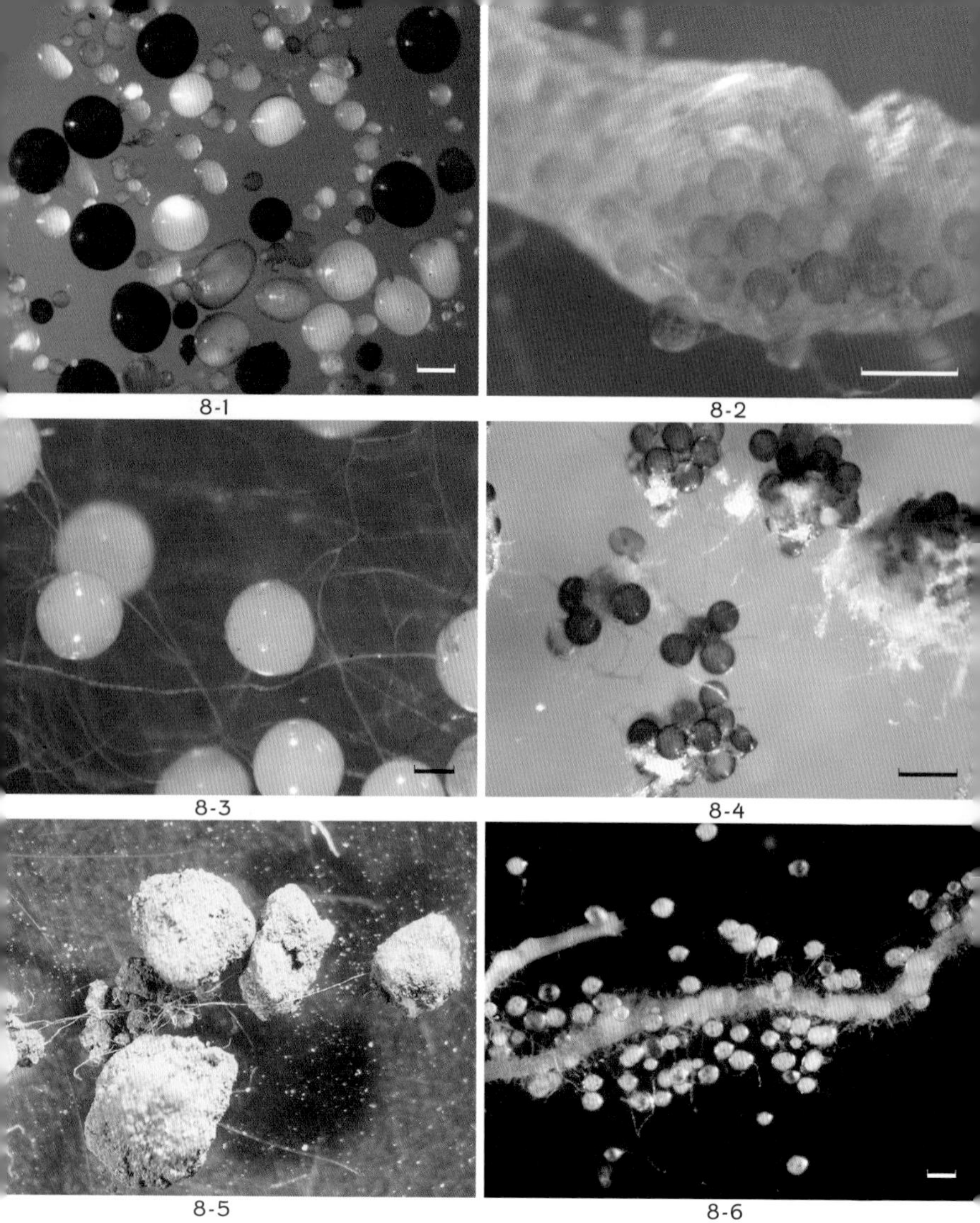

8——アーバスキュラー菌根菌の胞子と菌糸

1：畑土壌より分離した多様なアーバスキュラー菌根菌胞子、2：リーキ（西洋ネギ）の根内に形成されたリゾファガス・イントララディシス（*Rhizophagus intraradices*）の胞子、3：発芽しているギガスポラ・マルガリータ胞子、4：フィリピンのラハール地帯で分離された胞子（種不明）、5：白クローバーの根から土壌中に伸びるアーバスキュラー菌根菌の菌糸。菌糸が土壌粒子をからめて土壌団粒形成を促進している。6：白クローバーの根の周囲に形成されるリゾファガス・クララス（*Rhizophagus clarus*）の胞子。いずれの図もスケール=200μm。（序章）（提供／1：千徳毅、2：C. Walker、その他：齋藤雅典）

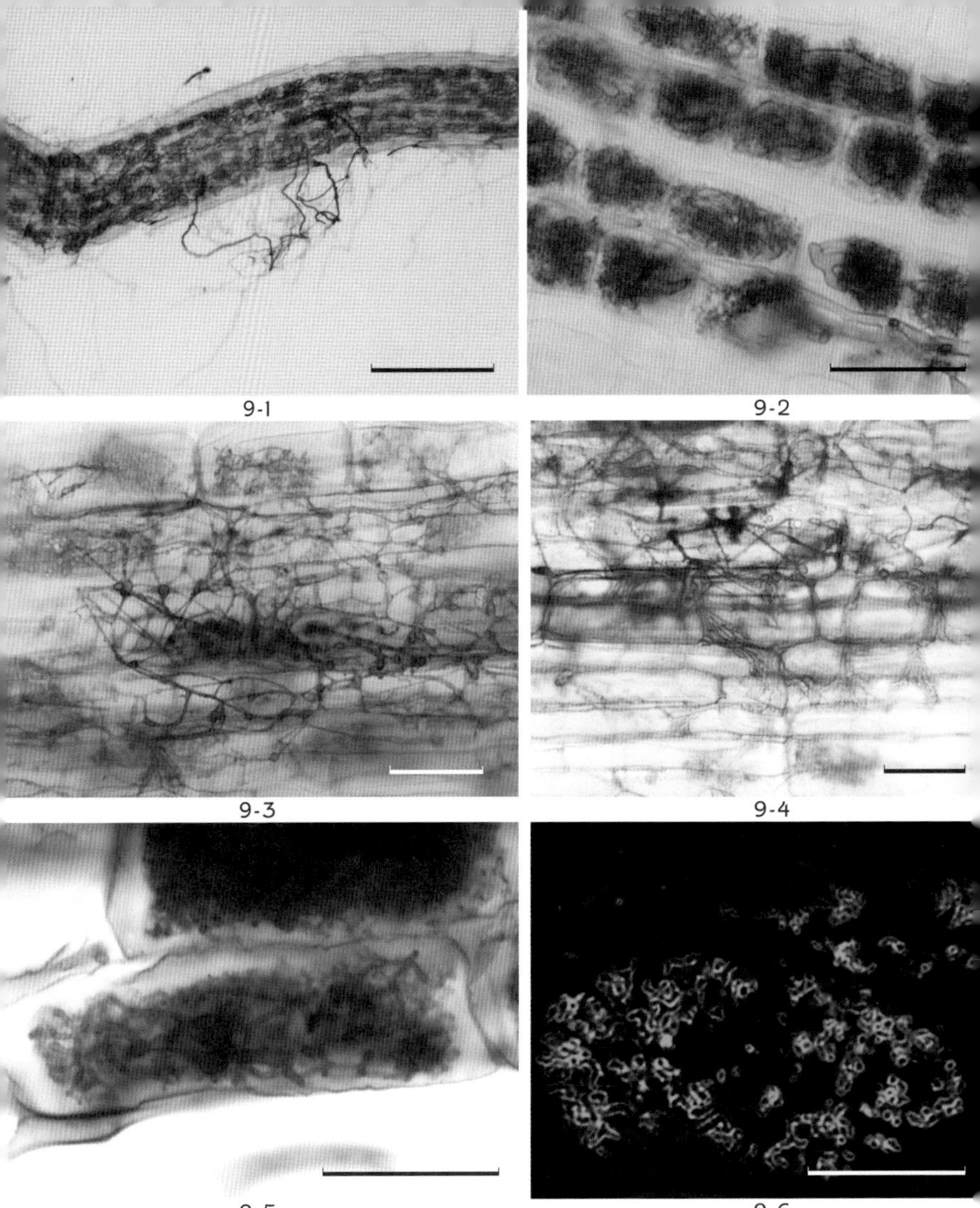

9——アーバスキュラー菌根菌の樹枝状体（アーバスキュル）

1：ミニトマトに共生するアーバスキュラー菌根菌とその外生菌糸。スケール=200μm。2：ミヤコグサに共生するリゾファガス・イレギュラリス（*Rhizophagus irregularis*）。スケール=50μm。3・4：シュンギク根に共生するファインルートエンドファイト。スケール=50μm。5：リゾファガス・イレギュラリスの樹枝状体。スケール=20μm。6：リン酸トランスポータータンパク質を緑色蛍光タンパク質（GFP）で標識したイネの根に形成されたリゾファガス・イレギュラリス樹枝状体。樹枝状体を包むペリアーバスキュール膜が蛍光を発しており、同タンパク質が発現していることがわかる。スケール=20μm。（第 7 章）（提供／ 1,3,4：千徳毅、2,6：小八重善裕、5：齋藤雅典）

10-1

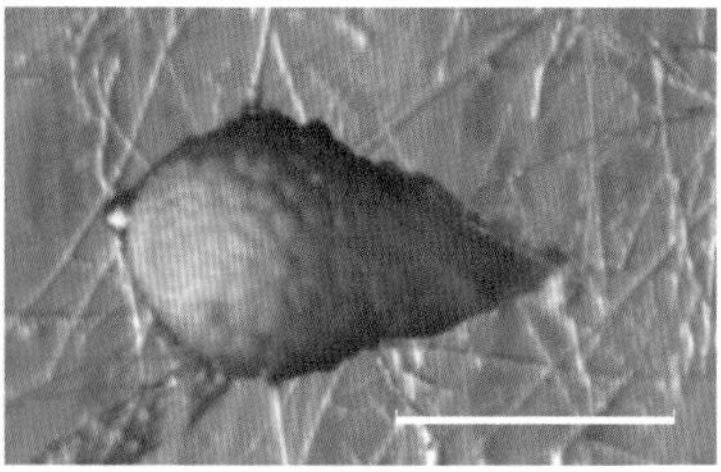

10-2

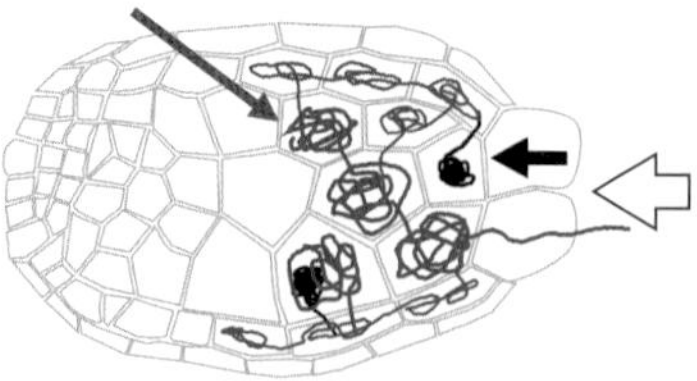

10-3

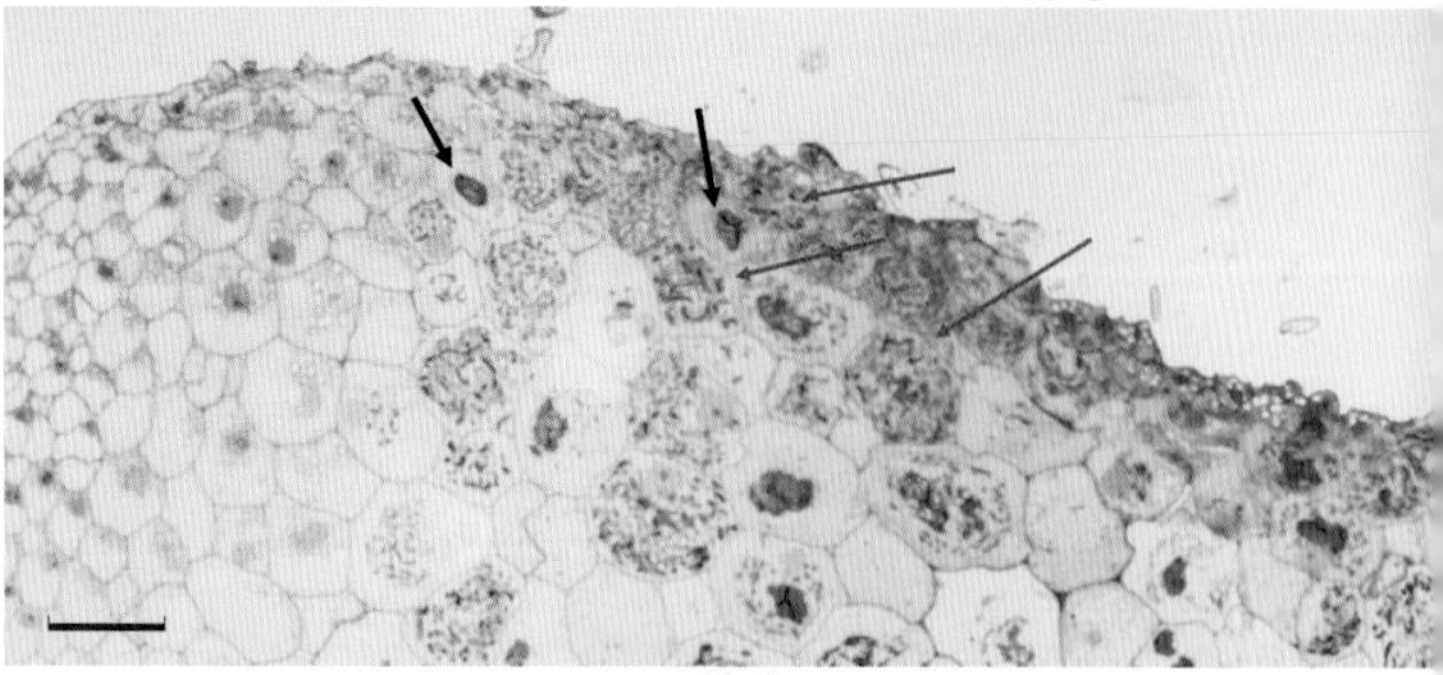

10-4

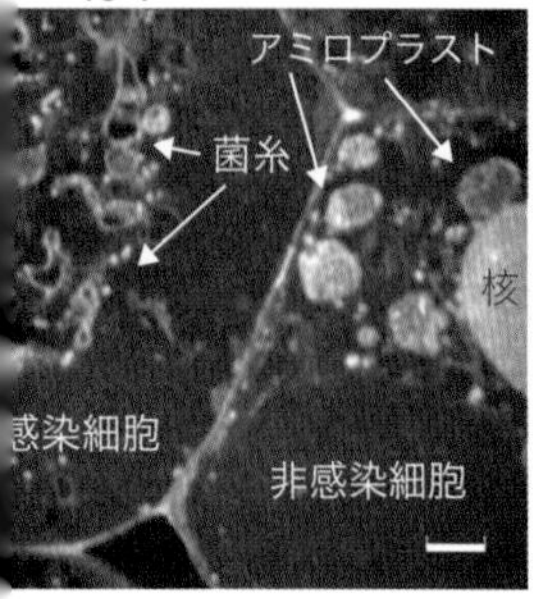

10-5

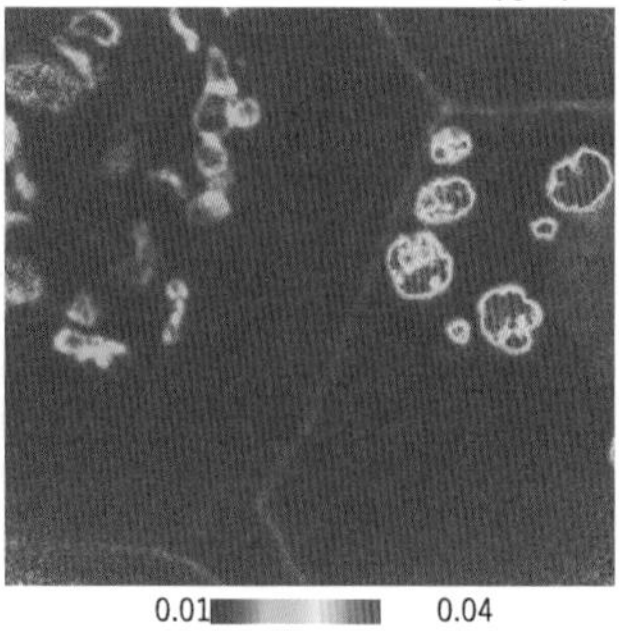

10-6

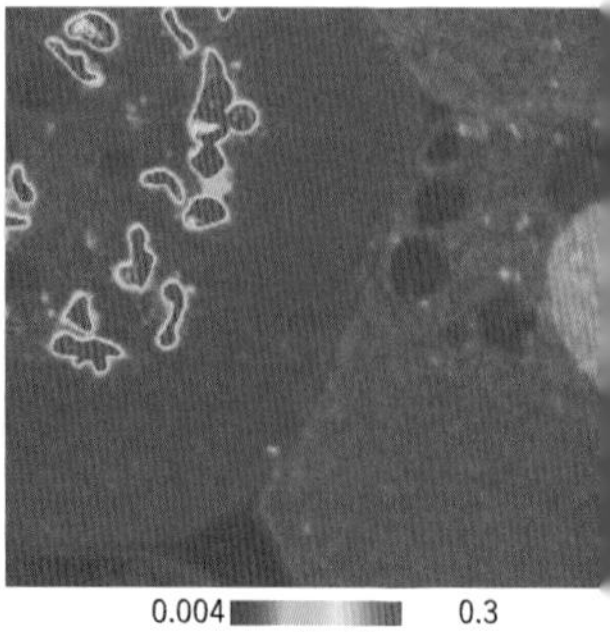

10-7

10——ネジバナの共生発芽とプロトコーム

1：ネジバナ、2：共生発芽し、生育中のプロトコーム。スケール=500μm。3：プロトコームの感染模式図。共生菌の感染は胚柄側の末端細胞（白矢印）から起こる。菌毬（コイル状菌糸、青〈赤矢印〉）と崩壊（黒矢印）、4：トルイジンブルーオー染色した共生プロトコームの樹脂包埋切片。菌糸は胚柄側の皮層細胞に菌毬（赤矢印）を形成する。菌毬は生長後崩壊し、菌糸の塊（黒矢印）になる。スケール=100μm。5–7：安定同位体トレーサーによる物質輸送の可視化。SIMS イメージング、スケール=100μm。5：感染細胞と非感染細胞（CN 像）、6：菌糸からアミロプラストへの炭素移動（$^{13}C/^{12}C$ 像）、7：菌糸から宿主細胞質と核への窒素移動（$^{15}N/^{14}N$ 像）。（第 8 章）

編著
齋藤雅典

もっと菌《きん》根《こん》の世界

知られざる根圏のパートナーシップ

築地書館

はじめに

地球の温暖化が進行し、世界各地で砂漠化や土壌劣化など環境の悪化が深刻になっている。それとともに、生物多様性の保全や環境にやさしい農林業への人々の関心が高まっている。今まであまり注目されてこなかった土の中における植物と微生物の共生「菌根《きんこん》」への関心も少しずつ高まっているように思える。

陸上の植物種数は三〇万種を超えるとも言われているが、その陸上植物の八割以上の種では、菌根菌という菌類（カビの仲間）が根に共生していて植物の生育を助けている。根に棲む菌根菌は植物から光合成産物を受け取る代わりに土から養分を吸収し、それを植物へ供給している。菌根菌と植物は、養分のやりとりを通して、相互に持ちつ持たれつの共生関係にある。しかし、共生とはいっても、その内容は多様である。菌の種類も植物の種類も多様であるし、お互いに持ちつ持たれつの相利的な関係もあるが、中には、まるで植物に寄生しているかのような菌根菌もいる。かと思えば、菌根菌に栄養を依存してしまっている植物もいる。

このような多様な菌根の世界について解説した『菌根の世界――菌と植物のきってもきれない関係』を二〇二〇年に出版した。幸いにして、多くの方々にご好評をいただき、刷を重ねてきた。そこで本書では、前書では取り上げることのできなかったエリコイド（ツツジ型）菌根の章を加え、また、菌根の分野で国内外の研究をリードする研究者に、「知られざる根圏のパートナーシップ」を探るために、どのように、またどのような思いで研究を進めてきたか、苦労話も含めて、書いてもらった。かなり専門的な内容も含んでいるので難しい部分もあるかもしれない。一般読者向けにできるだけわかりやすく記述してもらったつもりだが、至らない部分はすべて編者の責任である。

各章はそれぞれのトピックで独立しているので、必ずしも章順に読む必要はなく、関心のある章からページをめくっていただいて差し支えない。なお、この本ではじめて菌根について触れられる読者の方々のために、序章では、さまざまな菌根の概要を説明した。前書と重複する部分も多々あるが、どうかご了承いただきたい。本書を通じて、菌根という共生の世界の面白さを知って関心をもっていただければ幸いである。

（齋藤雅典）

目次

第4章　光合成をやめた不思議な植物「菌従属栄養植物」をめぐる冒険

………末次健司

本文中の＊は、巻末の参考文献の番号に対応する。
本文中の欧文は、その都度、読者が読みやすい形で表記した。

序章　菌根とは何か

齋藤雅典

母さん知らぬ
草の子を、
なん千万の
草の子を、
土はひとりで
育てます。

草があおあお
茂ったら、
土はかくれて
しまうのに。

（金子みすゞ『金子みすゞ詩選集　雨のあと』より「土と草」春陽堂書店）

金子みすゞ（一九〇三〜一九三〇）の詩は、やさしい言葉づかいでありながら、自然界への深い思索を湛えている。この「土と草」においても、自然現象の裏でその現象を支えている物事を、やさしい言葉で私たちに思い起こさせる。路傍や庭の片隅の「あおあお茂った」雑草も、土という存在なしには生育できない。土（土壌）は、陸上の植物の生育を支えている。金子みすゞは、その透徹した目で、見過ごされている土の大事さを私たちに語りかける。

土は、岩石が風化してできた粘土鉱物や植物などの生き物が死んで腐っていく過程でできる腐植という有機物などが複雑に絡み合い、長い年月を経て出来上がるものである。土の中に含まれている水分や養分が植物の生育を支えているのだが、じつは、土の中には多様な微生物や微小な動物が生息していて、それらの働きが直接的あるいは間接的に植物の生育を支えている。そうしたさまざまな微生物の中で本書の主人公となるのは、植物の根に共生している「菌根菌」である。本書では、植物と菌根菌の知られざるパートナーシップをさまざまな面から探っていく。序章では、菌根菌とは一体どんな生き物なのかを紹介しよう。

アーバスキュラー菌根を見てみよう

雑草でも何でもよいので、庭や畑や路傍の土から草を抜き取って根を見てみよう。植物の種類や土の状況によって程度の違いこそあれ、掘り上げた根には土がびっしりこびりついているだろう。ここでは

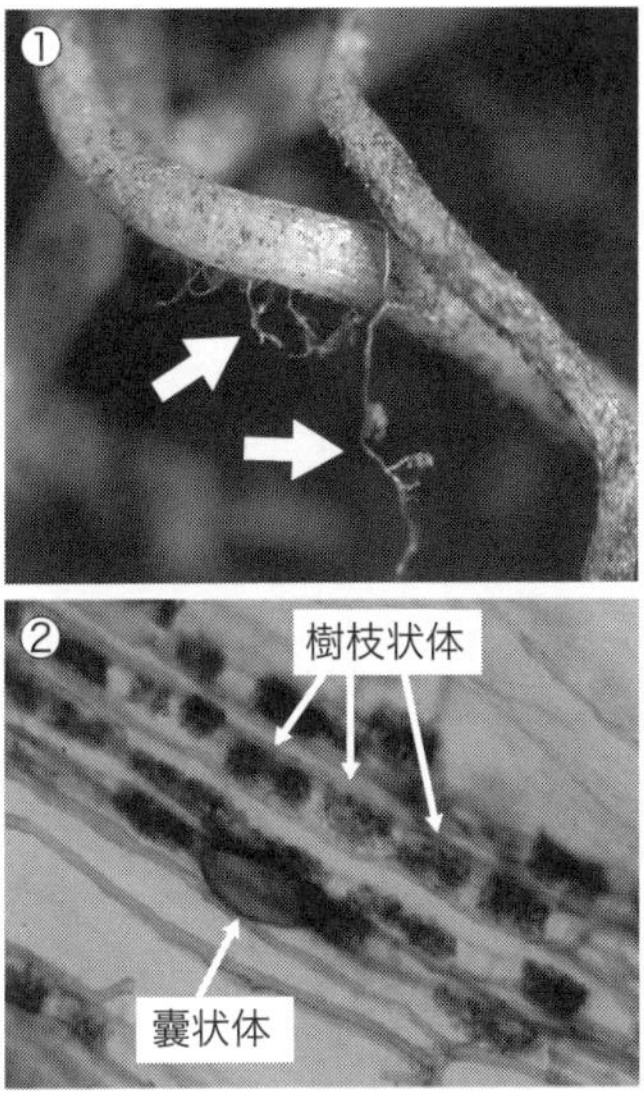

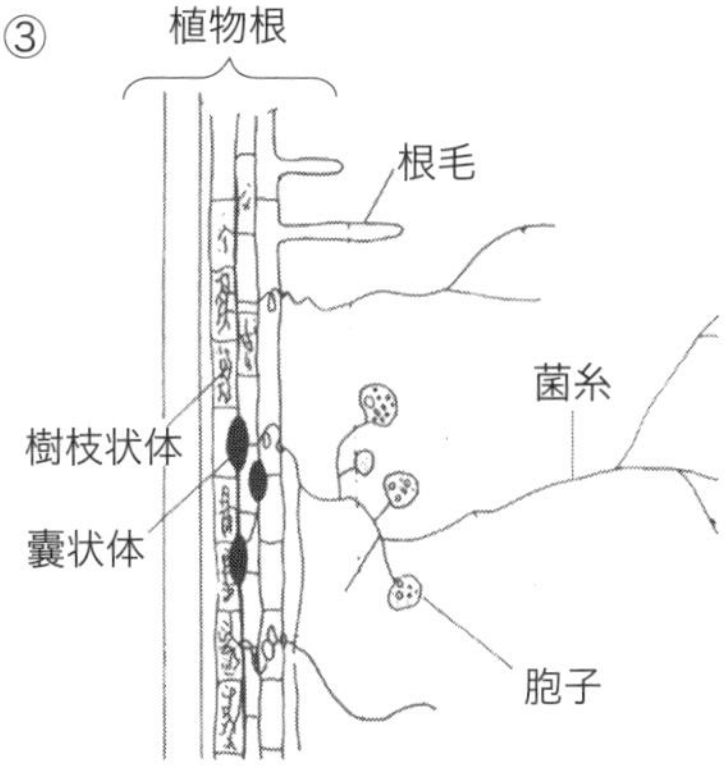

図1　アーバスキュラー菌根菌
① ネギの根から伸びるアーバスキュラー菌根菌の菌糸（矢印）。
② 染色したダイズの根。
③ アーバスキュラー菌根の模式図。

もう少しよく観察するために、土が付着した根を丁寧に水洗いする。さて、根を拡大鏡、可能ならば実体顕微鏡で観察してみよう。根から糸のような菌糸が伸びているのを観察できるかもしれない。これが菌根菌の菌糸である（**図1**①）。菌根菌にはいくつかのグループがあるが、その中で、もっとも普通に見られるのが、このアーバスキュラー菌根菌（Arbuscular Mycorrhizal Fungi、略してAM菌と呼ぶこともある）である。この菌は、植物の根の中に菌糸（糸のような細長い細胞のこと）を伸ばし、一方で、根から土の中へ菌糸を伸ばす。上の写真（**図1**①）のようなごく普通の根を染色液で染めて顕微鏡で観察すると、根の中に独特な形態のアーバスキュラー菌根菌が充満していることを観察できる（**図1**②）。外見は健全な普通の根であるが、その根の内部には菌根菌の菌糸が充満している。このように自分とは異なる生き物である菌が体内にびっしり入り込んでいても、植物の根はきわめて健全なのである。

袋状の形態の器官は嚢《のう》状体（ベシクル、vesicle）、皮膚細胞内に細かく分岐する菌糸組織は樹枝状体（アーバスキュル、arbuscule）である（**図1②③**）。まるで枝を伸ばした樹木のようであることからフランス語の樹木を意味するアーブ（arbre）にちなんでそのように呼ばれており、アーバスキュラー菌根という名前も樹枝状体（アーバスキュル）に由来する。以前は、これらの特徴的な器官の頭文字をとってVA菌根菌と呼ばれていた（現在でもしばしばそう呼ばれる）が、菌の種類によって嚢状体を形成しない種もあることから、共通的な形質としての樹枝状体形成を示すアーバスキュラー菌根菌という呼称が一般的になっている。

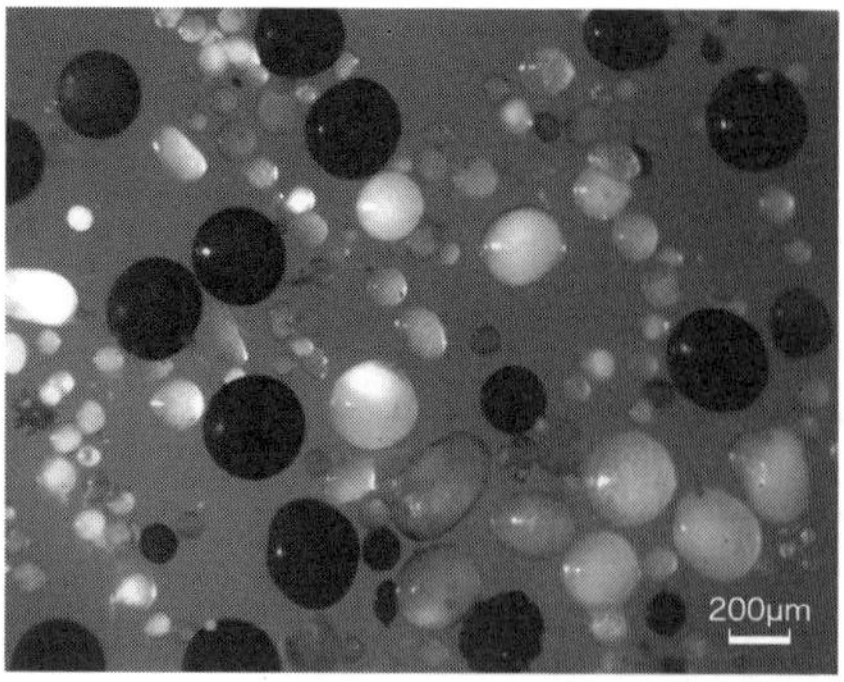
図2　土壌から分離したアーバスキュラー菌根菌の胞子（提供／千徳毅〈株・アライヘルメット〉）

アーバスキュラー菌根菌が共生している植物の根の周囲の土壌中には、アーバスキュラー菌根菌が菌糸を伸ばして、胞子を形成する。そこで、土を少し採取して水に懸濁し、土の粒子を指先でよくつぶしてから、〇・一ミリメートルくらいの細かい目の篩《ふるい》を通す。その篩の上に残った部分を実体顕微鏡の下で注意深く観察すると、八〇～五〇〇マイクロメートル（一マイクロメートルは一〇〇〇分の一ミリメートル）くらいのキラキラした透明～白色～茶色の球状あるいは不定形の物体を見つけることができる。

中には真珠のように白く輝き、息をのむように美しいものもある。これがアーバスキュラー菌根菌の胞子である（**図2・口絵8**）。菌類の中で、こんなに大きな胞子を形成するのはアーバスキュラー菌根菌の仲間だけである。一つの胞子の中に数百〜数千もの核を含む多核性の菌類である。第5章では、この胞子から発芽した菌糸が、根の近傍で微量の化学物質を通して宿主となる植物の存在を認識するという研究が解説される。

アーバスキュラー菌根菌は、コケ植物、シダ植物、裸子植物、被子植物のきわめて広い種類の植物種（維管束植物種の七割以上とも言われている）に共生する（**図7**）。この菌は、グロムス菌門※（Glomeromycota）という特別な分類群を構成している。ただし、通常のアーバスキュラー菌根菌よりも細い菌糸によって独特のアーバスキュラー菌根を形成するファインルートエンドファイト（ファインエンドファイト）と呼ばれる菌もいる。最近、この菌はグロムス菌門ではなくケカビ門（Mucoromycota）のアツギケカビ目（Endogonales）に属すことが明らかにされた。このファインルートエンドファイト型のアーバスキュラー菌根は自然界に広く分布していることも明らかになりつつあるが、本格的研究はまだ始まったばかりである（**図3・口絵9**）。

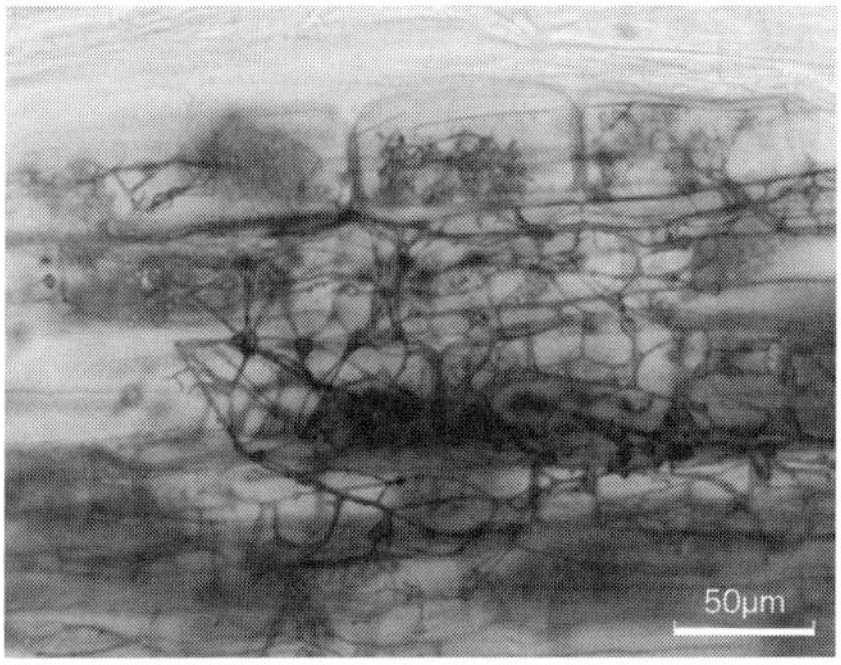

図3　ファインルートエンドファイト型のアーバスキュラー菌根の樹枝状体（アーバスキュル）と内生菌糸（提供／千徳毅〈株・アライヘルメット〉）

※――生物の分類は研究の進展とともに変化する。先に発行した『菌根の世界』では、アーバスキュラー菌根菌は、ケカビ門の一系統であるグロムス菌亜門（Glomeromycotina）であると説明したが、最近グロムス菌門とする研究論文が少なくないので、本書ではグロムス菌門とする（コラム「菌類の分類」）。

ここで言葉の説明をしておこう。菌根とは、植物の根の表面あるいは内部に菌類が共生して一体となった状態を指す。そして、「菌根菌」（mycorrhizal fungi）とは菌根を形成する菌類のことである。私たちが「菌根」（mycorrhiza）と呼ぶ時、それは根とそこに生息する菌類が一体となったものであり、植物と菌類それぞれがパートナーであるので、菌根を説明する場合には植物と菌の両方の側から説明する必要がある。なお、菌根の英語の mycorrhiza は、ラテン語の菌を意味する mykes とギリシャ語の根を意味する rhiza を合わせたものである。

外生菌根を見てみよう

次に、森へ行ってみよう。森といっても、樹種や土壌などとても多様であるので、ここではアカマツやクロマツの林を想定して説明してみる。マツの落ち葉を取り除いていくと、しばしば灰白色の菌類の菌糸層が広がっている。そこには、黒く細い根とともに白や黄色の細根が見えてくる。これらの細根をよく見ると、フォーク型に分岐して先端が少し太くなった根や、菌糸で包まれた根が認められる。これらの少し形の変わった細根を実体顕微鏡などで観察すると、細根の表面が菌根菌の菌糸に覆われて、独

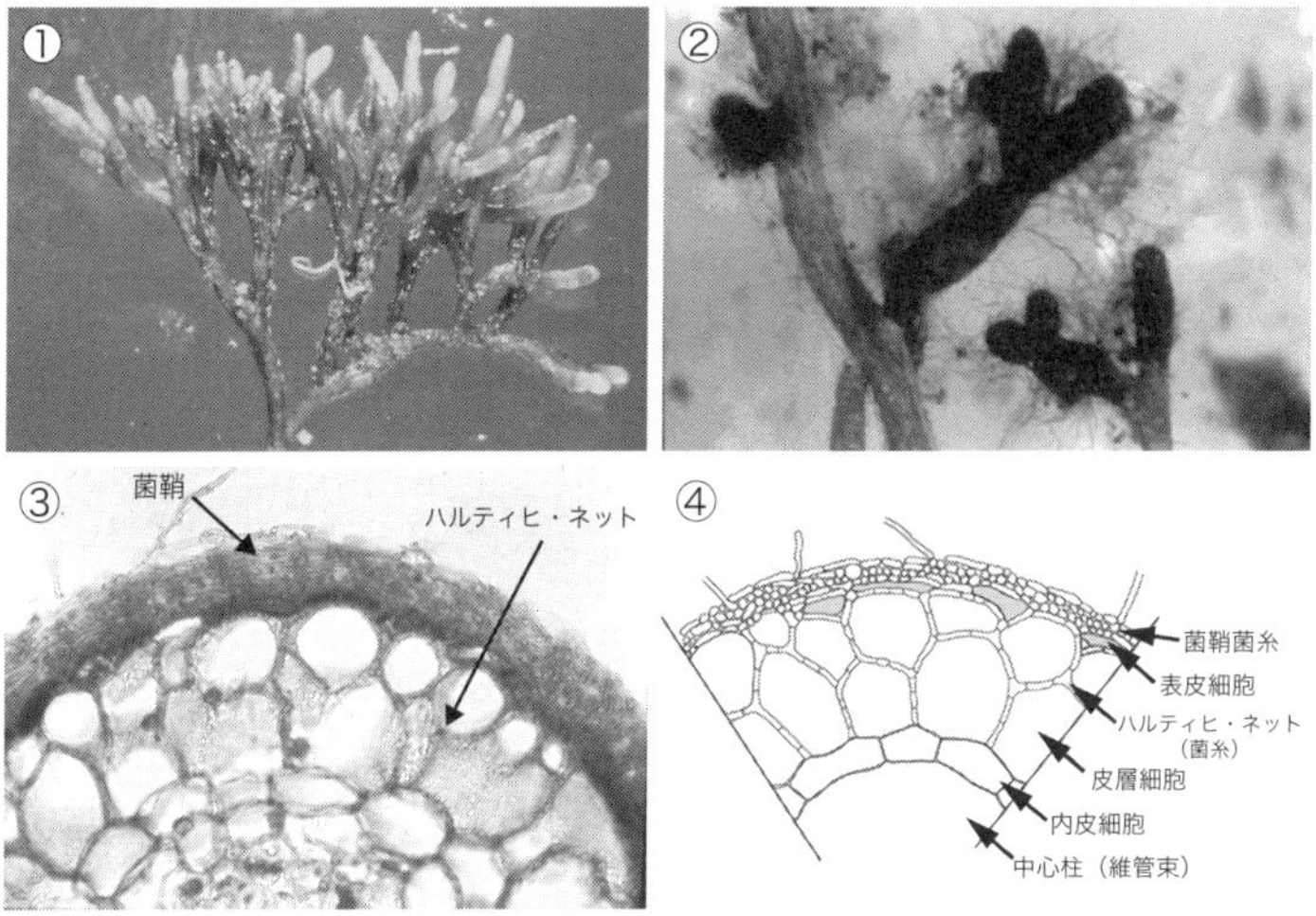

図4　外生菌根

①アカマツ、②クロマツ、③アカマツの菌根切片、④外生菌根模式図。

特の菌糸組織（菌鞘《きんしょう》、あるいはマントル）が形成されていることがわかる。形状は、菌糸体の組織化の違いで、表面が滑らかなもの、ゼリー状、あるいは毛玉状のものなど、じつにさまざまだ（**図4**①②）。

このように根の外側を菌糸が覆い、通常の根とは形態の異なる菌根を外生菌根と呼んでいる。一方、先に述べたアーバスキュラー菌根のように、菌が根の内部に入り込んでいて、根の外見に変化が認められない菌根のことを内生菌根と呼ぶ。

外生菌根の根の端をカミソリで切って横断切片をつくってみよう。何枚も切片をつくって上手に薄く切れた一枚をプレパラートにすれば、簡単に内部構造を観察できる。断面の外周には菌糸体が菌鞘組織を形成している。皮層細胞に目を移すと、細胞の間隙に菌糸が侵入している様子がわかる（**図4**③④）。顕微鏡の焦点を前後に移動させることで、それぞれの皮層細胞が丸ごと菌糸の薄い層（網、ネット）に包まれていることがわかる。細胞の間隙に侵入したこのような菌糸をハルティヒ・ネットと呼ぶ。アーバスキュラー菌根と違って、外生菌根では皮層細胞の内部へ菌が侵入することはない。

外生菌根は、針葉樹であるマツ属、トウヒ属、カラマツ属、広葉樹のカバノキ属、ブナ属、コナラ属、フタバガキ科などさまざまな樹木種に、担子菌門あるいは子嚢菌門というグループの菌類が共生して形成される。五〇〇〇種を超える外生菌根菌が知られており、それらの多くは樹木と共生してキノコ（子実体）を形成する。キノコを形成する菌類は、木材や落ち葉などの有機物の腐朽分解を行う腐生菌と、植物の根に共生する菌根菌に大別される。食用になるマツタケ、アミタケ、そしてトリュフ（第2章）などは菌根性のキノコである。森林における外生菌根を調査する上で、出現するキノコの種類や数量を調べることはとても重要である（第1章）。また、キノコの基部からつながっている菌糸をたどっていくことで、菌根を形成している木へたどりつくこともできる（コラム「キノコの下の菌糸をたどって新発見」）。

いろいろな菌根

これまでにもっとも普遍的に見られるアーバスキュラー菌根と外生菌根について述べてきたが、特定の植物種のみに見出される菌根に、エリコイド菌根（ツツジ型菌根）、アーブトイド菌根、モノトロポイド菌根、ラン菌根などがある。

エリコイド菌根（ツツジ型菌根）は、ツツジ目ツツジ科の植物にある種の子嚢菌などが共生して形成される。ツツジ科の学名エリカシアエ（Ericaceae）に「〜のようなもの」を意味するoidを付してエリコイド（Ericoid）と呼ばれている。こうしたツツジ科の植物の根を観察すると、土壌の表層部分にヘアールートと呼ばれるきわめて細い根が発達している。ちなみに根毛（ルートヘアー、**図1**③）は根の表皮細胞が伸びたもので、「ヘアールート」とは異なる。このヘアールートの表皮細胞にエリコイド菌根菌の菌糸がコイル状に充満している。ツツジ科の植物は、肥沃度の低い痩せた土壌や酸性土壌など普通の植物にとっては不良な土壌環境に適応していることが多い。詳しくは第3章で解説される。

アーブトイド菌根は、ツツジ科のイチゴノキ属やクマコケモモ属、イチヤクソウ属の植物に、ある種の担子菌や子嚢菌によって形成される特殊な菌根である。根は外生菌根のような形態を示し、根の外側に菌鞘が形成されるが、皮層の細胞内にも菌糸が侵入し、コイル状の形態を示す。

モノトロポイド（シャクジョウソウ型）菌根は、ギンリョウソウなどのツツジ科の無葉緑植物に形成される菌根で、菌根菌は担子菌である。モノトロポイド菌根は、厚い菌鞘と皮層細胞内にペグ（くぎ）状に侵入している菌糸で特徴づけられる。無葉緑植物は、植物自身で光合成をして炭素化合物を合成することができないため、土壌から炭素化合物を吸収している。そのためしばしば「腐生植物」と呼ばれてきたが、植物が腐生性の微生物のように土壌有機物を分解して利用しているわけではないので、この用語は不正確である。この植物の根に共生しているモノトロポイド菌根菌が炭素化合物を植物へ供給し

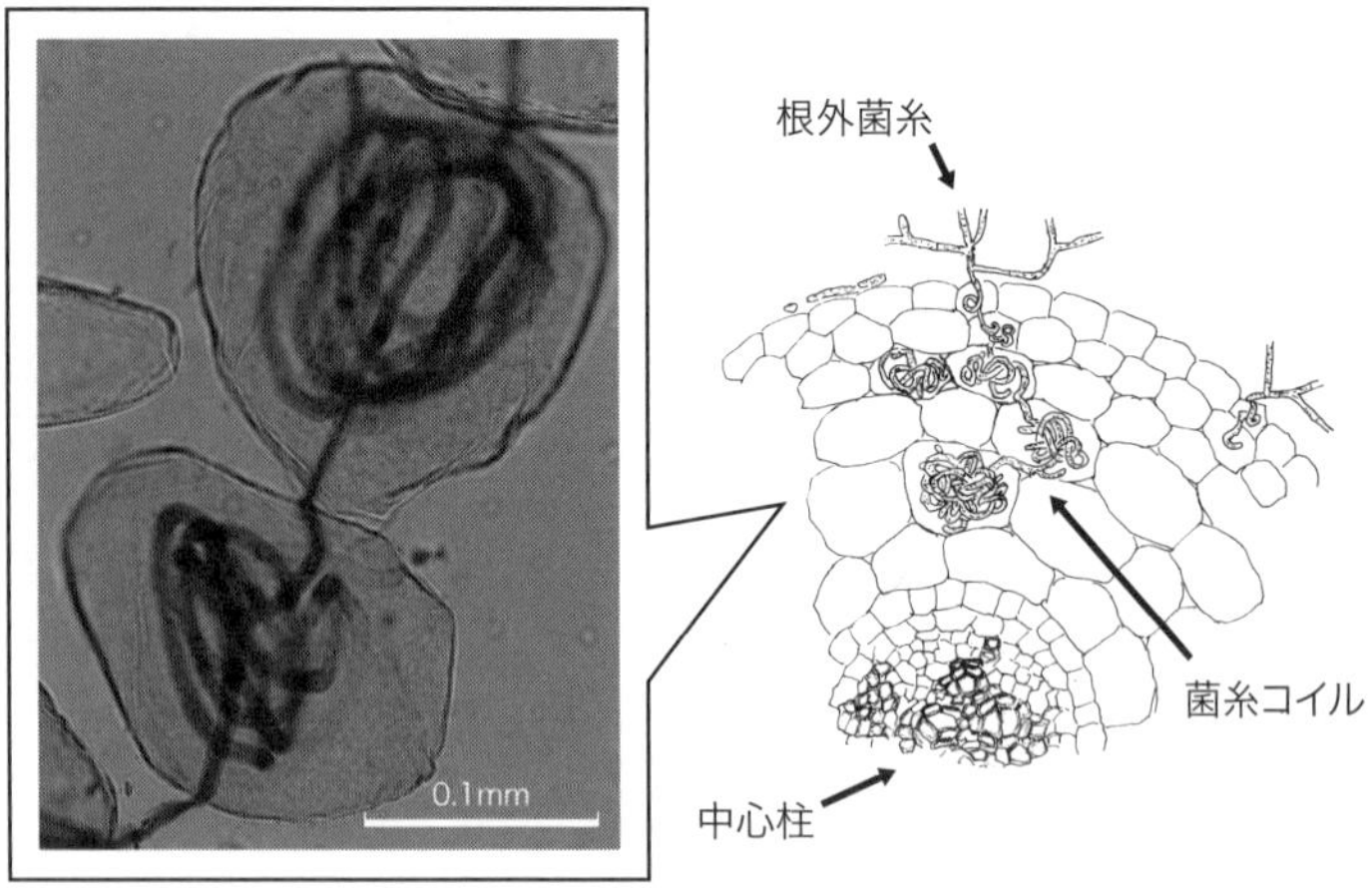

図5　ランの根の横断面（模式図）と野生ランの一種ネジバナの根の細胞内に見られる菌糸コイル

菌根菌の菌糸は、根の皮層細胞内でコイル状の菌糸構造をつくる。

表1　いろいろな菌根――菌と植物の組み合わせ

菌　根	植　物	菌	宿主特異性
アーバスキュラー菌根	コケ シダ 裸子植物 被子植物	グロムス菌門 ケカビ門アツギケカビ科	無～低 陸上植物の種の70～80%
外生菌根	被子植物（ブナ目などの木本）	担子菌門 子嚢菌門	有 種子植物種の3%
ラン菌根	ラン科	担子菌門	有
エリコイド菌根（ツツジ型菌根）	ツツジ科	子嚢菌門 担子菌門	有
アーブトイド菌根	ツツジ科などの一部（イチゴノキなど）	子嚢菌門 担子菌門	有
モノトロポイド菌根	ツツジ科無葉緑植物（ギンリョウソウなど）	担子菌門	有

（ツツジ科植物の菌根の詳細な分類は第3章参照）

ているのである。そのため、「菌従属栄養植物」という言葉が使われる。光合成をやめた無葉緑植物には、モノトロポイド菌根以外の形態の菌根を形成し、菌から炭素化合物を獲得している種類もある。それらについては、第4章で詳しく述べられる。また外生菌根に似ているけれど少し変わったハルシメジ型菌根について、その発見の経緯がコラム「キノコの下の菌糸をたどって新発見」で述べられる。

ラン菌根（あるいはラン型菌根）は、ラン科の植物に、ある種の担子菌が共生して形成されるきわめて特殊な菌根である。この菌根菌は、ランの根の皮層細胞の中に侵入し、細胞の中でとぐろを巻いたようなコイル状菌糸を形成する（**図5**）。ラン菌根の特徴は、ランの種子の発芽段階にある。ランの種子はきわめて小さく、種子の中にほとんど栄養分を貯蔵していない。そのため、この種子が発芽する時、菌根菌が共生し、周辺環境から吸収した養分を発芽種子へ供給することによって発芽後の生育を支える。このことを共生発芽と言う。共生発芽時の菌とランの栄養物質のやりとりを最新の顕微鏡技術で明らかにした研究が第8章で紹介される。

それぞれの菌根の特徴については、**表1**にまとめた。

養分の授受を通した共生

菌根菌と植物は相互に認識し、植物が菌根菌という異種の生物を自分の根組織に受け入れることによって、これまで述べてきたような菌根という特殊な構造が形成される。それにしても、どうしてそのよ

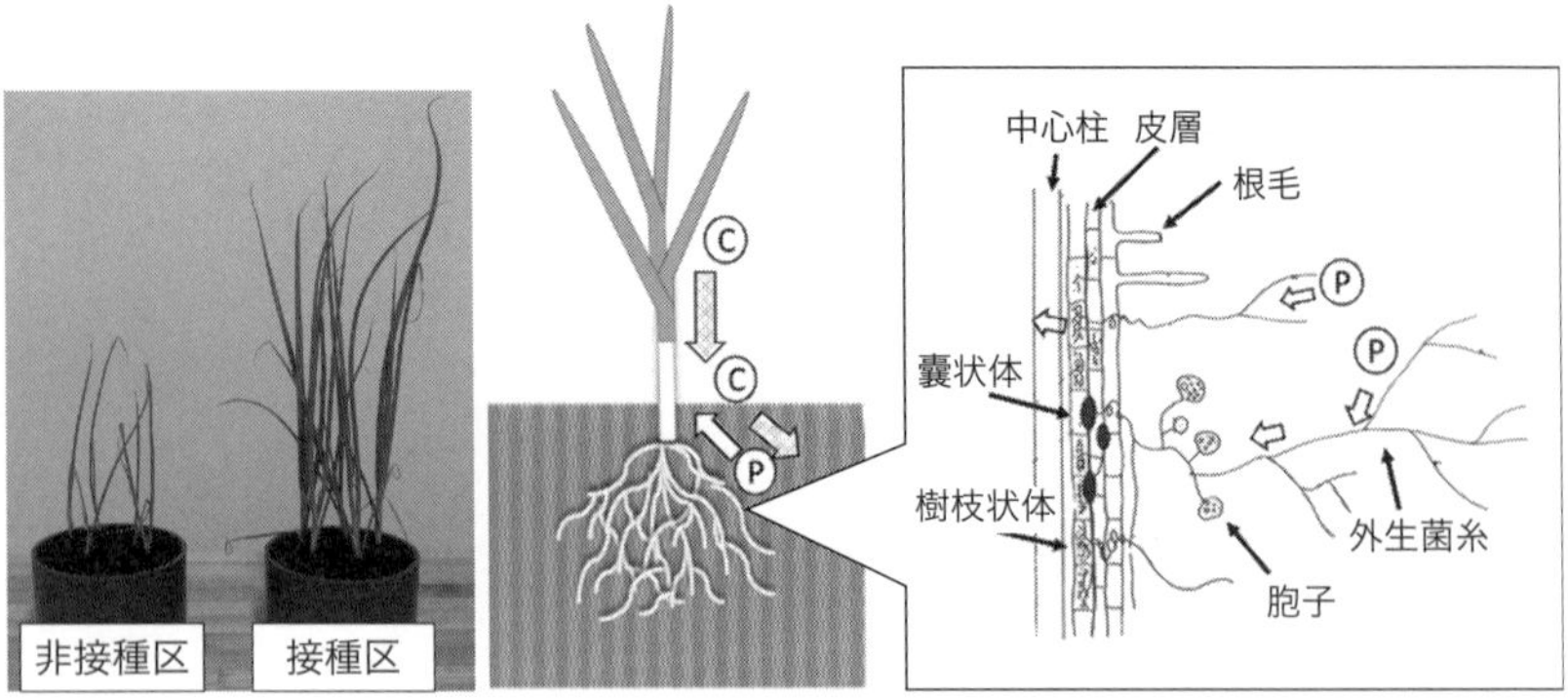

図6　アーバスキュラー菌根の模式図（右）とアーバスキュラー菌根菌のネギへの接種効果（左）
接種したものは非接種のものより非常に生育がよい。土壌中のリン酸（Ⓟ）を土壌中へ伸びた外生菌糸が吸収し、植物へ供給する。植物からは光合成産物（Ⓒ）が菌根菌へ供給される。

うなことをしているのだろうか。それは、植物にとっても菌にとっても菌根という組織を形成して共生することにメリットがあるからである。アーバスキュラー菌根菌がいかに植物の生育に貢献しているかを図6に示した。植物が必要とする土壌中の窒素やリンなどの無機養分を土壌中に伸びた菌糸で吸収し、それを植物へ供給しているのである。代わりに、菌根菌は植物から光合成産物である有機物（糖類や脂質）をもらっている。こうした養分の受け渡しをするための組織として樹枝状体（アーバスキュル）がある（第6、7章）。

アーバスキュラー菌根の場合、菌根菌の植物への効果は土壌からのリン吸収の面で顕著に認められる。植物が必要とする三大栄養素は窒素、リン酸、カリウムである。そのうち、植物が吸収できる土壌中の無機態リン酸は粘土鉱物などに吸着され、窒素やカリウムに比べて土壌中での移動速度がきわめて遅い。そのため、植物はリン酸を吸収するにはリン酸が存在する場所まで根を伸ばさなければならない。アーバスキュラー菌根菌が共生している植物の根では、アーバスキュラー菌根菌の菌糸が土壌中へ広く伸長し、植物の根がたどりつけない場所のリン酸を吸収し、菌糸を通して植物体内の菌糸へと運び、樹枝状体で植物側へ供給する。そのため、アーバスキュラー菌根菌が共生している植物のほうが、土壌中のリン酸を効率よく吸収でき、生育も改善されるのである。植物のほうは、その代わりに自身が光合成した有機物を菌根菌へ供給して、さらに養分吸収のために働いてもらうのである。

外生菌根菌の植物の生育に対する効果は、第1章の**図1**にはっきりと示されている。外生菌根の場合、アーバスキュラー菌根同様にリンの吸収と供給も重要であるが、むしろ窒素の吸収とその供給の効果が大きい。外生菌根における主たる養分の受け渡しはハルティヒ・ネットで行われる。また、外生菌根菌やエリコイド菌根菌の中には、落ち葉などの有機物を分解する能力を有する種類もあり、それらは有機物を分解して、そこから獲得した窒素などを植物へ供給している。

このように菌根菌は土壌から吸収した養分を植物へ、植物は光合成した有機物を菌根菌へと、菌根という組織を通して受け渡しすることで、お互いに持ちつ持たれつの関係にある。窒素、リン酸だけでなく、鉄や亜鉛など植物にとって必須の微量養分も菌根菌によって植物へ供給される。水分も菌から植物へ受け渡されるので、菌根菌が共生している植物は、乾燥ストレスに強くなるとも言われている。また、菌根の形成による植物体内の植物ホルモンのバランスや生理的状態の変化によって、病害虫への抵抗性が高まるという例も報告されている。

地球の緑を支える菌根

地球の緑は三〇万種を超えると言われる多様な植物からなる。その八割以上の種の根には菌根菌という菌類が共生していると考えられている（**図7**）[*1]。つまり、ほとんどの植物は根というよりは菌根を有していると言ってもよいかもしれない。それでは、どうしてこんなにたくさんの植物が、別の生き物である菌類を根に棲まわせて、菌根というものをつくっているのだろうか。その理由を探るために、地球の歴史を遡ってみよう。

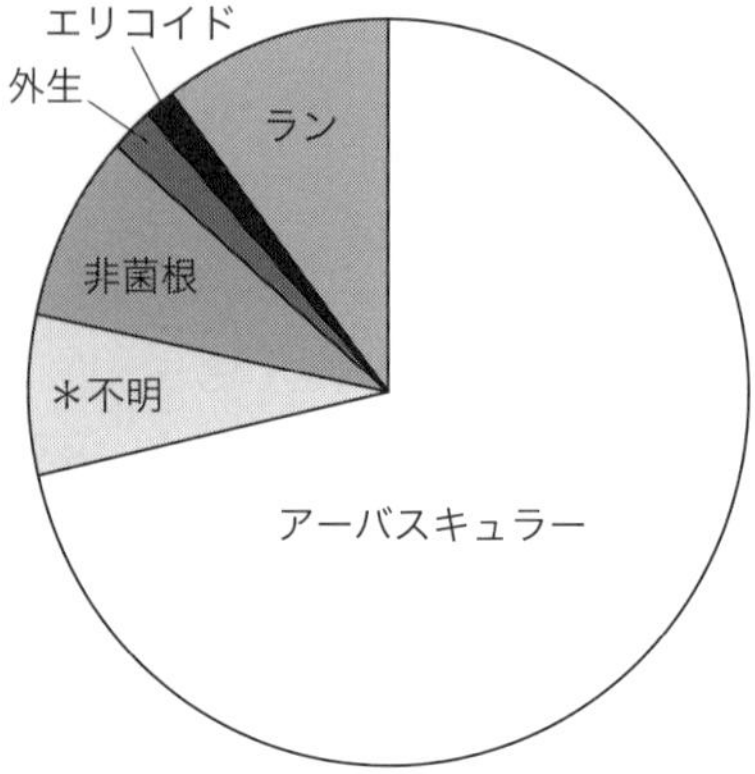

図7　陸上植物に形成される菌根別の植物種数の比率（Brundrett. 2018より作図）
＊不明：非菌根性の分類群と考えられているが、中にはアーバスキュラー菌根を形成するという報告のある種もあり、判定が難しいグループ。

地球の歴史は四三億年ほど。三五億年くらい前、原始の海の中で生命が誕生する。やがて地殻変動に伴って陸地が現れる。原始大陸の登場である。しかし、当時の生物の生息の場はまだ海の中にとどまっていた。陸地には生物は存在せず荒涼たる大地が広がっていた。一方、海の中では、さまざまな種類の生物が生まれ進化を続けていた。四億五〇〇〇万年前ごろになると、系統的に現在のシャジクモに近い植物が陸上へ進出するようになった。水の中で、植物は炭酸ガスと養分を水から吸収して取り込んでいたが、陸上では炭酸ガスを大気中から、養分は土の中から取り込まなければならない。植物は、空気中に葉を伸ばして葉から炭酸ガスを取り込み、光を得て光合成をするようになった。そして、根という器官を進化させ、養分を土から獲得しようとした。しかし、当時の陸地はこれまで生物が生息したことのない不毛の大地で、現在私たちが考えるような土壌はまだ形成されていなかった。根がまだ発達していない当時の植物はどのように養分を吸収しようとしたのだろうか。

植物と菌の出合い[*2][*3]

ここで植物と菌の出合いがあった。植物のごく近くで植物が光合成した有機物を利用する菌類が生息し、その菌が土壌から吸収した養分を、何らかの拍子に植物へ供給するようになり、菌が植物体内へも入り込むようになったのではなかろうか。菌根共生の始まりである。はじめて陸地に進出したと考えられる植物の一種アグラオフィトンの化石（約四億年前）の仮根（まだ十分に進化発達していない段階の根）に、現在のアーバスキュラー菌根の樹枝状体の形状に似たものが観察されている。アーバスキュラー菌根菌であるグロムス菌門の進化を分子系統学的な研究で調べると、この菌が類縁の菌類から分かれて登場したのは五億〜四億年前と考えられている。陸上植物は、アーバスキュラー菌根菌を共生させた根を使って土壌から養分を吸収して生育するというライフスタイルを確立し、さらに進化を進めることになったのだと考えられている。

三億五〇〇〇万年前になると、維管束や根を発達させたシダ類が繁栄する。シダ類は巨大化し、地上には大森林が出現した。当時の大気には現在の地球の大気の十数倍の高濃度のCO_2が含まれており、そのCO_2は光合成でどんどん有機物へと変えられた。そのころ、植物がその体を構築するために合成したリグニンという物質を分解する微生物はまだ現れていなかった。そのため、光合成によってCO_2から有機物となった炭素化合物はそのまま分解されずに蓄積する一方で、大気中のCO_2濃度は低下した。蓄積した炭素は現在の石炭となった。石炭紀の終盤となる三億年前ごろになると、樹木の構成成分であるリグニンを分解できる担子菌が登場する。白色腐朽菌と呼ばれるグループの菌である。この菌の登場によって、リグニンを含む樹木も、他の有機物と同じように分解されるようになった。石炭紀の大森林によって大気中のCO_2が石炭の形で地中に封じ込められてきたが、産業革命以降の人類がこれを掘り出して燃料として燃やし続けて大気中のCO_2濃度を上げ、地球の温暖化を引き起こしている。

石炭紀の終わりごろになると針葉樹の祖先が現れ、中生代の中ごろ（一億五〇〇〇万年前）になると被子植物が現れる。一方で、菌類も進化・多様化し、さまざまな種類の子囊菌や担子菌が現れる。植物の生息環境も時代とともに変化する中で、新たな菌根共生も登場する。外生菌根の化石はきわめて少なく、古いものは五〇〇〇万年前のマツの根に見つかっている。しかし、それよりはるか前、マツなどの針葉樹の祖先が現れた二億年前には担子菌と樹木の共生である外生菌根も発達していたことであろう。

花を咲かせる被子植物が登場するのは中生代の中ごろだが、ランやツツジは一億～七〇〇〇万年前に

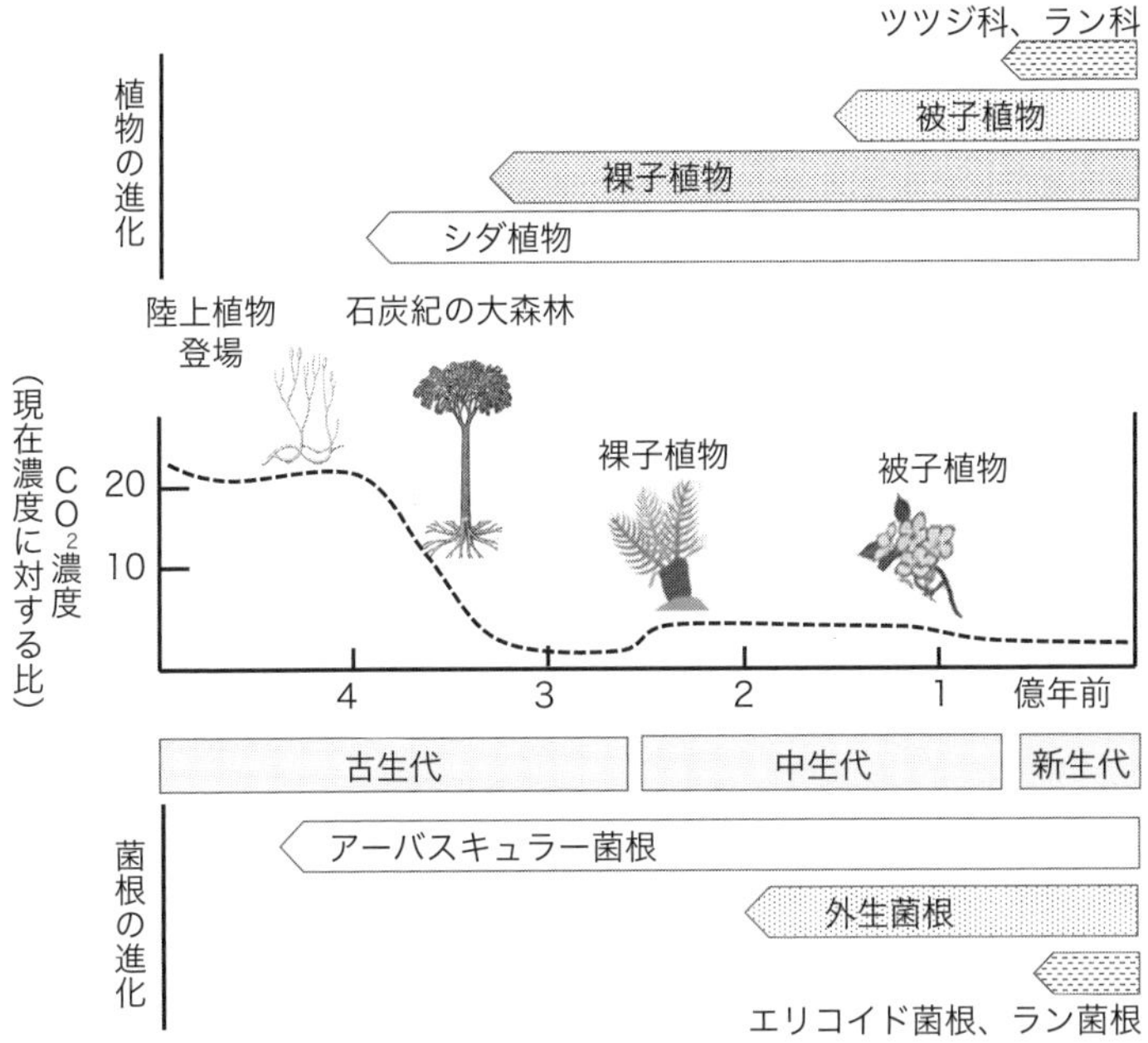

図8　陸上植物、菌根の進化と大気中 CO_2 濃度の変化

登場したと推定されている。これらの植物に、これまで腐生的に生活していた土壌菌類が共生するようになり、ラン菌根やエリコイド菌根が生まれたと考えられている。

このように四億五〇〇〇万年前に陸上に現れた植物は、菌根菌と養分の受け渡しを通した共生関係を維持しながら、菌根菌と共に進化し、環境に適応することによって、この地球を緑で覆うようになったのである（**図8**）。陸上植物が登場した時に始まったと考えられる菌根共生を受け入れるという特徴は、その後の植物の進化の歴史に登場するさまざまな植物へ遺伝子情報として受け継がれていく。**図7**に示したように、菌根共生は陸上植物の八割の種に見出されると言われているが、これはこうした共進化の歴史の産物なのであろう。さらに、植物が菌根菌を受け入れるこのような仕組みを利用して、ある種のバクテリア（根粒菌）はマメ科植物の根で窒素固定を行う根粒共生を進化させてきた。これについては第6章で解説される。

本書の構成

以下の章では、さまざまな菌根について、研究者が「知られざる根圏のパートナーシップ」の解明にどのように取り組んできたかが解説される。それぞれの章は独立しているので、必ずしも章の順番通りに読む必要はない。興味のある章からお読みいただきたい。第1章と第2章は外生菌根を対象にした研究で、富士山を舞台にした植生遷移を支えるキノコ、そして世界の珍味と言われているトリュフが日本の森にも生えている、という話が紹介される。第3章では前書『菌根の世界』で取り上げることのできなかったエリコイド菌根について詳しく述べられる。第4章では、共生から菌へ寄生するという道を選び、光合成をやめてしまった植物と菌の関係が紹介される。第5章から第7章では、アーバスキュラー菌根菌を対象に、菌根菌と植物が互いをどのように認識しているのか、また、植物がどのようなメカニズムで菌根菌を受け入れているか、などの疑問に答えるための研究が熾烈な国際競争の中で進められてきたことが紹介される。第8章では、菌根共生の根幹であるところの植物と菌の養分の受け渡しの現場を顕微鏡でどのように見ることができるかについて、ラン菌根を対象に紹介される。そして、第9章は菌根菌ではないけれど根の中に入り込んで植物の生育に大きな影響を与えている菌（エンドファイト）についてのお話。また、いくつか短いトピックをコラムとして章の間に挟んであるので、こちらもお読みいただけると幸いである。

第1章

木を育て、森をつくるキノコの力
——菌根ネットワークと土に眠る胞子

奈良一秀

外生菌根については、序章や『菌根の世界』の第2章・第3章で説明されているが、ここでは宿主である樹木の視点から、外生菌根菌という共生パートナーの存在がいかに重要か、私自身が行ってきた研究に焦点を絞って、体験談を交えながら紹介したい。

木の成長を決定する外生菌根菌

すべての樹木は何らかの菌根菌と共生することで生きている。日本の代表的造林樹種であるスギやヒノキに共生しているのはアーバスキュラー菌根菌である。一方、本来の植生である自然林で優占するブナ科やマツ科樹木は外生菌根菌と共生している。外生菌根菌はアーバスキュラー菌根菌より系統的に進化した子嚢菌門や担子菌門に属している。外生菌根は宿主となる樹木のほぼすべての細根に形成されているため、宿主樹木のある自然林であればどこを掘っても見つかるほど普遍的に分布している。外生菌根は非感染根とは形態的にも大きく異なるので慣れれば肉眼でも観察できるが、より詳細に観察したければルーペや顕微鏡の使用をお勧めする（前書第2章）。感染している菌種によって色も形もさまざまなので楽しめるはずである。私の研究室のホームページ（http://veitchii.html.xdomain.jp/emfpictures/title.html）にこれまで同定した菌根のうち一〇〇種ほどを写真と共に掲載してあるので興味があればご覧いただきたい。ちなみに正確な菌種同定にはDNA解析が一般的であり（前書第3章）、ここに掲載されたものはすべてDNA解析を行い、すでに論文として発表されたものである。

こうした外生菌根菌の多くはキノコを形成する菌種である。キノコとの共生が宿主樹木の成長にどれほど重要かは接種実験によって調べることができる。キノコから菌株を単離し、培養した菌糸を樹木苗に接種することで菌根菌を苗に共生させる実験である（前書第2章）。簡単そうに思えるかもしれないが、外生菌根菌には一般的な菌類の分離用の培地では生育しないもの、生育してもきわめて成長が遅いものが多く、仮に培養することができても適切な接種方法を用いないと菌根菌は感染しない。さらに厄介なことに、何年も菌株を培地上で維持していると、やがて菌根を形成する力がなくなってしまうケースも少なくない。エピジェネティックな修飾※によって、培地上での生育に適応してしまうのかもしれないと想像はしているが詳細は不明である。

※——同じゲノム（DNA塩基配列）であっても、DNAのメチル化やヒストン修飾によって遺伝子の発現が変化し、その修飾は細胞分裂後も継承される。

図1　外生菌根菌の共生によるアカマツの成長促進
アカマツの実生にさまざまな外生菌根菌を接種して6カ月後の様子。左上の対照区では何も菌根菌を接種していないため、発芽してからほとんど成長していない。一方、菌根菌を接種した苗はいずれも成長が顕著に促進されているが、菌種による差異が大きい。

さて、何年か試行錯誤してなんとか接種実験がうまくできるようになると、宿主の顕著な成長促進を目の当たりにすることになった。外生菌根菌が宿主樹木の成長に重要であることは菌根共生の発見当初から指摘されており、論文などから知識としてはもっていたが、実際に自分でやって実物を見るのとではイメージがまったく異なる。まさに「百聞は一見にしかず」である。**図1**にはアカマツでの接種実験の様子を示している（**口絵1**）。何も接種していない対照区では発芽してからほとんど成長していないが、接種した苗では接種後半年たらずで成長量で最大一〇倍、光合成量で五〇倍もの違いが見られた[*1]。キノコが樹木の成長を決定しているというまぎれもない証拠である。

実験に使った苗の養分を分析してみると、面白いことがわかった。対照区では種子に含まれているリンの量からまったく増加していなかったのである。特殊な土壌を実験で使ったわけではないが菌根菌が共生しないと土壌からリンをほとんど吸収できないことを示している。リン酸イオンは土壌に吸着される性質が強く移動しづらいため、吸収には土壌中を広く探索する必要がある。細根や根毛だけでは十分な機能を果たしていないことが示唆される。菌根菌と共生することにより、根や根毛よりも吸収面積が何桁も大きい菌糸によって、土壌中の狭い孔隙や根から遠く離れた土壌に吸着されたリンも獲得できるのである。これはアーバスキュラー菌根菌と宿主植物でも見られる効果である（序章）。一方、接種した菌種によっても大きな成長差があるのは、土から養分を吸収する菌根菌の菌糸の長さや表面積の菌種の違いというよりは窒素利用特性に差があるためだと思われる。森林土壌中には植物の根が吸収できる無機態の窒素は少なく、大部分は腐植などの中に多様な有機化合物の形で存在する。アーバスキュラー菌根菌と異なり多様な腐生菌から進化した外生菌根菌は、単純な有機化合物（アミノ酸など）を直接吸収するだけでなく、多様な分解酵素をもっていて、複雑な有機化合物中のリンや窒素を吸収する能力もある。[*2] 異なる菌種は異なる酵素組成、つまり異なる窒素利用特性をもっているため、その土壌の窒素に適した菌種に感染した苗の成長がより促進されるのであろう。

読者の中でこれから接種実験をされる方がいるかどうかはわからないが、長年やってきた者の立場から実験に際しての注意点をいくつか記しておきたい。当然ながら実験環境を変えると樹木への成長促進効果も異なってくるため、最終的にどのような結論を導きたいのかが重要になる。自然環境中での菌根菌の機能を議論したいのであれば、その自然環境で実験するのが一番いいが、多くの場合は難しく、単純化した系でやらざるを得ない。ただ、寒天培地などを用いた無菌培養系では現実の自然環境とは大きく異なり、自然環境下での効果を議論するのは不適切である。より自然状態に近い土壌と環境での実験が望ましい。その際、さらに注意すべきは実験系のサイズである。いくら菌根菌が共生しても、土壌中に存在する養分以上は吸収できないため、非常に小さいポットに植えても成長促進効果は見られない。

外生菌根共生の話から少しはずれてしまうかもしれないが、植物がどれほど菌根菌に依存しているのか、その依存度は宿主植物によって大きく異なると感じている。これまでアーバスキュラー菌根や外生菌根、ラン菌根で接種実験をやってきて、定量的な比較をしたわけではないが、根系が疎な植物のほうが菌根菌への依存度が高いという実感がある。ランなどの太さ数ミリもある少数の直根しかない植物、太短いまばらな細根しかないような樹木では自身の根系による養分吸収が非常に限られるため、必然的に菌根菌への依存度が高いようであった。一方、シバなどの細い細根系をもったアーバスキュラー菌根性の草本植物では根自身の養分吸収能力も比較的高く、小さい栽培容器で根が全体に広がるような実験では、菌根菌を接種しても**図1**のような何倍もの成長差は見られない。多量の肥料が施用されている環境で育種された作物の場合も菌根菌への依存度が低くなっている。ちなみに、この後の植生遷移のところで詳述するが、菌根菌と共生しないように進化したアブラナ科やタデ科、カヤツリグサ科の草本植物(湿地生種を除く)では細い糸のような根が大量にあり、いかにも養水分の吸収に適した形態をしているものが多い。

植生遷移と菌根共生

植生遷移は高校の生物の教科書にも掲載されているためご存じの方も多いだろう。「ある場所の植物の構成が時間とともに変化すること」が植生遷移とされる。よく例として挙げられるのが、噴火跡地にコケ植物や地衣類が最初に侵入し、次にススキなどの草本植物の草原になり、やがて明るい場所を好む低木や樹木(陽樹)が定着して疎林から森林になり、最後には暗い林内でも実生が定着できる陰樹が優占する森林になるという一次遷移だ(図2)。一番最後の森林はおもに気候によって決まる極相状態であることから、極相林とも呼ばれる。ただ、このような典型的な(「仮想の」と言ったほうが適当だろうか)パターンではなく、溶岩上にいきなり樹木が定着するような遷移もたくさん見られる。一つ確実なのは、日本のように一定以上の降水量と気温があるような場所においては植生遷移の最後が森林になるという点である。菌根共生という視点から一次遷移を見てみると、無菌根植物(地衣、一部のコケ)からアーバスキュラー菌根植物(ススキなど)、外生菌根性樹木という順序になる。樹木の成長には外生菌根菌が不可欠ということを考えれば、植生遷移のある段階で必ず外生菌根菌という共生パートナーを手に入れなければならないことになる。

私が詳しく調べていた富士山の宝永大噴火跡地(御殿場口五合目付近)の例を紹介しよう。一七〇七年の宝永大噴火によって富士山の東側斜面にはスコリア(小さな軽石状の噴出物)が何メートルも堆積

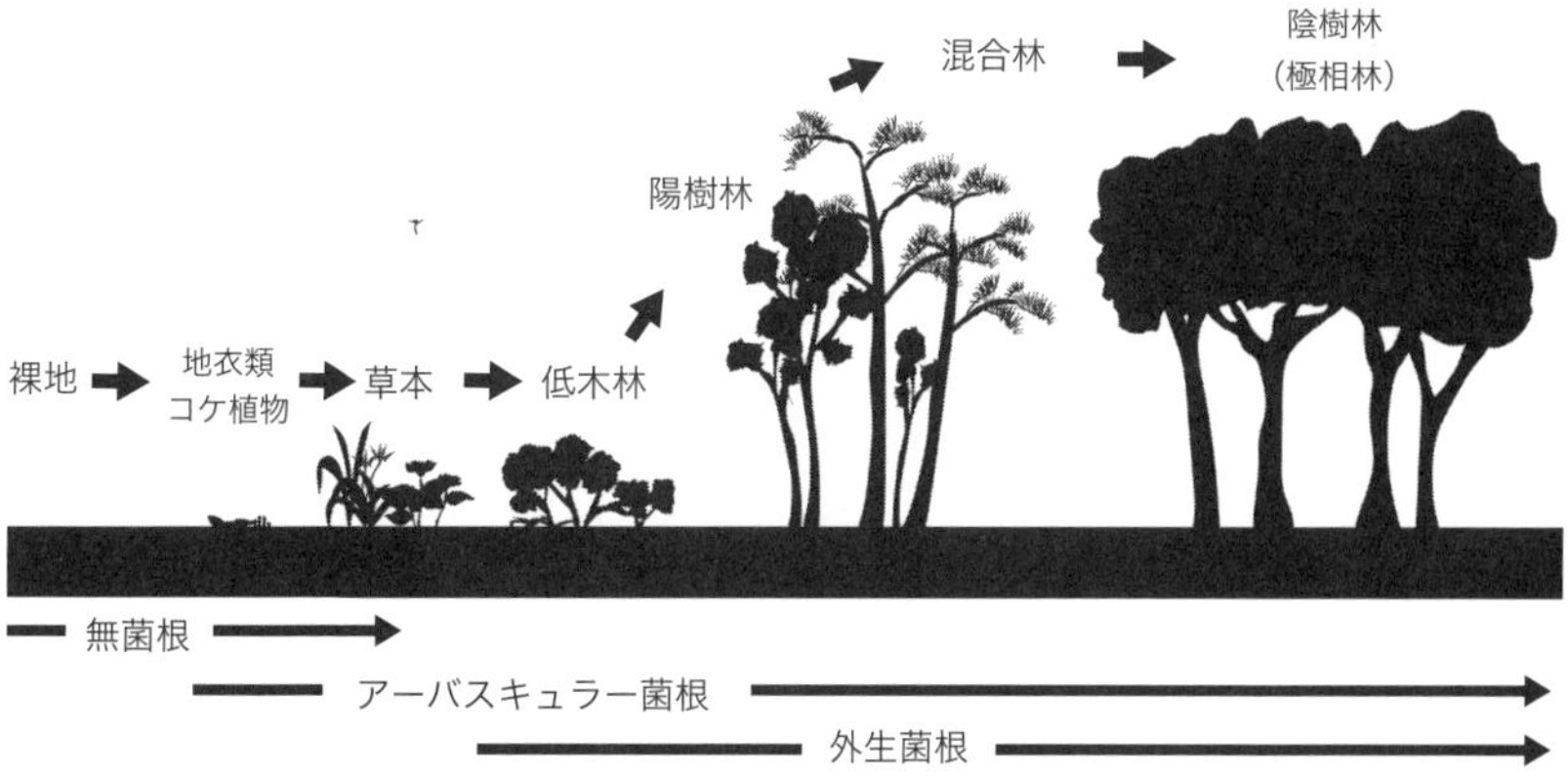

図2　植生遷移と菌根共生

したため、菌根菌はおろか生物の存在しない広大な荒原が創出された。植物の一次遷移を調べるのに適した場所であることから、多くの植物生態学者が研究してきた場所である。ここでは、地衣類などと共にタデ科（オンタデやイタドリ）やアブラナ科（フジハタザオ）、カヤツリグサ科（コタヌキラン）の植物が最初に裸地に定着する。いずれも無菌根植物であり、菌根菌のいない環境でも生育することができる数少ない植物である。なかでもイタドリは多年生草本で根茎によって年々円板状にコロニー（パッチ）を広げていくことで不安定なスコリア土壌を安定させ、他の植物が進入できる安定した地表環境を創出するという重要な役割をもっている。[*3] 特に中央部がハゲあがったイタドリのパッチにはイネ科やキク科などのアーバスキュラー菌根性の多年生草本が多数侵入している。どのようにしてアーバスキュラー菌根菌の胞子が運ばれてきたのかはわからないが（おそらく風や動物などによって周辺地域から運ばれてきたのであろう）、このような植物は例外なくアーバスキュ

図3　富士山火山荒原のミヤマヤナギと外生菌根性キノコ

ラー菌根菌と共生している。[*4] しかし、噴火後三〇〇年以上経っても、草本植物が定着しているのは地表の一割程度にとどまる。当初は菌根菌も存在しなかった貧栄養なスコリア土壌が植物の生育・生存を阻んでいるのである。

さて、肝心の外生菌根性樹木はというと、一見ここには何もないように見える。最初に富士山のこの場所を訪れたのは、研究室のプロジェクトでイタドリの個体群構造を調査するためであり、[*3] 樹木もないような環境で外生菌根の研究をするとは想像すらしていなかった。研究を始めるきっかけとなったのは、最初に訪れた時に外生菌根性キノコがイタドリのパッチにたくさん発生しているのを見つけたことである（**図3**）。よく見ると、草と変わらない背丈の矮性《わいせい》樹木であるミヤマヤナギがイタドリに隠れて定着していたのである。これは面白いと思い翌週から調査を始めることにした。調べてみると、五ヘクタールの調査地で一六〇ほどあるイタドリのパッチのうち、四分の一弱にミヤマヤナギが定着していた。その被覆面積は合計しても調査地の地表の一パーセントにも満たない。噴火後三〇〇年という年月を考えると、この荒原で樹木の定着がいかに困難かがわかる。

当時、一次遷移地にどのような外生菌根菌の群集が成立しているのかについては北米の氷河後退地の断片的な知見しかないような状況だったため（ただし二次遷移の研究例は豊富にあった）、何か新しい発見があるかもと期待を膨らませて研究をスタートした。

キノコでわかった外生菌根性の一次遷移

生息している外生菌根菌を調べる場合、特別な設備を必要とせずお金もかからないのはキノコ調査である。そこで、まずは富士山の噴火跡地に発生するキノコを調べることにした。ただし森で歩きながらキノコを探すのとは勝手が違う。五ヘクタールの調査地に点在する約一六〇の植生パッチをまわり、低い草藪をかき分け、地べたを這いながらキノコを探す調査である。朝の四時前に東京を出発して調査地で夜明けを迎え、日暮れまでキノコを探し、終わらなければ泊まり込みで翌日もキノコを探すという作業を毎週のようにくり返した。夜に研究室に帰った後も菌株の分離やキノコ標本の作成などをしていたため、帰宅はいつも深夜になった。年平均降水量が五〇〇〇ミリメートル近くもある山岳地域であり、突然の雨や雪に見舞われることも多く、体力的にはキツかった。しかし、想像をはるかに上回る数のキノコが発生し、調査のたびに新しい種が見つかることが楽しくてやめたいとは思わなかった。こうした過酷な調査に毎回のように同行してくれた大学院生の中屋博順には今でも心から感謝している。余談だが、妻から第一子の陣痛の知らせを受けたのもこのキノコ調査中である（調査を済ませてから病院へ向かい、明け方の出産にはなんとか間に合った）。

二年間調査を行って、外生菌根性のものだけでも合計で一万本を超えるキノコを確認し、その位置や種を記録していった。そうすると面白いことが見えてきた。外生菌根性のキノコが見つかったのは全体の四分の一ほどのパッチであったが、そのいずれにもミヤマヤナギ（ただし一つはバッコヤナギ）が定着していた。逆にミヤマヤナギが侵入した植生パッチのすべてで外生菌根性のキノコが確認できた。この火山荒原に最初に形成される外生菌根菌はミヤマヤナギを宿主としているのである。[*5]

キノコの本数が多かったのはキツネタケ属やアセタケ属、ワカフサタケ属、ニセショウロ属、フウセンタケ属などである。数は少ないがベニタケ属やイグチ目なんかを見つけるとめずらしい宝を見つけたようでうれしかった。二年間の調査によって合計で二三種の外生菌根菌をキノコとして確認することができた。植生もまばらで木らしい木もないような場所でこれほどの菌種に出合えるとは想像していなかった。

こうしたキノコが生えている場所をよく見ていくと、明確な種組成の変化が明らかになった（図4）。まず、定着して間もない小さなミヤマヤナギの近くには、キツネタケ、ウラムラサキ、クロトマヤタケの三種のうち、どれかが発生する。そして、もう少し大きく広がったミヤマヤナギの周囲には、最初の三種に加えてギンコタケとハマニセショウロが生えるようになる。さらに数十平方メートルまで大きく広がったミヤマヤナギのパッチの内部には、ワカフサタケ属やフウセンタケ属のキノコがたくさん生えるようになるのである。どんどん新しい種が追加されるという、外生菌根菌の一次遷移をはじめて捉え

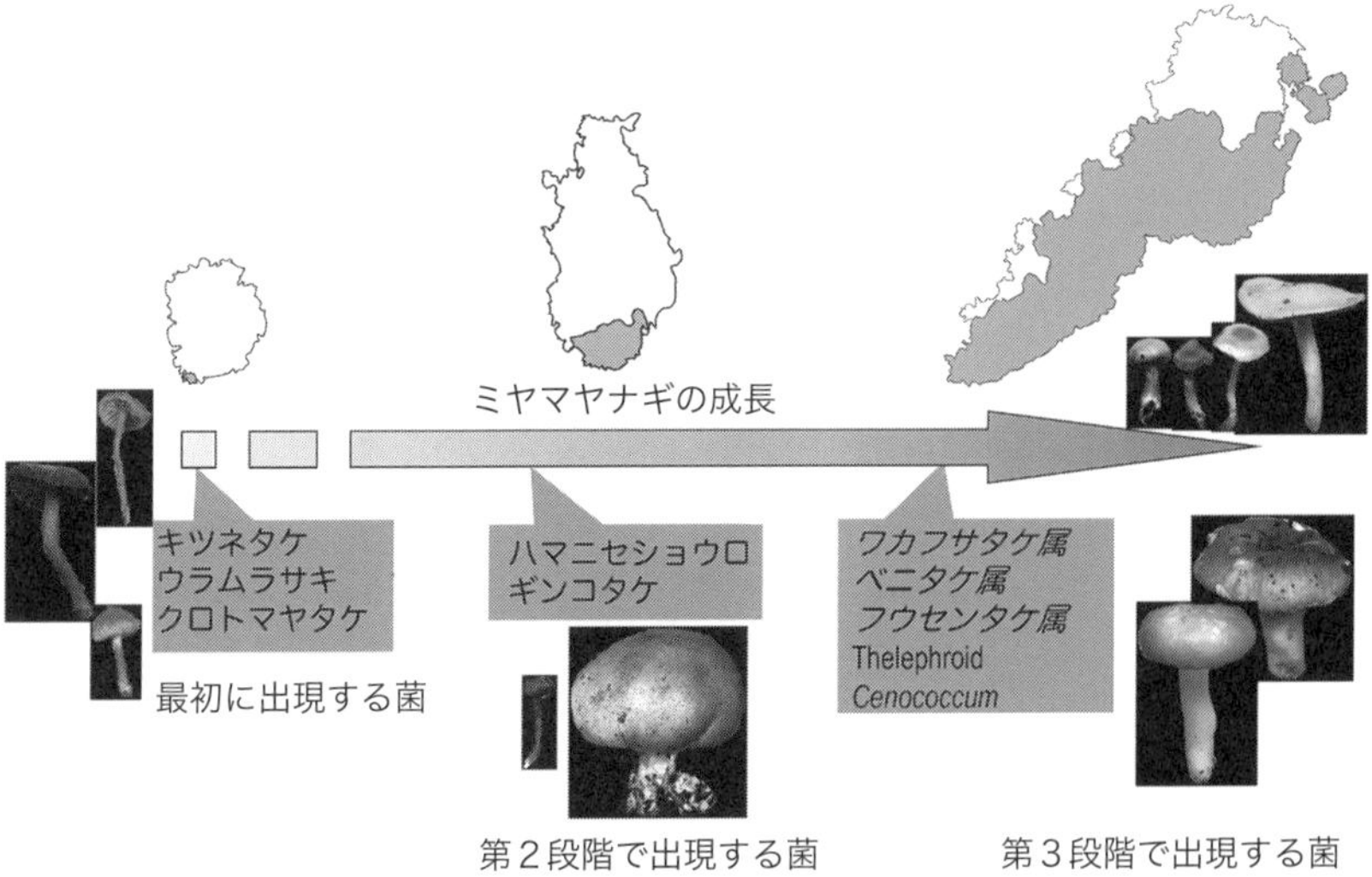

図4　富士山火山荒原における外生菌根菌の一次遷移

ることができた。イタドリのパッチにどんどんと新しい植物が追加されていく、この場所の植生遷移の初期段階とそっくりである。

さて、最初に定着する三種はどうして先駆種になり得たのか？　キノコから胞子を採取して胞子の発芽特性を調べてみた。予想されたことではあるが、外生菌根菌の胞子は培地の上に撒いただけではほとんど発芽しない。イタドリなどの宿主ではない植物の根の近くに胞子を置いても発芽はしない。ただ、ミヤマヤナギという本来の宿主の根に胞子を張りつけてやると発芽が促進される種があった。[*6] 先駆種と考えられた三種の菌根菌の胞子はいずれも高い発芽率が誘導された。さらに、これら三種は接種実験の小さな数カ月の苗のもとでもキノコを形成して胞子を飛ばした（**図5**）。つまり、植物で言えば一年生草本のような生態戦略（r戦略[※]）をもっ

図5　ミヤマヤナギ接種苗から発生したクロトマヤタケの子実体

ているのである。ミヤマヤナギの根にいち早く反応して胞子が発芽し、菌根を形成した後、すぐにキノコをつくって胞子を飛ばすことで先駆種になり得たのであろう。

※——子供をできるだけ多くつくる生存戦略で、攪乱地にいち早く侵入するには有利となる。

第二段階で加わるギンコタケとハマニセショウロはいずれもパッチの外側に多く発生し、強い直射日光を受けて高温ストレスがかかるような場所に発生する。他の菌との競争には弱いがストレスには強いのだろう。そして、この場所で一番後から侵入するようなワカフサタケ属やフウセンタケ属が定着するのは、大きなパッチの内部で土壌に落ち葉や腐植が堆積しているような場所である。いずれも有機物分解能力が高いことが知られており、土壌がある程度できてはじめて侵入することができるのである。面白いことに先の胞子発芽実験では、ワカフサタケ属も高い胞子発芽率を示した。ワカフサタケ属は二次遷移では一番最初に出現する先駆種として記載されることも多い。有機質を含む土壌が残っている場合には、高い胞子発芽率によってワカフサタケ属も先駆種になるのであろう。

さて、キノコがあればその菌の菌根があるのは間違いないが、その逆は言えない。つまり、地下部にはキノコで確認されていない菌種がいる可能性もある。そこで、ミヤマヤナギの菌根をDNA解析して菌根菌群集を調べた。イボタケ科などのキノコでは確認されていない菌種も検出されたものの、全体としてはキノコを形成する菌種が地下部でも優占し、キノコと同じ一次遷移が確認された。[*7] これほどまでに地上部のキノコと地下部の菌根菌群集が一致する例を他に知らない。雨が多い環境や土壌有機物が乏しく腐生菌との競合が少ないなどの要因に加え、きわめて貧栄養なスコリア土壌から土壌養分を獲得するため、樹木が地下部や菌根菌へ大量の炭水化物を投資していることなどが影響しているのであろう。事実、調べたミヤマヤナギのある個体では、木全体の葉量の約二割にも相当する乾重のキノコが一年間で発生したことから、いかに外生菌根菌への投資が大きいかがわかる。[*5]

外生菌根菌ネットワークでつくられていく森

大きく広がったミヤマヤナギのパッチは、単一の樹木個体で構成されているわけではなく、多数の遺伝的に異なる個体が隣接して形成されたものであることが判明している。[*8] そこでミヤマヤナギ実生（種から発芽したばかりの小さな植物）の定着場所を詳しく見ていくと、実生はミヤマヤナギ成木のごく近傍にしか発見できなかった。こうした場所では成木に共生する菌根菌の菌糸ネットワーク（菌根菌ネットワーク）が土壌中に広がっているため、このネットワークによって実生の定着が促進されていると直感した。というのも、その一〇年以上前にアカマツを用いて行ったプランターでの実験で、成木の菌根

図6　菌根菌ネットワークによる感染によって促進されるアカマツの成長

滅菌した苗畑土壌を入れたプランターの左端に植えたのは、すでに菌根菌に感染しているアカマツの1年生苗。右側には等間隔でアカマツの種を同時に蒔いた。ネットで仕切ってあるので、菌糸のみが右側に広がり、発芽した実生へ順次感染が広がる。複数の樹木が一つの菌糸体でつながったような状態になるため菌根菌ネットワークと呼ばれる。

菌ネットワークに接続された苗のみが成長する様子を見ていたからである（図6）。ただ、温室の環境と自然環境は大きく異なるため、実際に現地でミヤマヤナギの植栽実験を行った。

現地で、何も植物のない裸地やイタドリなどの草本植物のみの植生パッチにミヤマヤナギを植栽したところ、その根にはほとんど菌根の形成が見られなかった。ごく一部に胞子由来で菌根を形成した実生もあったが、菌根形成率は低く、成長もほとんど促進されていなかった。一方、ミヤマヤナギ成木の近くに植栽したすべての実生には菌根がたくさん形成され、DNA解析をしてみると成木と同じ菌種が検出された。[*9] いずれも成長が著しく促進されていたことから、菌根菌ネットワークへの接続がミヤマヤナギ実生の定着に重要だと示唆された。しかし、異なる場所に植えていることから菌根菌以外の土壌条件も異なるため確定的なことは言えない。

そこで、菌根菌ネットワークを現地で人工的に再現することを思いついた。[*10] 要は菌根菌の接種実験と同じように菌根苗を作成し、その苗を本来は菌根菌ネットワークのない現地のイタドリのパッチに植えた後、苗の周りにミヤマヤナギの種を蒔いて実生の成長を見てみようというものだ（図7）。同じような場所に植えるので土壌などの環境条件の影響は排除し、菌根菌ネットワークの有無や菌種による効果の違いの影響を調べることができる。簡単そうに書いているが、この場所の菌種の大部分を対象にしたかったので菌株の分離から苗の準備まで含めると三年以上かかった実験である。余談になるかもしれないが、アセタケ属やベニタケ属の菌根合成は無理と言われていたような時代であったことから、この研究成果を論文として投稿したところ、査読者から「これらの菌根を合成した実験は信じられない」と指

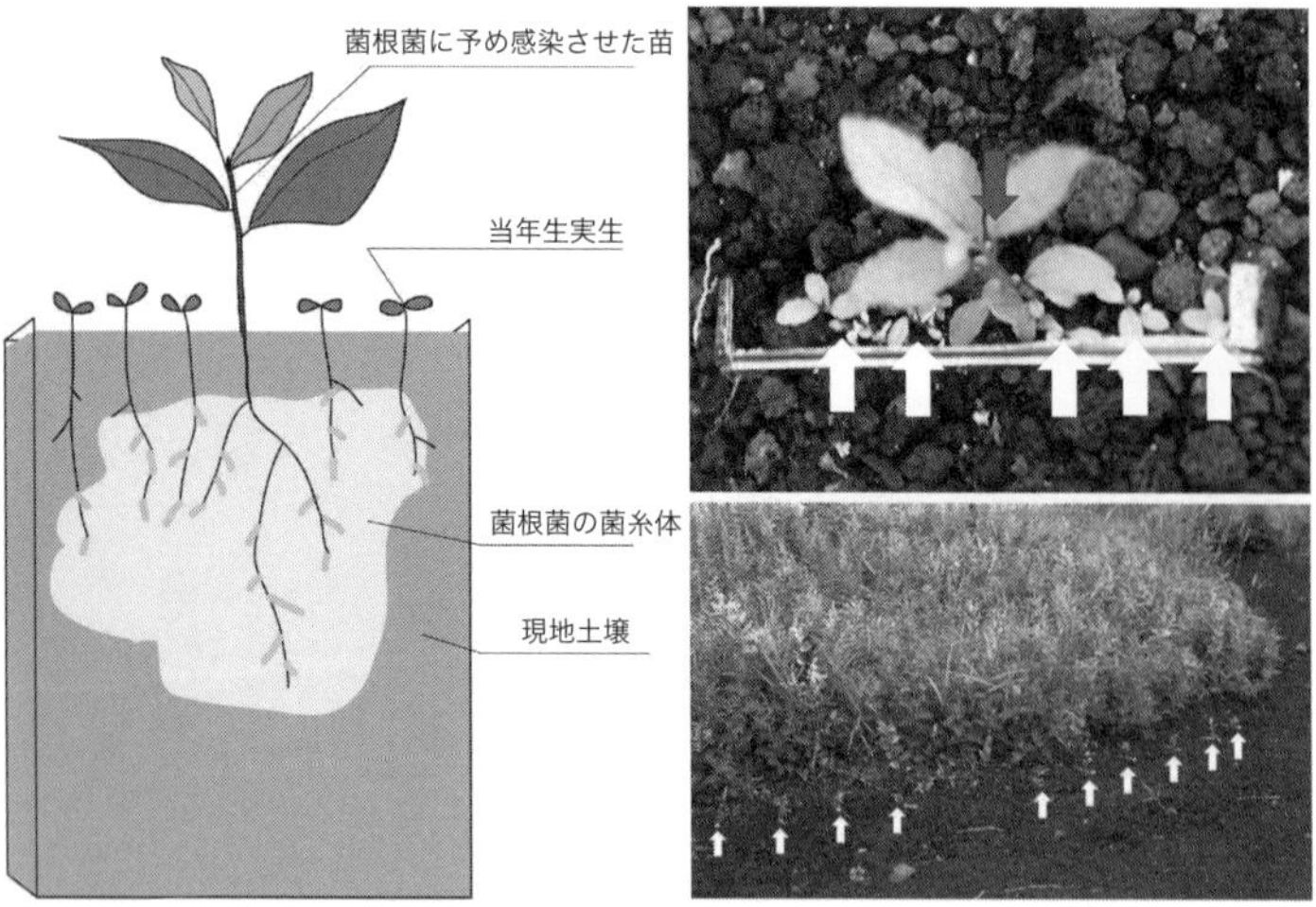

図7　フィールドでの菌根菌ネットワーク再現実験

菌根菌を接種してすでに大きく育った1年生のミヤマヤナギ菌根苗を容器の中央に配置し、片側の側面を外して菌根菌が存在しない植生パッチに植栽。対照区には菌根菌に感染していない1年生苗を用いて同様に処理した。その後、植えた菌根苗の周りにミヤマヤナギの種を蒔き、発芽した実生の生育を調べる実験。

摘されたほどである。確かに分離も難しく、アセタケ属で唯一分離できたクロトマヤタケは培地上での生育はきわめて遅いが、接種すると穴があいたクランプ結合（担子菌の菌糸に見られる細胞と細胞を連結する構造）を有する特徴的な菌糸をもつ菌根が形成され、菌根のDNA解析で菌種を確認し、さらに子実体も接種苗から発生したので確実だ（**図5**）。

さて、実験によってすべての菌種で実生に菌根が形成され、いずれも隣に植えてある菌根苗と同じ菌種であったことから菌根菌ネットワークによって実生に菌根が形成されたのは間違いない。さらに、現地の胞子で他の菌種に感染することもなかったので、純粋に菌根菌ネットワークの影響を定量することが可能であった。

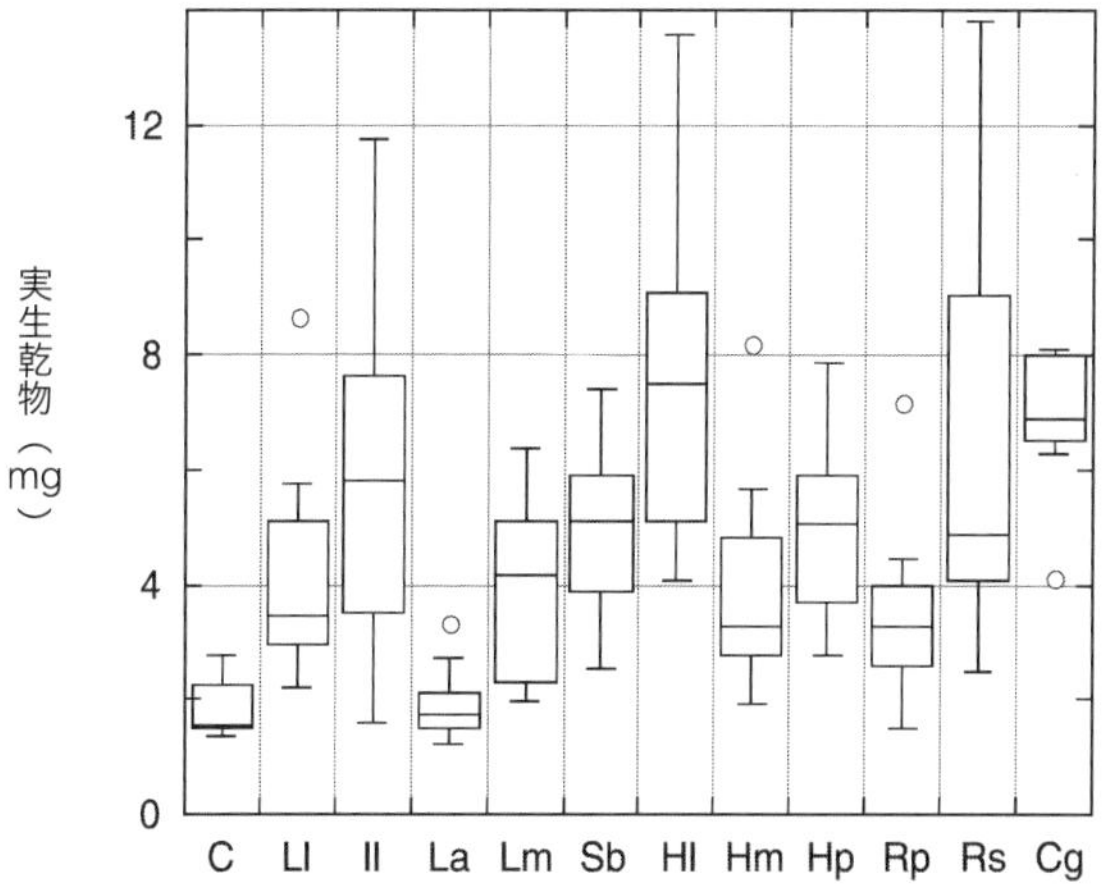

図8　菌根菌ネットワークによって促進されるミヤマヤナギの成長

接種した菌根菌：C（対照区）、Ll（キツネタケ）、Il（クロトマヤタケ）、La（ウラムラサキ）、Lm（ギンコタケ）、Sb（ハマニセショウロ）、Hl～Hp（ワカフサタケ属）、Rp・Rs（ベニタケ属）、Cg（ケノコッカム）。

一部の菌種（ウラムラサキ）を除き、外生菌根菌ネットワークによってミヤマヤナギ実生の成長は著しく促進される。

実生の成長を比べると、やはり菌根菌ネットワークによって著しく成長が促進されていた。菌種によって効果は異なるものの、対照区（非感染の苗を菌根苗の代わりに植栽した区）の実生と比べて、数倍、場合によっては一〇倍を超えるサイズにまで実生が成長した（**図8・口絵2**）。当初の実感通り、地下部の見えないところで菌根菌のネットワークにつながること、そしてどんな菌種のネットワークにつながるかといった点が、この場所のミヤマヤナギ実生の定着を決定する主要な要因なのである。

　このように現地で菌根菌をコントロールする実験を一般的な森林で実施することは事実上不可能である。なぜなら、森林土壌中には菌根菌の菌糸や胞子が普遍

図9　富士山火山荒原のミヤマヤナギの近くに定着したダケカンバとカラマツ
ミヤマヤナギが展開する菌根菌ネットワークを利用することで後続樹木はなんとか定着することができる。

的に分布しており、対照区でもすぐに菌根菌に感染してしまうためである。一次遷移地という菌根菌の自然感染がほとんど起こらない特殊な環境だったからこそ可能だったフィールド実験と言える。

さて、地下部の菌根菌ネットワークは同種の樹木の実生に限った話ではない。ミヤマヤナギに共生していた菌種はいずれも宿主域が広くてどんな植物にも共生する傾向が強いジェネラリストであり、いろいろな樹種に共生することが可能である。事実、ミヤマヤナギから伸びている菌根菌ネットワークはその後に侵入してくる後続樹木の定着にも不可欠な存在であることが判明した。この調査地の場合、ミヤマヤナギの後から定着するのはカラマツとダケカンバである（**図9**）。いずれも高木になる樹木であることから、いわゆる森林が形成されるためにはたいへん重要なステップである。当初調べていた五ヘクタールのエリアではこのような樹木があまりにも少なすぎて有意な情報が得られないため、調査エリアを二〇ヘクタールに広げて調べてみた。その結果、合計で三九個体のダケカンバと、二六個体のカラマツの定着が確認された[*11]。驚くことにそのすべてがミヤマヤナギの定着しているパッチであった。これらの樹木に感染している菌根菌をDNA解析してみると、やはりミヤマヤナギと共通の菌種が優占していた。地表のわずか一パーセントしかないミヤマヤナギの存在下、つまりすでに菌根菌ネットワークが利用できるような場所でのみ後続樹木が定着できるのである。地中の見えない菌根菌ネットワークが樹木の遷移をも事実上決定していると言える。

菌根菌ネットワークはどうしてこれほどまで樹木の定着に重要なのか。この調査地ではキノコもたくさん発生するため、運がよければ胞子によって実生が菌根菌に感染することも可能である。しかし、数ミリグラムしかない小さな実生が自分の光合成産物で維持できる地下部の菌糸体はたかが知れている（図10）。火山噴出物のため養分（特に窒素）がきわめて乏しい土壌から、しかも他の植物と競合する中で実生が十分な養分を獲得するのは難しい。一方、実生が成木によって維持されている広大な菌根菌ネットワークに接続する場合、すでに菌糸体に蓄えられた膨大な養分を利用できるほか、遠く離れた場所の土壌養分にもネットワーク経由でアクセス可能である。しかもそのネットワークの維持コストは大きな成木が支払ってくれている。多く税金（この場合は炭水化物）を払った人も、払っていない人も同じような医療保障（養分）を得られる社会保障システムのようだ。噴火跡地のような特殊な環境であるからこそ、菌根菌ネットワークがこれほどまでに樹木の定着や遷移に重要な役割を果たしているのであろ

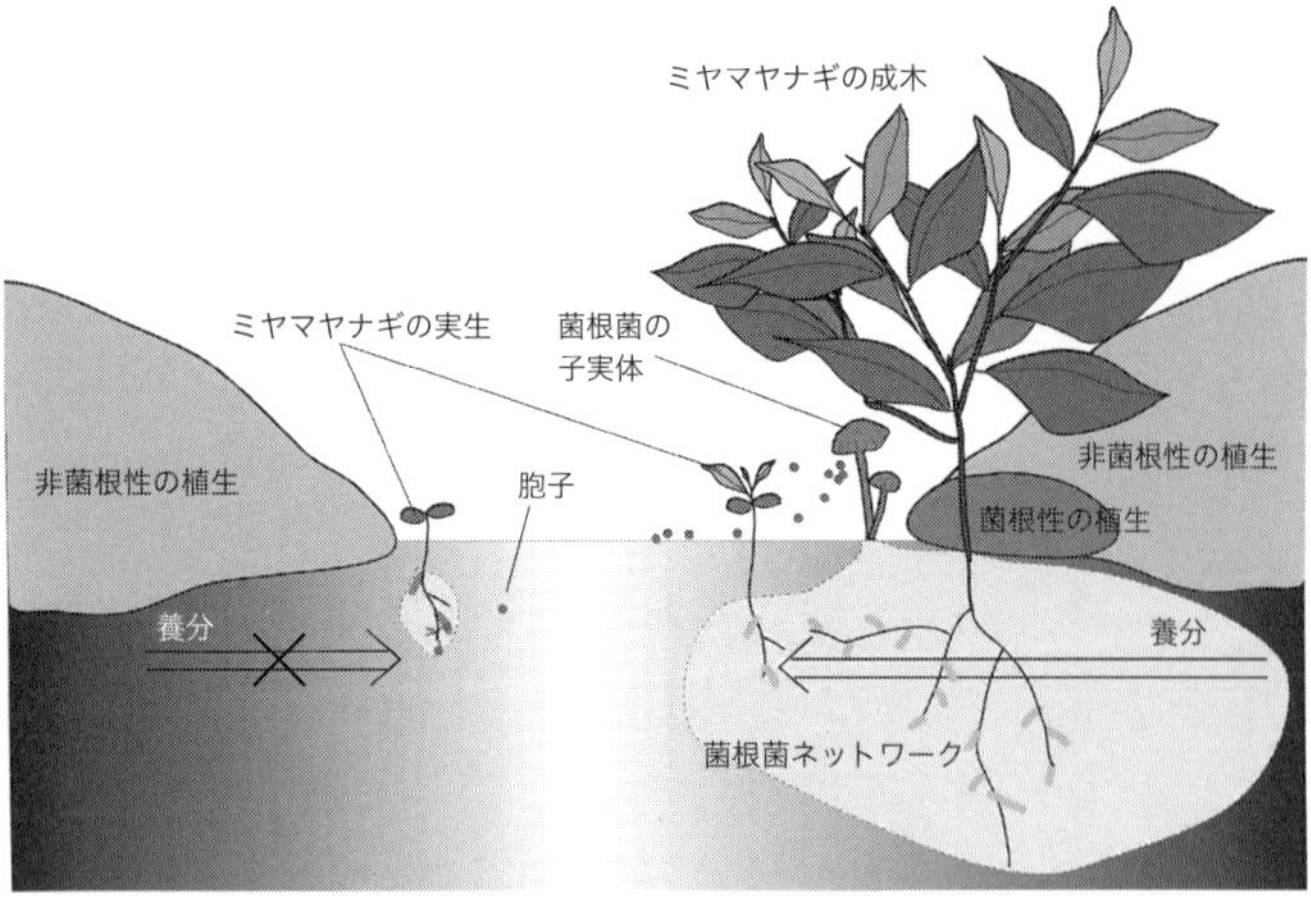

図 10　胞子感染に比べて菌根菌ネットワークが有利な理由
胞子感染によって菌根菌に感染しても、きわめて小さなミヤマヤナギの実生が自身の光合成で維持できる菌糸体は小さく、極度に窒素分が乏しいスコリア土壌からは十分な窒素を吸収できない。一方、菌根菌ネットワークに接続した実生は、成木によって維持されている大きな菌糸体に蓄えられた養分を利用できるようになるほか、巨大な菌糸体を養分吸収器官として利用できるようになる。

う[*12]。

では、菌根菌ネットワークがない場所に最初に定着した樹木はどうやって定着できたのだろうか？ 答えはわからないが、三〇〇年間で数えるほどしか発生しないほど難しいイベントであるため、よほどの幸運が重なる必要があるのであろう。たまたま動物の糞などによって養分環境がよくなった特殊な場所で定着し、菌根菌の胞子が飛んでくるまで生きながらえたのかもしれない。

さて、菌根菌ネットワークは樹木以外の植物にも不可欠な場合がある。富士山の調査地の場合は、林床《りんしょう》にベニバナイチヤクソウという部分的菌従属栄養植物（前書第6章）が見られるが、その定着場所を同様に調べてみると、ミヤマヤナギの下にしか見られなかった。ミヤマヤナギの光合成産物を菌根菌ネットワーク経由で獲得しなければ生きていけないのである。遷移がさらに進み森林が形成された後は、林床一面に普遍的に存在するようになる。こうなると、菌根菌ネットワークは当たり前に利用できるため重要性に気がつきにくいが（人間が酸素の重要性を普段意識しないように）、樹木や林床植物の生育・定着に重要な働きをしているのは変わらないであろう。

菌根菌の埋土胞子で更新する森

これまで紹介した富士山の研究は植生回復に果たす菌根菌の重要性を示す一つの事例にすぎない。先駆樹木の定着には菌根菌の獲得が必要であるが、その獲得方法は必ずしもネットワーク経由である必要はない。胞子経由でも、感染によって十分な養分吸収が可能な環境であれば樹木の定着促進に寄与することができる。たとえば海外の事例になるが、スコリアよりは土壌養分が多い海岸砂丘における一次遷移の場合、定着するマツの菌根菌感染源は土壌中で休眠しているヌメリイグチ属やショウロ属の胞子であることが示されている。*13 これらのマツ類に特異的な菌種は、胞子の寿命が長く（特にショウロ属）、土壌中に蓄積された埋土胞子として優占することが知られている。また、研究室の学生である石川陽が最近調べている伊豆大島の火山噴火跡地では、土壌は富士山と同じようなスコリア質だが、最初に定着する樹木はオオバヤシャブシというハンノキ属樹木である。その実生の定着様式を見てみると、タデ科やカヤツリグサ科の無菌根植物と同じように、菌根菌のネットワークなどない裸地にたくさん定着している。ハンノキ属樹木の根にはフランキアという放線菌が根粒を形成し、この菌が窒素固定能力を有しているため、火山噴出物でもっとも不足する窒素分の制限を受けない。そのため、埋土胞子経由で菌根菌に感染することでも十分に効果があるのであろう。実際に定着したオオバヤシャブシ実生の菌根を調べてみると、アルポバ属という、ハンノキ属に特異的で埋土胞子を形成する地下生菌に感染している。[*14] 口永良部島《くちのえらぶ》の火山性泥流跡地や桜島では、クロマツが先駆樹木であるが、発芽した実生は成長しないまま生き延びて風で散布される胞子が来るのを待つという戦略のようだ。一次遷移地の外生菌根共生の成立過程は思ったよりも多様なようであるが、いずれも菌根共生が成立しない限り樹木の定着や遷移は起こらないという事実は変わらない。

菌根菌の埋土胞子は、じつは一次遷移よりも二次遷移において重要になる。森林火災や皆伐などで地上部の宿主樹木がなくなるような大規模な攪乱では、土壌中の菌根や菌根菌ネットワークも消失してしまうが、埋土胞子への影響は小さい。このため埋土胞子が攪乱後の主要な菌根菌の感染源となる。埋土胞子の調査には一般的にバイオアッセイという手法が用いられる。採取した土壌に宿主実生を植えて、土壌中の胞子の発芽を誘導し、苗に菌根を形成させるという手法である。実生にできた菌根をDNA解析することにより菌種を同定する。こうした手法によりさまざまな森林で埋土胞子の調査が行われている。特に火災の多い北米の森林で埋土胞子を調べた事例では、耐熱性を備えたショウロ属の胞子が優占し、実際に火災後に更新したマツ実生ではそれらの菌種の菌根が優占する[*15]（図11）。さらに北米西岸の

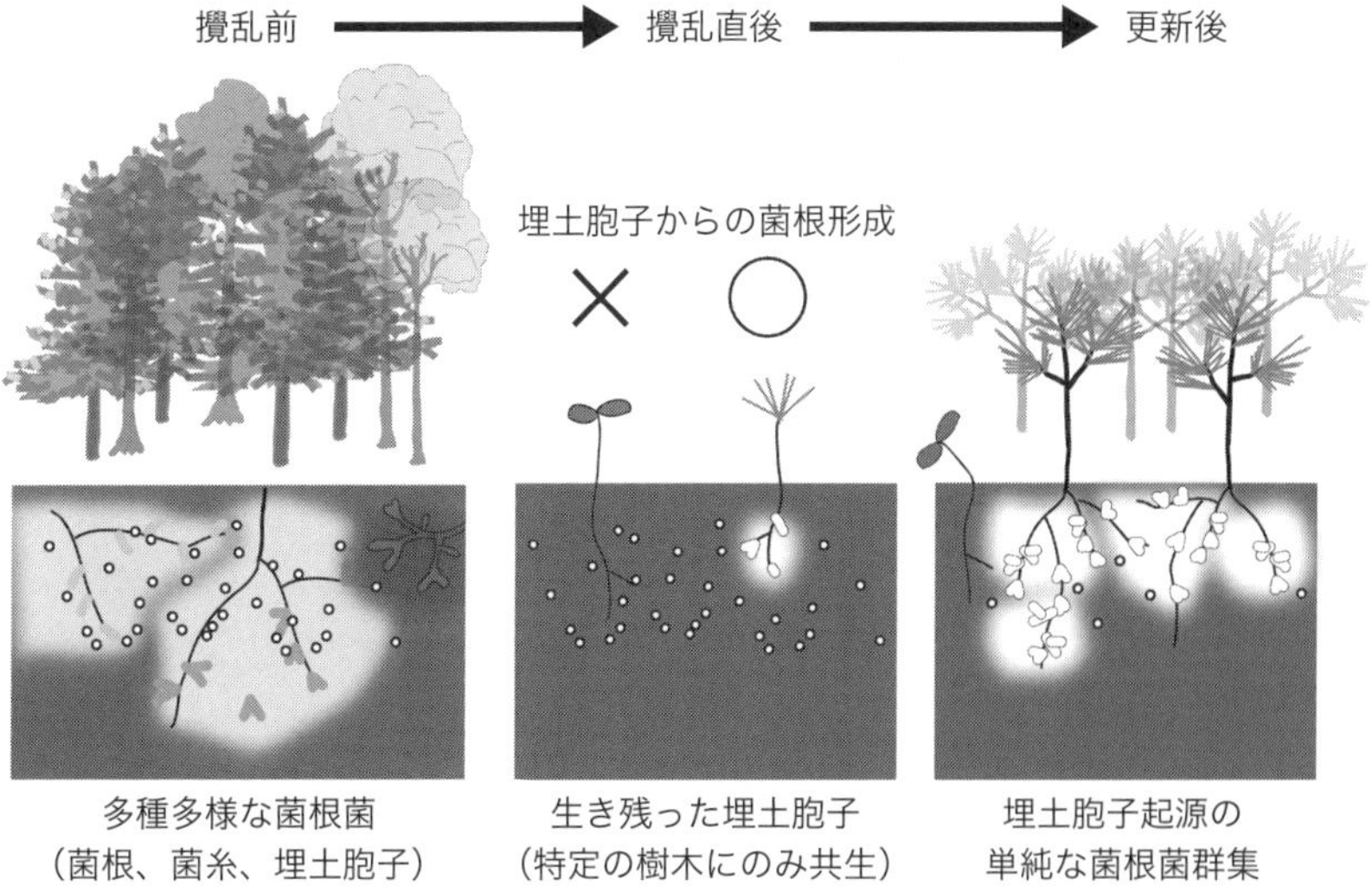

図11　外生菌根菌の埋土胞子による森林の更新
宿主樹木が枯死するような攪乱後も菌根菌の埋土胞子は生き残り、その胞子と親和性のある樹木の定着を促進する。

森林に優占する最大の林業樹種であるマツ科トガサワラ属のベイマツ（ダグラスファー）も、火災によって森林が更新することが知られている。この樹種にはトガサワラ属にのみ特異的に共生するショウロ属の菌種が存在し、*16 埋土胞子として優占することでベイマツの更新を優先的に促進する。

じつはベイマツと同じトガサワラ属樹木が日本にも生息している。紀伊半島の一部と高知県の東部にのみわずかに残存しているトガサワラ（*Pseudotsuga japonica*）である（**図12**）。絶滅危惧種に指定され、その保全が課題となっている樹種である。この樹木も北米の同属樹木と同様に特異的な菌根菌と共生していてその埋土胞子が森林の更新を支えているのではないか、もしそうであればこの絶滅危惧種の保全にも役立

図 12　絶滅危惧種トガサワラ（左）とこの樹種に特異的なトガサワラショウロの菌根（右）

つのではないかと一〇年くらい妄想していた。そんな時、ポスドクとして研究室にやってきた村田政穂にやってみないかと聞いたところ、やりたいということで一緒に研究をスタートした。生息地にまず下見に行って、驚いた。急斜面で表層崩壊しているような場所が多く、何の準備もしないと命の危険があるなと感じた。下見から帰るとハーネスを購入し、岩登りをしている学生（田中元気）からロープワークを学んだ。調査で誰か怪我でもしたら大問題になるからである。さて、準備も整え、東京から私の自家用車で村田とトリュフ研究を始めたばかりの木下晃彦（第2章著者）を乗せて、高知と紀伊半島のトガサワラを巡る調査を実施した。舗装もしていない荒れた林道なので、四駆とはいえ愛車ヴォクシーはボロボロになる。いつだったか忘れたが、どこかの林道でバンパーがもげたため普段は外して運転していたが、車検が通らないということでドリルねじでバンパーを無理やりつけたこともある。

さて、トガサワラのおもな調査地からたくさんの土壌サンプルを持ち帰り、まずは現地成木の菌根を調べた。いろいろな菌種が検出されたものの、想定していたようなショウロ属は見つからなかった。[*17] 少しがっかりしたが、ショウロ属は埋土胞子として優占し、森林の更新初期を支えることが多いため、バイオアッセイの結果を待つこととした。村田からの朗報が届いたのは数カ月のバイオアッセイが終わった時であった。「見つかりました！」。この時はほんとうに嬉しかった。成木ではその後もたくさんのサンプルを分析しても見つからなかったが、埋土胞子ではもっとも優占する菌種だったのである。[*18] トガサワラは陽樹で暗い森林では実生が生きることはできないため、更新には攪乱によるギャップ生成が必要である。見つかったショウロ属の新種も成木には共生していないことから安定した森林では他の菌種に駆逐されてしまうが、埋土胞子として攪乱後のトガサワラに共生する機会をじっと待っているのである。

分子系統解析をしてみると、この菌種はトガサワラ属に特異的なショウロ属のグループ（Villosuli 亜属）に含まれることが判明した。トガサワラの祖先は三四〇〇万年前に北米からベーリング陸橋を渡ってアジアにやってきたことが化石などからわかっている。これらの菌や植物のリボソーム遺伝子のITS領域の塩基配列を北米と日本で比べてみると、宿主も菌根菌も同じような塩基置換率であった。[*19] つまり、見つかった菌種はトガサワラの祖先と一緒にアジアにやってきて、それ以降ずっと共進化してきた菌種であることが示唆される（**図13**）。世代時間もほぼ同じであると推定され、森林の攪乱周期に合わせて陽樹であるトガサワラとショウロが一斉に更新することで森林が維持されてきたのであろう。見つ

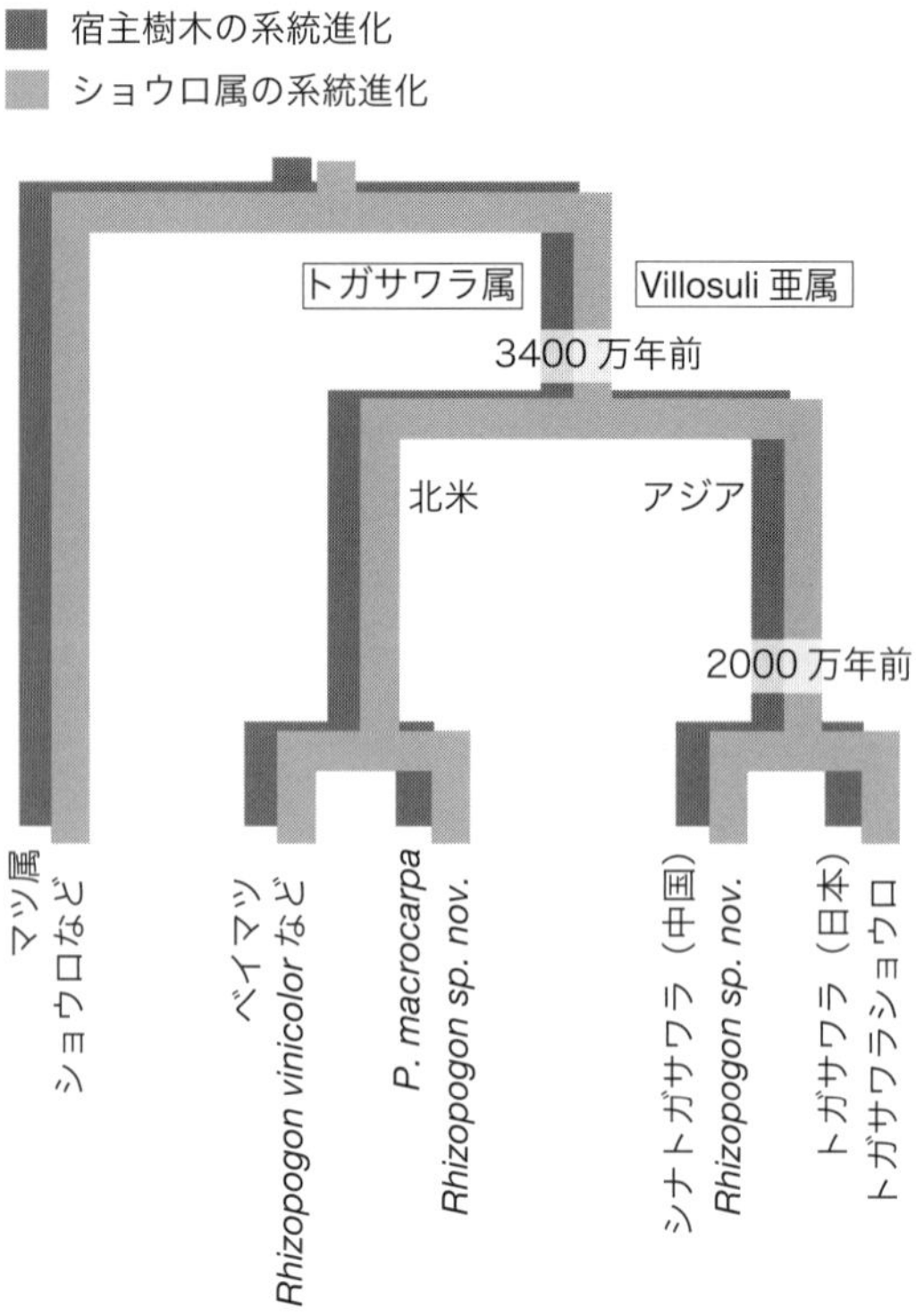

図 13　トガサワラ属とショウロ属の共進化

かった菌種はトガサワラの保全に重要であることは容易に想定されるが、名前もない菌では注目もされない。新種記載に必要なキノコをさんざん探したが、採取した成木の菌根にいっさい見つからないのだから結局見つけられないまま時間が経っていった。そんな時、科博（国立科学博物館）の研究者と一緒に北米のショウロ研究者が研究室にやってきた。そしてなんと、紀伊半島の一カ所で私たちが検出していたのと同種のキノコを見つけたことを聞いた。よほどの幸運の持ち主なのであろう。世の中に似たようなことを考えている人がいるとはまったく想像していなかったが、新種記載は彼に譲る形となってしまったのは少し心残りだ。[*20] 和名は正式なものではないがトガサワラショウロと勝手に呼んでいる。

ちなみにトガサワラ属は中国にも分布している。シナトガサワラ（*Pseudotsuga sinensis*）である。この樹木も絶滅危惧樹木である。せっかくなので中国の共同研究者とともにシナトガサワラでも同様の研究を行った。やはり成木では見つからなかったが、埋土胞子でトガサワラ属に特異的なショウロ属の未記載種を検出した。[*21] こちらも新種であることは間違いないので、いつか誰かがキノコを見つけて新種記載してくれるであろう。

三匹目のドジョウを狙うように、屋久島と種子島の一部に残存するマツ属のヤクタネゴヨウ（図14）という絶滅危惧樹木でも菌根菌を調べてみた。やはり埋土胞子で新種のショウロ属菌がもっとも優占していることが判明した。[*22] この菌は成木にも少し感染していたことから、キノコも発生するのではと思って探しにいくとすぐに見つけることができた。今度は無事に新種記載も済ませ、和名はヤクタネショウロと呼ぶことにした。[*23] 屋久島や種子島に他のマツは本来自生していないと思われるが、念のためゴヨウ

図14　絶滅危惧種ヤクタネゴヨウ（左）とこの樹種に特異的なヤクタネショウロの菌根（右上）と子実体（右下）

マツやアカマツでもバイオアッセイをしてみると、ヤクタネゴヨウでの感染率が顕著に高く、同じマツ属内でも本来の宿主への選好性が強いことが判明した。ショウロ属は外生菌根菌の中でも宿主特異性が強いグループであり、それだけ生態的・進化的な結びつきが強いのである。トガサワラと同様にヤクタネゴヨウも陽樹であり、更新には攪乱が必要である。そうした生態に合わせてヤクタネショウロも埋土胞子として攪乱を待っているのである。絶滅危惧種になっているのは、先のトガサワラと同様に人間による伐採の影響もあるが、より長い時間スケールで見ると広葉樹との生態的な競合で、険しい尾根筋に追いやられていることが影響している。こうした樹種では、広葉樹には共生せずに自分の成長のみを助けてくれる菌根菌の埋土胞子が、希少な森林の更新・存続においてきわめて重要なのである。[*24]

こうした研究で見つけたトガサワラショウロやヤクタネショウロはそれぞれの絶滅危惧樹木にしか共生していないため、宿主樹木と同じ生息域しかもっておらず、絶滅危惧「菌」種に該当すると推定される。いずれも隔離された小集団として存在しているため、絶滅に向かう数多くの生物に見られるような集団間の遺伝的隔離や各集団内の近交弱勢[※]が危惧される。宿主樹木であるトガサワラやヤクタネゴヨウでは集団遺伝学的な研究によって、そうした事実が判明している。

※――近親交配によって、有害遺伝子がホモ接合になる確率、つまりその有害遺伝子が発現する確率が高まり、適応度が下がること。

そこで、トガサワラショウロやヤクタネショウロでも集団遺伝学的な解析をしてみると、宿主樹木以上に遺伝子流動が制限されて近親交配が進んでいることが判明した。これらの宿主樹木は針葉樹であり、風によって花粉を長距離散布することが可能なため、隔離集団間の遺伝子流動は少ないながらも存在する。一方、ショウロ属はトリュフと同じく地下に子実体をつくり動物による胞子散布に依存しているため、長距離の遺伝子流動ができない。このため、トガサワラショウロもヤクタネショウロも絶滅危惧種として指定されている宿主樹木以上に絶滅リスクが高くなっているのだ。植物や動物に比べてキノコの絶滅危惧種登録は圧倒的に少ないが、それは登録に必要な生息域などのデータ取得が難しいためであり、現実には絶滅の危機にある菌種は植物や動物と同レベルに多いと思われる。なお、トガサワラショウロとヤクタネショウロについては我々の研究データをもとに絶滅危惧種として最新版の国際自然保護連合

（ＩＵＣＮ）のレッドリストに登録されている。[*25] 東南アジアの絶滅危惧種に指定されているマツ属三種でも特異的な新種のショウロ属を検出していて、まだまだたくさんの絶滅危惧菌種が見つかりそうだ。

ショウロ属はマツ属やトガサワラ属の特定の樹種と共進化し、その宿主樹木の更新に深く関与することがわかってきた。ありふれたマツであれば「荒地にマツ、禿山にマツ」と言うくらいどこにでも見られるが、これはそうしたマツに共生するショウロ属がどこにでも埋土胞子として存在しているためである。ただ、生息域がきわめて限られる絶滅危惧樹木に共生するショウロ属の埋土胞子の分布は宿主と同様に限られる。その場合、苗畑や植林地でそうした菌種に自然感染することはないため、宿主の育苗や定着は困難となる。[*26] 絶滅危惧樹木の菌根菌を研究している人は他にいないような状況であるが、希少な森林の維持や保全には菌根菌の利用が不可欠だと信じており、もっと研究が広がることを願っている。

コラム●菌類の分類

本書では、さまざまな菌根菌の分類学的な話題が取り上げられる。ここでは、菌類の分類について簡単に説明しておこう。菌類は、一般にカビ・酵母・キノコなどと呼ばれる生物で、通常は糸状の菌糸という組織をもち、その観察には顕微鏡を必要とする微生物である。ただ、酵母のように単細胞で球状の形態をとるものもあり、また、キノコ（胞子を保持・放出するために菌糸が複雑に組み合わさった構造体で子実体と呼ぶ）のように肉眼で確認できる大きな組織を形成することもある。

生物の分類は、高位から低位に向かって、ドメイン－界－門－綱－目－科－属－種という区分で分けられており、生物の種名は属名－種名の二名法で示される。すべての生物は三つのドメイン、真核生物・真正細菌（バクテリア）・古細菌（アーキア）のいずれかに分類される。菌類は、細胞の中に核をもつ真核生物であり、真核生物の中で菌界として大きなグループに位置づけられている。

図1[*1]に、生物全体の系統関係と菌界の中の系統関係を示した。「界」（kingdom）より下位の分類単位は、門（phylum）であり、子嚢菌門、担子菌門、グロムス菌門、ケカビ門などに分けられる。序章で述べたように、アーバスキュラー菌根菌から構成されるグロムス菌門を一つ

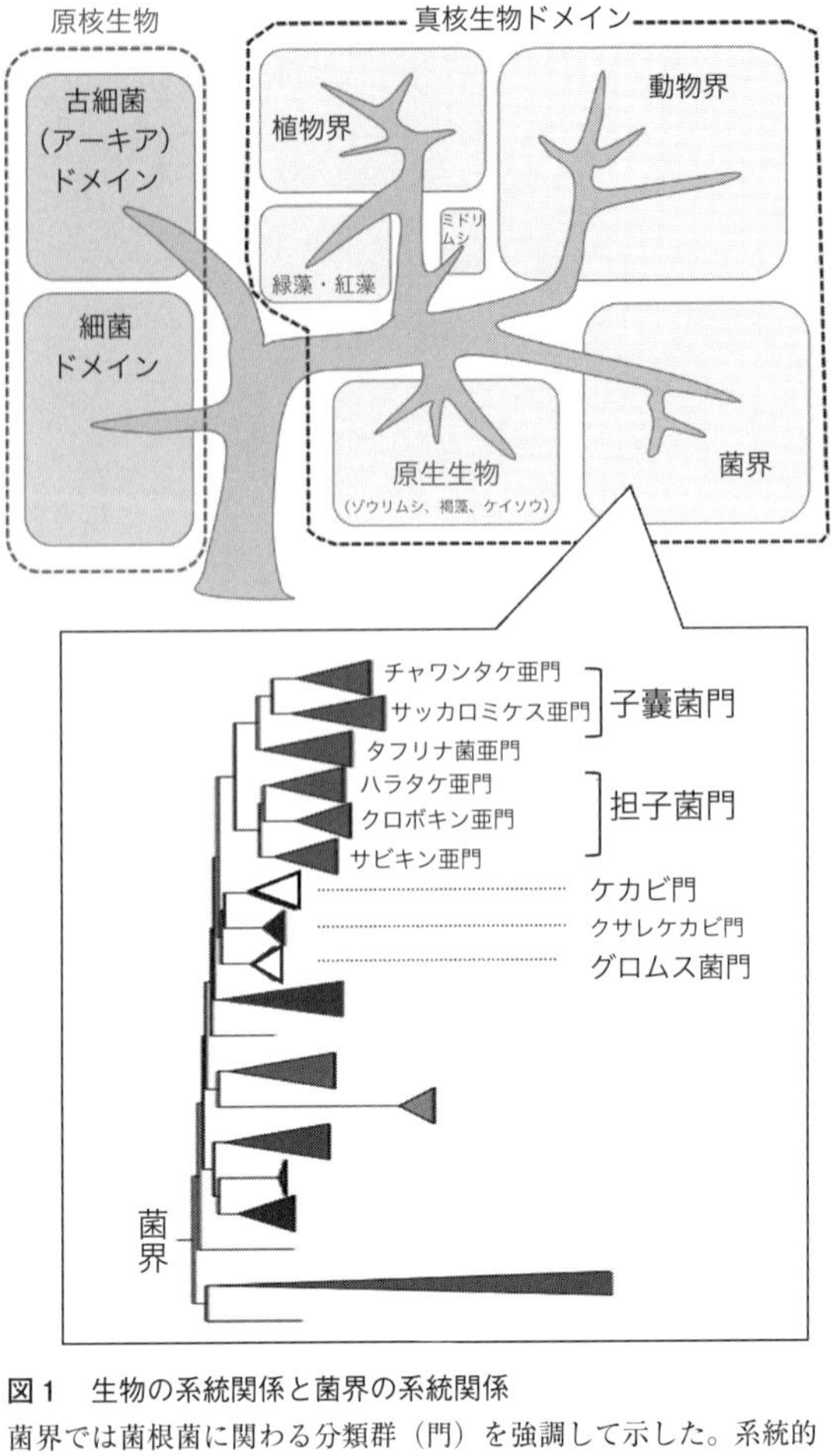

図 1　生物の系統関係と菌界の系統関係

菌界では菌根菌に関わる分類群（門）を強調して示した。系統的に古いグロムス菌門のほぼすべての種とケカビ門の一部がアーバスキュラー菌根菌である。担子菌、子嚢菌の一部が、外生菌根菌、ラン菌根菌、エリコイド菌根菌などに進化した。菌類の系統樹は、Strassert & Monaghan. 2022 に基づき、簡略化して示した。

の門として独立させるか、ケカビ門の一亜門とするかは、議論が続いている。本書ではグロムス菌門として取り扱うことにした。

菌類ではこれまでに一〇万以上の種が知られているが、それらはそれぞれの門の下に、亜門－綱－目－科－属－種と階層的に位置づけられている。たとえば、マッタケをつくるマツタケ菌の場合、菌界－担子菌門－ハラタケ亜門－ハラタケ綱－ハラタケ目－キシメジ科－キシメジ属（トリコローマ属）－マツタケ（種）となり、学名はトリコローマ・マツタケ（*Tricholoma matsutake*）となる。

（齋藤雅典）

コラム●菌根共生が教科書に掲載されるまで

高校生物の教科書に菌根共生が掲載されるようになっているのをご存じだろうか？

おそらく最初の契機になったのは二〇〇五年に東京都生物教育研究会（都生研。おもに東京都の高校生物教員で組織される研究団体）において講演する機会を得た時であろうと思う。教科書を執筆しているような先生も複数参加されていると聞き、「生物間の共生として今の教科書にはイソギンチャクとクマノミやら、マメ科根粒やら、きわめて限定的な共生しか載っていない。地球上でもっとも普遍的な共生関係である菌根をぜひ載せるべき。生物学オリンピックでも出題されましたよ」とまくし立ててきた。

その後、参加されていた先生から声をかけていただき、二〇〇六年の日本生態学会生態学教育専門委員会・日本生物教育会共催シンポジウム「高校でどのように生態学を教えるか」でも講演する機会を得たので同じような主張をしてきた。*1 今思えば生物関連学会の大先生（のちに生態学会の教育委員長や日本進化学会の会長などを歴任された嶋田正和さんなど）や生物教育界の大御所を前に生意気で独りよがりな主張だったと恥ずかしくなるが、若気の至りということでどうかご容赦いただきたい。

その後も関東各県の生物教員の研修会で菌根に関する講演を頼まれ、そのたびに菌根を紹介しながら教科書に載せてくれるようにお願いを続けた。駆け出し研究者（当時、助手）の戯言のような主張であったが、それを真摯に聞いてくださった都立高教諭の早崎博之さんや若木美千代さん（旧姓・川原）のご尽力もあり、菌根共生が記された教科書がはじめて出版され（小さなコラムであったが）、それを送ってもらった時はほんとうにうれしかった。[*2] 両先生をはじめ、教科書編纂に携わった関係者には感謝しかない。もちろん他の研究者による普及活動や、ここで紹介していない数多くの関係者の理解があったからこそ教科書掲載を実現できたのだろう。

今では複数の出版社の高校生物教科書に菌根共生が掲載されるに至っている。さらに上記の講演会やシンポジウムで面識を得た都立国分寺高等学校の市石博さんには、「NHK高校講座生物」（二〇一二年二月二四日放送）において、こちらから提供した菌根苗を使いながら菌根共生を紹介していただきほんとうに感謝している。このように中等教育で菌根共生が扱われるようになれば、菌根に興味をもつ若い人も確実に増えていくだろう。菌根研究の未来は明るいと信じている。

（奈良一秀）

第2章

地下に隠れた菌根性キノコ・トリュフを探る

木下晃彦

地下生菌？

二〇二一年一一月、イタリア北部ピエモンテ州アルバで開催されたオークションで、あるキノコが一〇万三〇〇〇ユーロ（約一五〇〇万円）という破格の値段で落札された。そのキノコは白トリュフと呼ばれ、九〇〇グラム近くの重量があったという。じつはこの白トリュフ、ホワイトゴールドとも呼ばれており、二〇〇七年には世界でもっとも高価なキノコとしてギネス記録に認定されている。トリュフではこの他にも黒トリュフなどが有名で、日本でも輸入品をレストランなどで味わうことができる。トリュフは「キノコ」とはいえ、マツタケなどと異なりゴツゴツした独特の形をしており、世界三大珍味（キャビア・フォアグラ・トリュフ）の一つとされる。その独特の香りから、フランス料理やイタリア料理では香りづけとして用いられている。なぜこの「キノコ」にこれほどの価値があるのだろうか。

キノコとは本来、菌類の一部の仲間がつくる繁殖器官で、学術用語では子実体と呼ばれる。生きている植物との菌根共生、倒木や落ち葉などの死んだ動植物を栄養源とする腐生、または生きている生物から菌糸が栄養を吸収する寄生といったライフスタイルを通じてキノコは形成される。その姿は、傘や柄があり、鮮やかで、ヒトや動物を惹きつける。ほとんどの読者が地上で発生する姿を思い浮かべるだろう。しかしこの章で主役となるのは、そうした表舞台ではなく、人目につかない舞台下を「自ら選んだ」キノコの仲間である。彼らは土の中で子実体をつくることから、地上生のキノコと区別して「地下生菌」と呼ばれ、トリュフもまた地下生菌の一グループである。彼らはなぜ、どのような過程を経て地下生菌となり、多様化していったのだろうか。まずはヒトが地下生菌を知るようになった歴史からたどってみたい。

根が深い地下生菌の歴史

人類史で地下生菌が登場する歴史は古く、最古の記述は紀元前一七〇〇年代にまで遡る。現在のシリア東部の小さな都市国家の王、ジムリ・リムの書簡（粘土板）に刻まれた楔形文字から、トリュフの記述が確認されている。詳しくは、『トリュフの歴史』[*1]を参照されたいが、今から三七〇〇年以上も前に食材としての記録から地下生菌が登場することに驚く。このトリュフとは、今日高級食材として有名なトリュフ（セイヨウショウロ属）ではなく、「砂漠のトリュフ（**図1**）」と呼ばれるテルフェジア属の地

図1　エジプトで発掘された砂漠のトリュフ（*Terfezia* sp.）（提供／Gihan Sami Soliman, Wikimedia Commons）

下生菌で、草本植物であるハンニチバナ科の根に内生型の菌根を形成する。舞台はその後ヨーロッパへ移り、古代ギリシャや中世の記録でトリュフの調理法に関するいくつかの記録が残されているという。

そして一八八〇年代。プロイセン国王からトリュフの栽培化の研究を命ぜられた植物病理学者のアルバート・フランクは、夏トリュフ（*Tuber aestivum*）の発生する土壌で、欧州ブナの細根に形成された変わった根に注目した。その形態は、すでに同分野学者のツラスネなどによって認識されていたものだったが、フランクは、根の内部には植物細胞の破壊が見られないことから、寄生的というより、むしろ共存しているようだとし、「"fungus-root" あるいは "mycorrhiza" と呼ぶのが適切であろう」として、詳細なスケッチで報告している。[*2]

菌根の研究が地下生菌を端緒としていたとは奇妙な縁を感じる。一方の地下生菌の研究は、食用としての興味から研究が始まったということになる。

じつはどこにでもいるキノコ？　地下生菌の多様性と分布

地下生菌は、地中に子実体を形成する分類群にあてられる総称である。そのため、傘や柄を形成する分類群も存在するが、本章では、ジャガイモやゴルフボールのような塊茎《かいけい》状や球形を形成し、その内部で胞子を形成する分類群について紹介していく。さらに限定すると、自ら胞子散布する能力を欠き、地中もしくは地表面に腹菌型の子実体を形成する分類群のことである。分類上の位置を見ていきたい（図2）。地下生菌は、担子菌門、子嚢菌門、ケカビ亜門といった複数の菌門で、さらに複数の菌目で散らばっていることがわかる。

では、それら地下生菌は地球上のどのような環境で発生するのだろうか。地下生菌は、温帯域の森林を中心に、北極を除く地球上のほとんどの場所で存在する。アラスカのツンドラ、ギアナ高地、アフリカの砂漠や熱帯の森林など、想像がつかないような地域でも地下生菌が発生する。ただし出現する種類は大陸や地域によって異なり、大陸間で共通する分類群もあれば、特定の地域にしか存在しないのもある。しかし発生環境を調べていくと、ほとんどの種は森林にある。

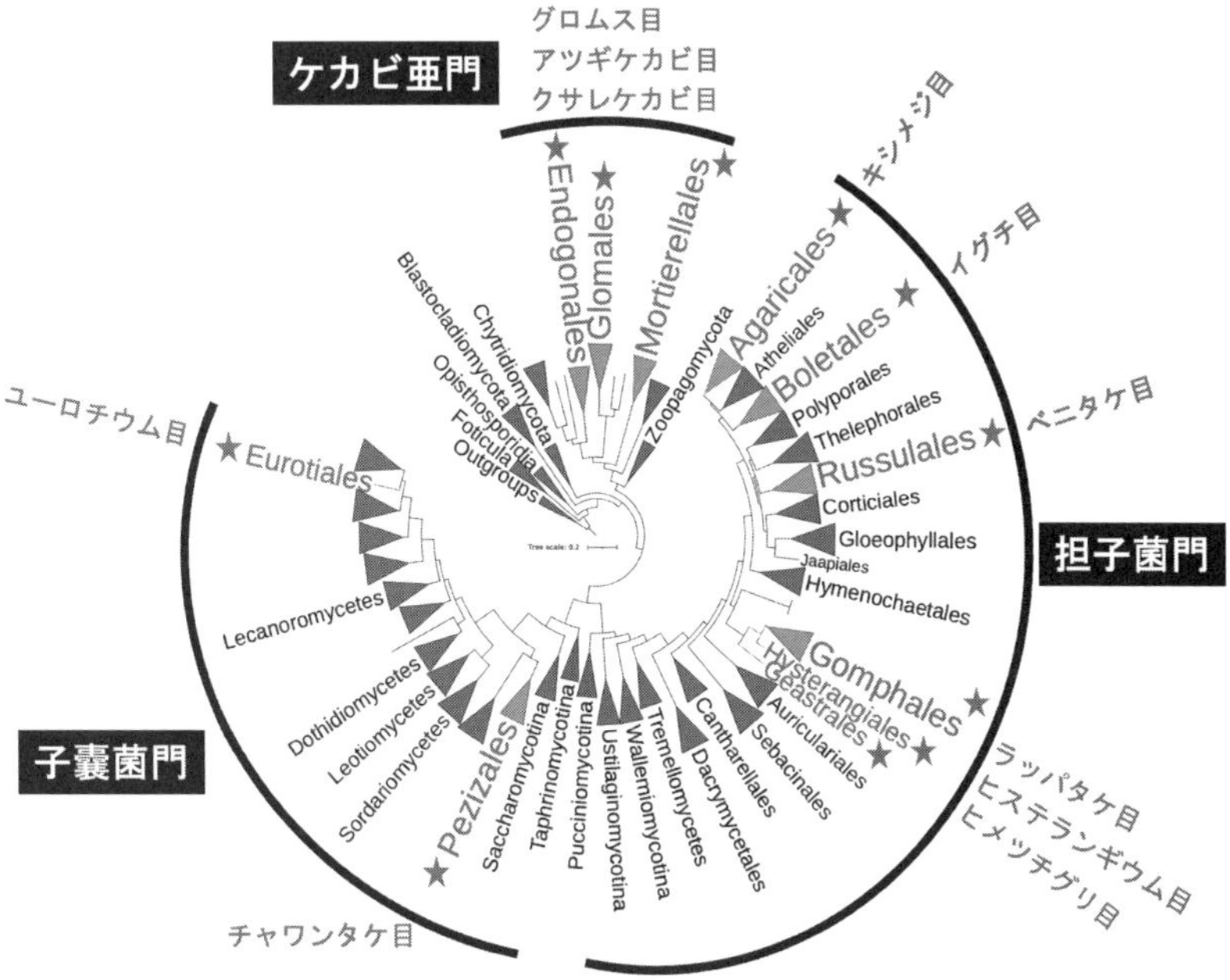

図２　菌類の系統樹における腹菌型の地下生菌を含む目（星印および和名のある目）
（Li *et al.* 2021 のデータをもとに作成）

菌根共生がキノコを地下生化させた？

現在の菌類の多様性や進化の研究では、調査対象とする菌類種について、ゲノム中の一部のDNA塩基配列を解読する。そしてその塩基配列に対して相同性の高い種との間で、塩基置換率を計算、そして分子系統解析を行う。塩基の違いをわかりやすく図示するために、枝の長さなどで違いを表す系統樹という家系図のような図を描く。最後に、対象種やその近縁種の形態や生態などの形質情報を重ね合わせて、進化過程を考察する。

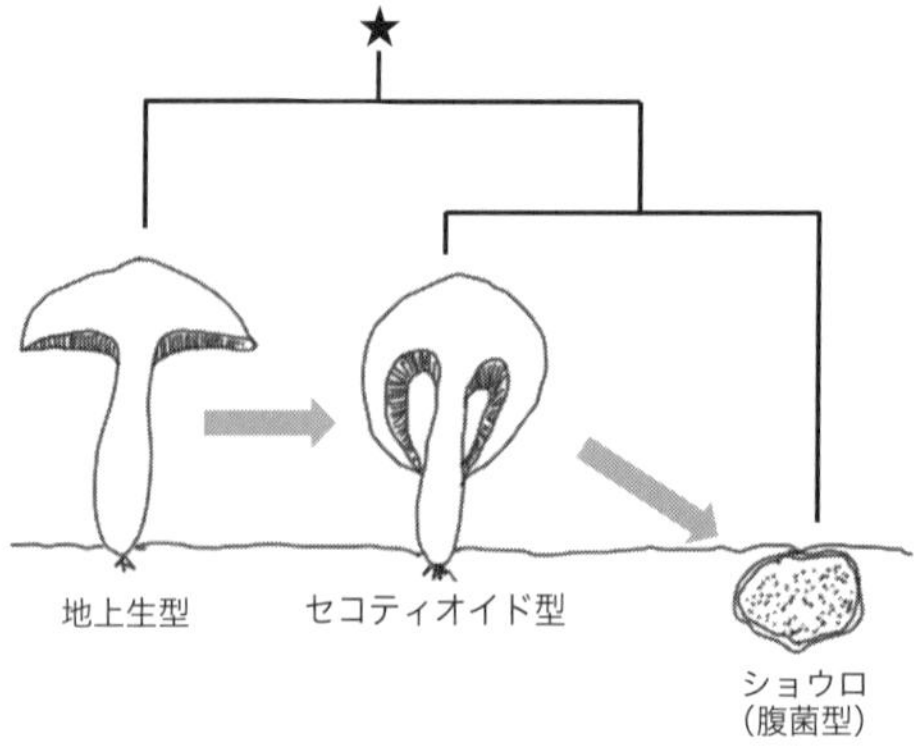

図3　系統解析から推定された子実体形態の進化（Bruns *et al.* 1989 を改変）
ショウロ属は、ヌメリイグチ属など地上生キノコの共通祖先から進化したとされる。

地下生菌とは一体何者なのか？　これまでにも数多くの地下生菌の分類群を対象に分子系統解析が行われてきた。先駆的な研究として、一九八九年にカリフォルニア大学のトーマス・ブランズらが行った分子系統解析で、地下生菌のショウロ属は、ヌメリイグチ属と地上生キノコの共通祖先から進化したことをネイチャー誌に報告した（**図3**）[*3]。例外もあるが、今日ではほとんどの地下生菌は地上生キノコが地下生へ進化したことを支持する解析結果が得られている。異なる系統から、同様の形態や生態へ向かったことを収斂《しゅうれん》進化と言うが、なぜ異なる菌門に属するさまざまな種類のキノコが、示し合わせたかのように、地上から地下へ潜ることを選んだのだろうか。現生する地下生菌の大部分が、樹木との菌根共生を営んでいる。加えて、菌根共生を営む菌類の祖先は、有機物から栄養を獲得して生活する腐生菌だったことが明らかにされている。[*4] このことを考えると、菌根共生がキノコを地下へ向かわせ、その後の種の多様化へ導いたのではないかと想像させられる。

地下生菌はどのように誕生したか？　この疑問に取り組むためには、先に示したように、現生する地下生菌のDNAをたどることで明らかにできるかもしれない。本章でまずは筆者らが行ったイッポンシメジ属の研究を紹介したい。[*5] イッポンシメジ属はキノコの形態や生態が多様な分類群で、地下生菌も存在する。そのため、地下生化への進化と菌根共生がどのように関連しているのかを調べるにはうってつけの分類群である。

多様な顔ぶれ、イッポンシメジ属のキノコ

イッポンシメジ科の地下生菌には、腹菌型のリコニエラ属、セコティオイド型（地上生菌と地下生菌の中間のような存在で、子実体は短い柄が残るが傘は腹菌型で能動的な胞子射出を行わない）のロドガステル属が知られていた。しかし二〇〇九年にイッポンシメジ科の分類体系が再編成され、これら二つ

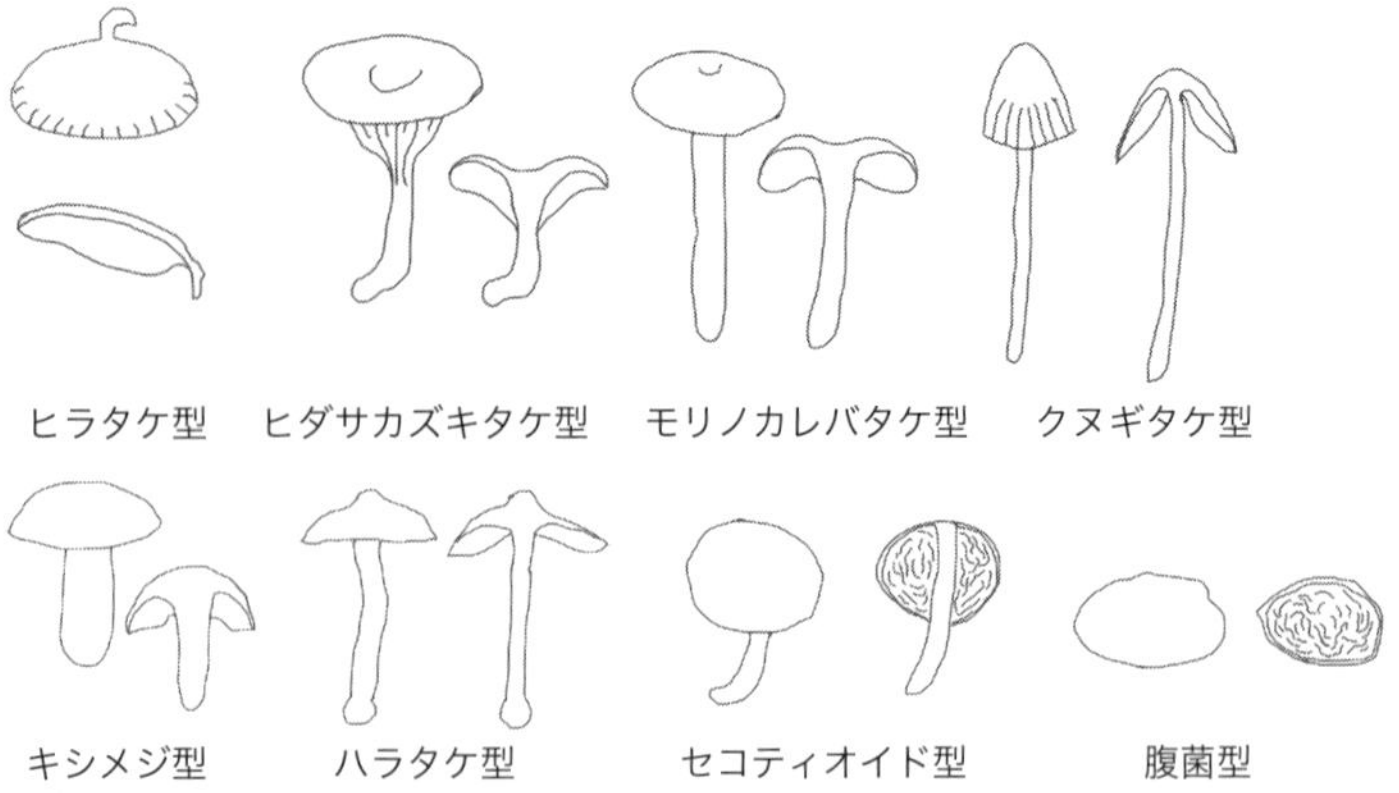

図４　イッポンシメジ属の子実体形態の多様性
イッポンシメジ属に含まれる約 1,500 種のキノコの形態は 8 タイプに分けられる。

の属はイッポンシメジ属に統合された。[*6] イッポンシメジ属は一五〇〇種以上を含む大分類群となり、子実体の形にはハラタケ型、クヌギタケ型、ヒラタケ型などに加え腹菌型、セコティオイド型も加わったことで、八タイプの子実体の形をもつ種が一属内に含まれることになった（**図４**）。生態もバラエティ豊かで、森林や草地で発生し、ほとんどの種は有機物を分解する腐生性として生活するが、樹木病害を引き起こすナラタケ属キノコへ寄生する種や、マツ科やブナ科樹木との外生菌根共生を営む種も存在する。もっとも奇妙なのはハルシメジ類のキノコである。これらは通常、アーバスキュラー菌根菌と共生する樹種であるバラ科やニレ科の細根を、菌糸の層（菌鞘）で覆う外生菌根に似たハルシメジ型菌根と呼ばれる菌根を形成する[*7]（コラム「キノコの下の菌糸をたどって新発見」）。このような多様な顔ぶれが揃うのがイッポンシメジ属の特徴の一つである。

日本産地下生イッポンシメジ属の多様性

日本では、胞子の形態的な特徴から、三タイプのイッポンシメジ属の地下生菌が、佐々木廣海（『地下生菌識別図鑑』[*8]の共著者）をはじめ、在野の研究者たちによって見出されていた。私たちは、収集された三五個の子実体からDNA抽出を行い、菌類のバーコード領域と呼ばれるITS領域の塩基配列を解読した。ITSの塩基置換が互いに三パーセント以上異なっていることを基準にタイプ分けしたところ、日本のイッポンシメジ属の地下生菌は四タイプに分けられることが判明した。実際に標本の胞子の形態を調べると、胞子の形態特徴も四タイプ存在することが確認できた。続いて分子系統解析である。当時知りたいと思ったのは、日本産の四タイプは新種か既知種か、それらの生態は何か、ということだった。

分子系統解析結果を誰にも納得されるような強固なものにするためには、変異の速さなど進化的背景が異なり、遺伝子を含む多くのDNA配列を解読して複数の系統推定方法によって同様の高い支持を得る必要がある。そこで日本の地下生菌標本について、ITS領域の他に、菌類の系統解析でよく利用されるDNA領域（28S領域、*rpb*2領域）も解読して、データセットを作成した。ITS領域は種間の変異が大きく、またコピーが多数存在するため、系統解析には賛否両論ある。しかし、環境DNAと呼ばれる、落ち葉や外生菌根から取得された塩基配列データが、どのDNA領域よりも豊富のため、腐生性や菌根性といった生活様式や、生育環境に関する考察にも発展できる。このため、それら環境DNAのデータもダウンロードしてデータセットに組み込んでパソコンで系統解析を実行した。

あとは結果を待つだけだが、今でこそパソコンのスペックが上がり、オンラインで実行できるプラットフォームも充実している。しかし私がこの研究を行っていたころ（二〇一一年）は、自前のパソコンで系統解析を走らせるには、一〇〇種以上で、二〇〇〇塩基を超えるデータセットになると、計算結果が出るまでに一週間以上かかった。このイッポンシメジ属の解析では、三つのDNA配列でデータセットを構築して解析を走らせた。二週間後に解析がようやく収束にさしかかったところで、落雷で停電してパソコンの電源が落ち、一から解析をやり直さなければならなくなったという苦い経験がある。

生態不明のロッカクベニダンゴ

落雷の衝撃から立ち直って解析を再開し、ようやく複数の系統推定方法で同様の樹形と種の配置が再現された。系統樹内の配置は先行研究と同じで、属内で腐生性のグループと外生菌根性のグループがはっきりと区別された。そして日本の地下生菌四タイプのうち、三タイプは腐生性のグループに属し、海外産の種と塩基置換の少ないタイプすなわち既知種や、既知種とは明らかに区別された新種と判断できそうなタイプも発見された。[*9]

先行研究の分子系統解析によって、腹菌型やセコティオイド型の種は、イッポンシメジ属内で一つのグループにまとまり、地上生からセコティオイド、そして地下生への連続的な進化が生じたことが明らかにされていた（図5）。こうした紙芝居のような子実体の連続的な形態変化は、外生菌根菌のベニタケ属やフウセンタケ属でもすでに発表されていたが、イッポンシメジ属の面白いところは、腐生性のグループでこのような進化が確認されたことであった。

地下生菌の分類群は一つの系統グループにまとまる傾向がある。ここまでは予想通りだったが、残る一タイプが菌根性のグループに属したのである。菌根性のグループはさらに二つのサブグループに分かれ、通常の外生菌根から取得された配列から構成されるサブグループと、奇妙な外生菌根を形成するハルシメジ類とその近縁種によるサブグループとに分かれた（図6）[*9]。

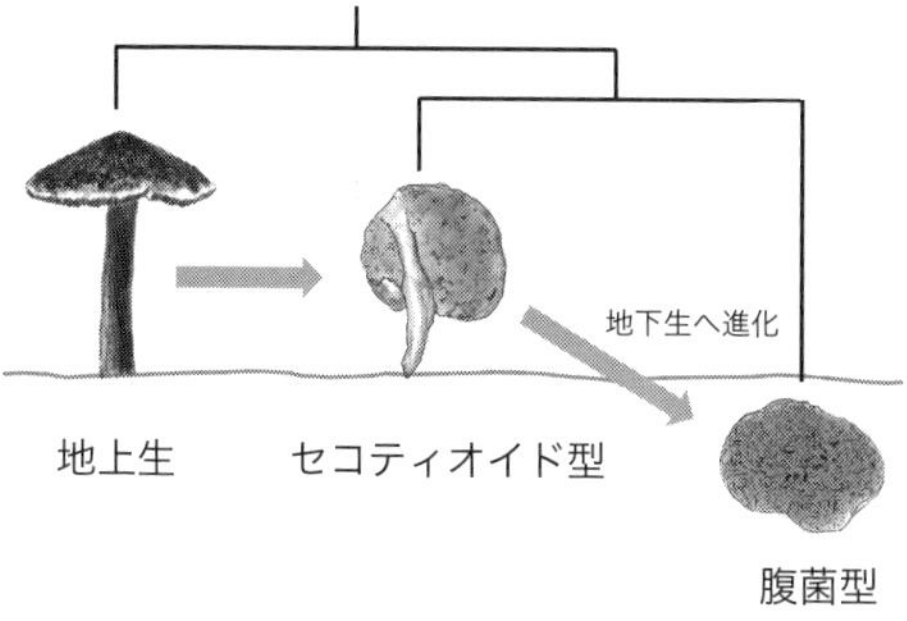

図5　イッポンシメジ属の地下生化
地上生キノコの共通祖先の一部がセコティオイド型となり、その一部からさらに地下生の腹菌型へと進化した。

奇妙な外生菌根性のサブグループに属した一タイプ（新種、ロッカクベニダンゴと命名）は、「通常」と「奇妙」な外生菌根性のサブグループの中間に位置することが明らかとなった。ハルシメジ型の外生菌根は、細根を覆う菌鞘が先端部分で肥大化して棍棒状に膨らみ、根の細胞は萎縮して植物との間で栄養を交換する部分のハルティヒ・ネットを欠いていた（図6）。ドイツの外生菌根菌の研究者であるラインハルト・アゲラーは、

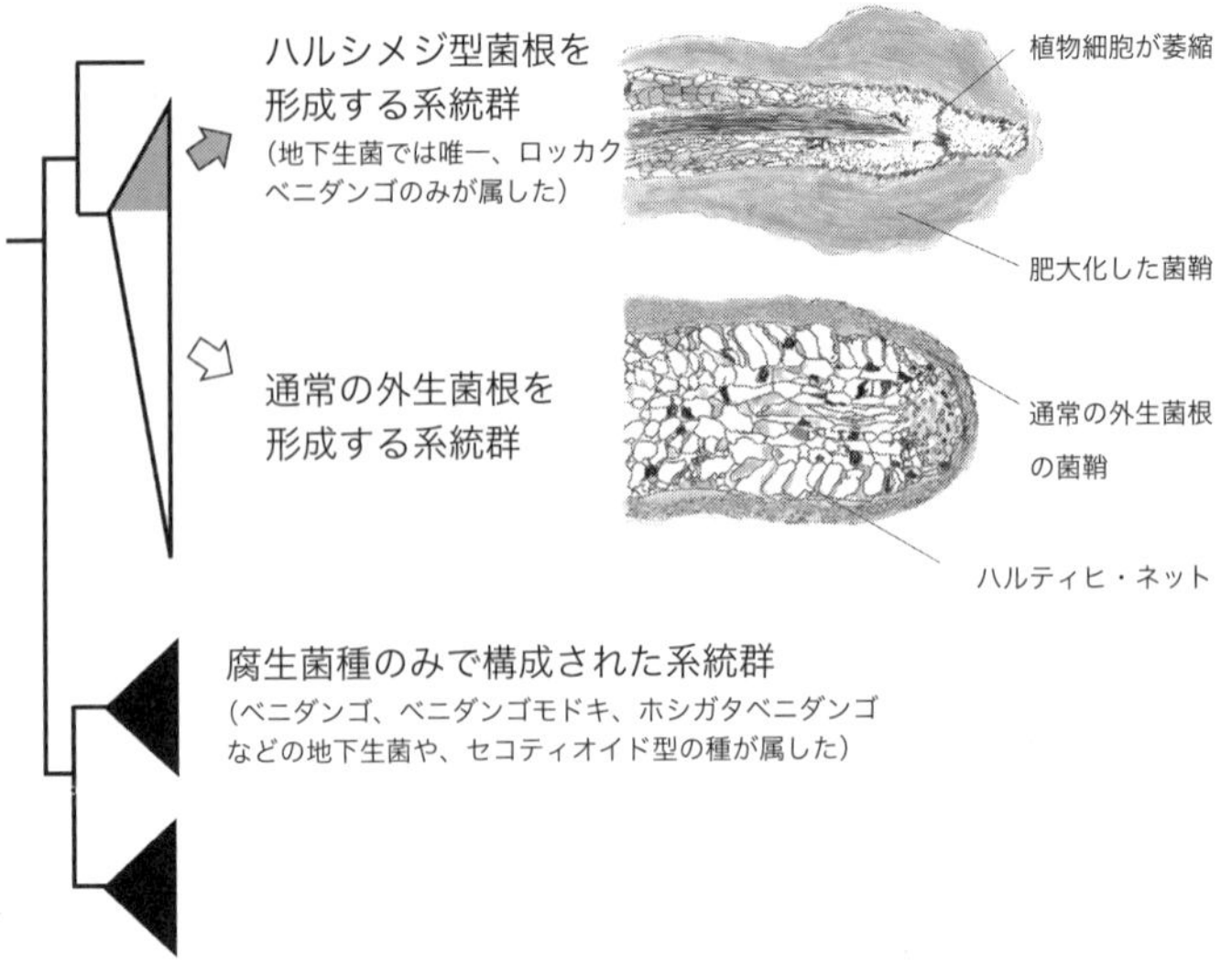

図6　イッポンシメジ属の系統樹の簡略図（Kinoshita *et al.* 2012 を簡略化したもの）。右上は菌根の縦断面

植物細胞を破壊しているような状態だと指摘し、共生というよりむしろ寄生的という見解を示していた[*10]（コラム「キノコの下の菌糸をたどって新発見」）。

一体ロッカクベニダンゴは、どのような外生菌根を形成するのだろうか。子実体が採取された周辺の植生には外生菌根を形成するヒマラヤスギの他に、ハルシメジ型菌根を形成するエノキもあり、いずれの樹種も宿主となり得る。少なくとも、地上生から地下生への形態変化と、寄生と共生のはざまにある地下生菌は、ロッカクベニダンゴ以外、知られていないはずである。この研究で、これまで世界で七種しか知られていなかったイッポンシメジ属の地下生菌が、日本だけで四種も存在し、そのうちの一種は非常にまれな特徴を有することが明らかとなったのである。

地下生イッポンシメジ属はいつ、どのように誕生したのか

分子系統解析では、塩基が置換される確率の時間を考えに入れて、系統樹の分岐が何年前に起こったのかを推定することができる。つまり、現生種らの共通祖先がいつ誕生したのかを推定し、地質年代や各時代の植物相などと照らし合わせて議論するのである。筆者らが論文発表した後、分岐年代推定方法によって、イッポンシメジ属内の外生菌根菌のグループが多様化した時代が推定された。*11 分岐年代によると、このグループは新生代の始新生後期（約三八〇〇万年前）に誕生し、中新世初期（二〇〇〇万年前）までの間に種の多様化が進んだと推定された。このころは温暖から寒冷、再び温暖といった気候の逆転が何度も起こった時代である。地上生から地下生への子実体の形態進化は、乾燥化が引き金となったという説があり、子実体の形態は養分条件による可変性があることが培地上の観察で報告されている。つまり、気温や土壌養分などの環境変化が本属の地下生化を促した一つの要因となったのかもしれない。さらに、バラ科やニレ科へといった、本来は外生菌根性樹種ではない宿主選択がロッカクベニダンゴを誕生させる引き金となったのだろう。

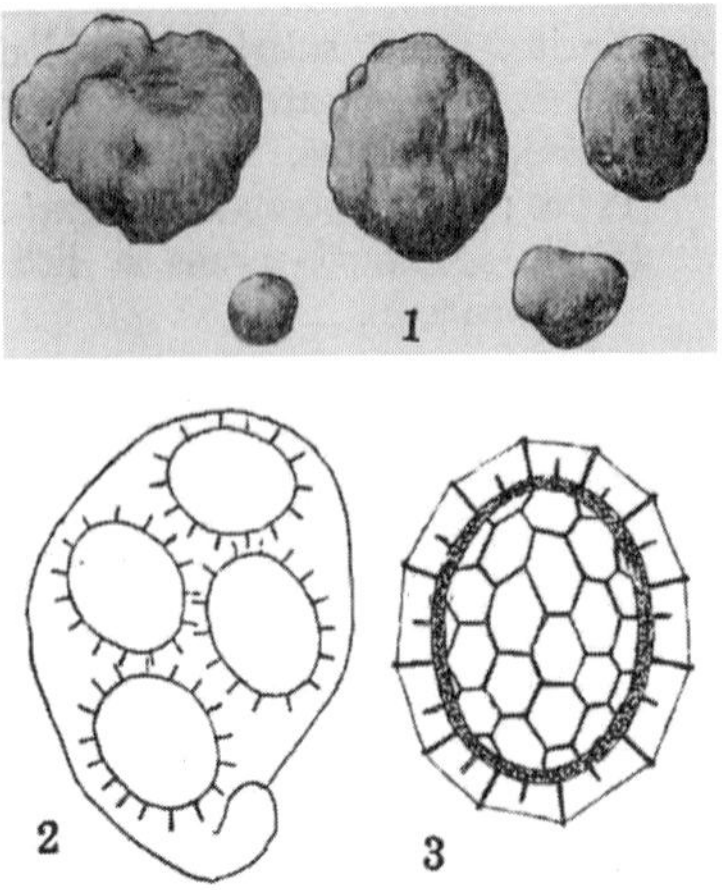

Fig. 1. Fructifications of *Mukagomyces Hiromichii* Imai, natural size.
Fig. 2. Ascus containing four spores, × about 450.
Fig. 3. Spore, × about 770.

図7　今井三子による北海道で採取されたトリュフの子実体と胞子の線描画（Imai 1940）
（*Proceedings of the Imperial Academy* からの転載）

日本国内のトリュフを分類する

高級食材として知られるトリュフ、セイヨウショウロ属（以降はトリュフとする）はすべての種が外生菌根菌である。日本のキノコ図鑑でセイヨウショウロ属のページを開くと、黒トリュフの一種であるイボセイヨウショウロが紹介されている。その説明に「吉見昭一」という名前があることに気づく。吉見は学校教員のかたわら、地下生菌について数多くの発見と緻密な観察記録を残している。セイヨウショウロ属のもっとも古い記録を調べるためさらに文献を探していると、昭和の植物学者で菌学者でもあった今井三子《さんし》によって北海道の民家から見つかった地下生菌が同定されていたことが判明した。見つかった子実体はいわゆるセイヨウショウロ属とは異なると判定され、ムカゴタケ（ムカゴタケ属）という名前が当てられた。一九四〇年のことである。それからおよそ四〇年後、その標本は、アメリカオレゴン州立大学で地下生菌研究の泰斗であるジェームズ・トラッペによってセイヨウショウロ属に転属された。これにより、今井三子のセイヨウショウロ属は国内でもっとも古い地下生菌の記録ということがわかった（**図7**）[*12]。

これ以降も、日本国内でトリュフが発見されたという新聞記事を見かけていた。何種類かのトリュフが日本でも発見されているが、種多様性の全容やそれらの生態はほとんどわかっていなかった。私自身、トリュフの研究に携わるまで、トリュフは「ヨーロッパを代表するキノコ」という印象しかもっていなかった。日本でも存在することは図鑑を通じて認識はしていたものの、種類が少なく、特別な環境でしか見ることができないと思っていた。

学位取得後の二〇〇七年、ポスドクとして受け入れてくれる研究室を探さなければならなかった。外生菌根共生で、第一線の研究をされている奈良一秀（第1章著者）に問い合わせのメールを出したところ、受け入れてもらえることになった。そして、奈良研究室で、日本国内の地下生菌の多様性の研究を開始することになった。研究室の標本庫には、色や大きさ、質感などが異なるさまざまな子実体の標本が収められていた。それらの標本は、奈良と佐々木廣海（前出）をはじめとする在野の研究者たちが一〇年以上も前から共同で収集していたものだった。当時で五〇〇程度あった標本のうち、私の地下生菌研究の始まりは、形態的にトリュフとされた標本で、すでに一五タイプに分けられており、国内だけでこれほどの種類があるのかと驚いたことをよく覚えている。

DNA実験

キノコからのDNA抽出の方法を先輩（田中恵、現・東京農業大学准教授）から教わり、抽出した後の溶液を酵素やプライマーと混合してDNA増幅装置（サーマルサイクラー）にセットする。終了後、電気泳動でDNA増幅したかを確認するが、増幅を示すバンドが見えない。たとえ増幅に成功してシーケンサーで配列を決定しようにも、塩基配列の解読があいまいでわかりづらい。レシピ通りに作業しているのになぜうまくいかないのか。気を取り直して再び抽出するとうまくいくなど、何度も何度も同じ作業をくり返しながら徐々に解析完了した標本数が増え、ようやくセイヨウショウロ属標本一八六個のITS領域を決定することができた。

続いて分子系統解析である。MEGAというフリーソフトに実装されているClustalWを使って多重配列（マルチプルアライメント）して系統樹を描く。取得した塩基配列を、国際塩基配列データベースからダウンロードした既知種の塩基配列とともに多重配列を行った。データセットの組み直しや配列を手動調整して再解析といった試行錯誤で、ようやく支持の高い樹形が得られるようになった。

この分子系統解析は、アライメントや系統解析手法を変えることで結果が大きく変わることがあり、当初はかなり戸惑いを感じた。これまで菌根の量など実数値での研究を主としていた私にとっては、塩基配列が結果であり、塩基置換モデルなどの設定後は、自動的に行われる解析結果が得られる系統解析にはなかなか馴染めなかった。

日本のトリュフの多様性

出来上がった系統樹を見ると、日本のトリュフは遺伝的に二〇タイプに分けられ（タイプ分けの基準はイッポンシメジ属の場合と同じ）、セイヨウショウロ属内の複数のグループにそれぞれ帰属することが明らかになった（図8）[*5]。

たとえば、黒トリュフのグループには三タイプが属した。また、黄色の菌糸で覆われた外皮をもつグループには二タイプ、赤茶色のトリュフも二タイプ、小型で白い子実体をつくる種のグループには、もっとも多い一〇タイプも属することが明らかになった。いずれも、海外産の既知種とのITS領域の塩基置換差が大きく、ほとんどが新種であることが予想された。なかでも注目させられたのは、*Tuber* sp.8, sp.9という名称をあてた二タイプから構成されたグループである。これらはどのグループにも属さない新規の系統群だった。問題は、このグループがどのグループと近縁関係になるかということだ。系統解析による支持が非常に弱かったからである。これら二タイプが形成したグループは、日本特有の系統群としてジャポニカム・グループと名づけた。

子実体標本の採取地点とITS領域に基づいて分類したタイプ数との関係から、統計的な手法を用いて国内の潜在種数を推定することができる。この解析から、今回見出された二〇タイプの他に、さらに

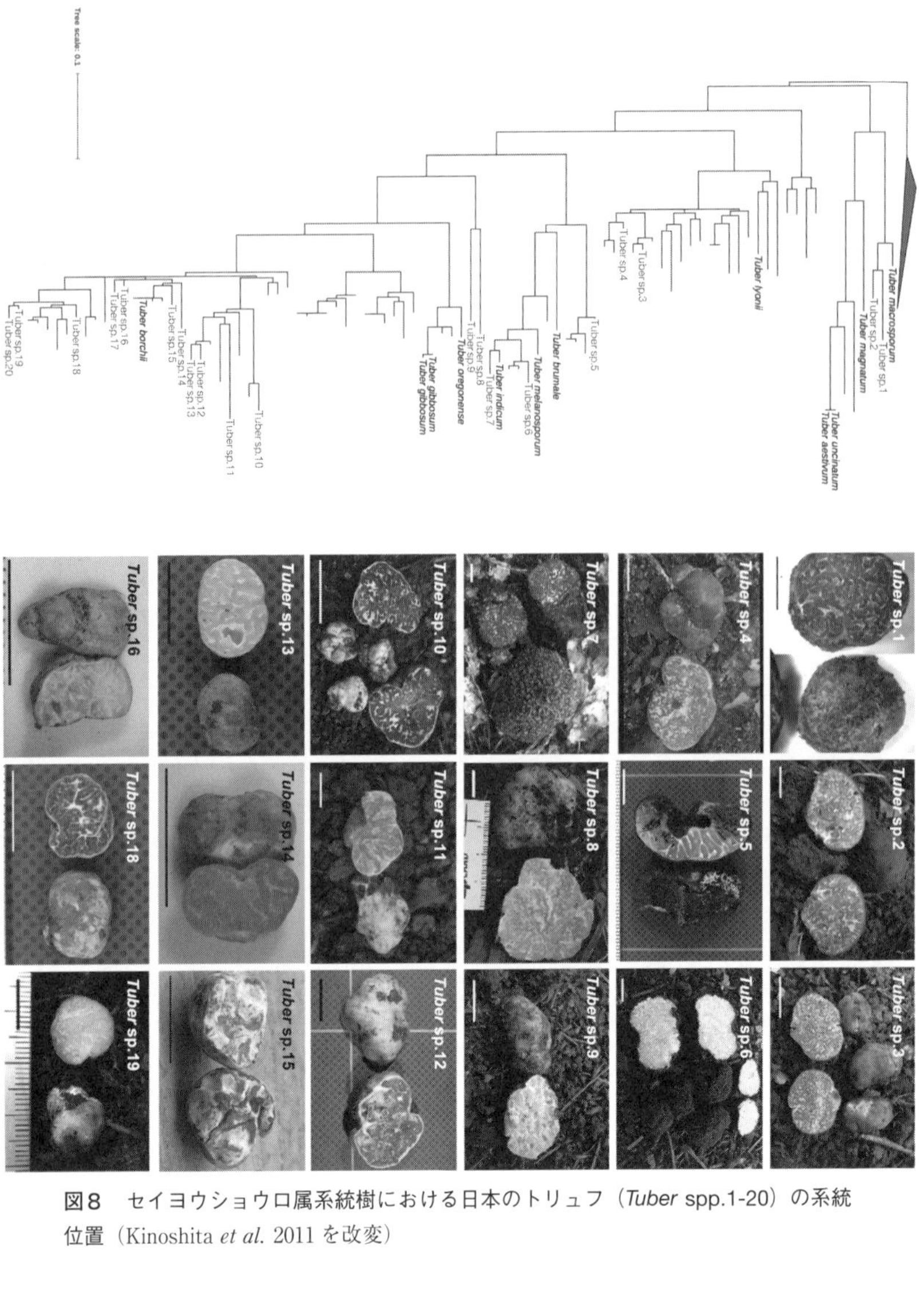

図8　セイヨウショウロ属系統樹における日本のトリュフ（*Tuber* spp.1-20）の系統位置（Kinoshita *et al.* 2011 を改変）

二〇タイプ以上のトリュフが日本列島に存在することが推定された。この推定を裏づけるかのように、私たちは二〇二二年に、先の研究で見出された二〇タイプ以外のトリュフ、ジュズダマセイヨウショウロを記載した。[*13]

このように、日本のセイヨウショウロ属は種類が豊富で、その多様性は、二〇〇八年当時に報告された世界のセイヨウショウロ属八六種の四分の一に匹敵することが明らかになった。そして海外では報告のなかったアジア特有のトリュフが存在することを明らかにした。なぜ日本でこれほどトリュフは種類が豊富なのだろうか。その原因としては、日本列島の成り立ちと気候、宿主樹種の多様さなどが挙げられるだろう。ユーラシア大陸から分離した日本列島は、気候変動でたびたび大陸との間で陸橋を形成した。その陸橋を渡って大陸と日本列島の間で動植物の往来があったとされ、今日の列島の生物相が成立したという。そうした過程を経た日本列島は、南北およそ三〇〇〇キロメートルに、温帯を中心に亜寒帯から亜熱帯までの気候帯を含み、外生菌根菌が共生できる落葉樹と常緑樹の多様性が高く、さらにそれらが混交して森林を成立させている。実際に、先の二〇タイプのトリュフが発生する植生は、ブナ科やカバノキ科、マツ科のさまざまな樹種が見られる。のちの研究で、三種類のトリュフが共生する宿主の範囲を調べるために、アカマツ、コナラ、クヌギ、ウバメガシの四樹種に対して、三種類のトリュフの胞子懸濁液[※]を根の付近に接種したところ、菌根形成率に違いはあるものの、三種共にどの樹種にも菌根を形成することを確認している。なぜ宿主が多様だとトリュフの多様化を促すのか。その機構について、イグチ科の外生菌根菌オニイグチ属とアフロボレタス属（*Afroboletus*）を対象にした研究では、宿主樹種の転換が二属の多様化を加速したことが示されている。[*14] トリュフにおいても、おそらく出現当初は限られた樹木種と共生していたが、ブナ科やカバノキ科などの被子植物の出現と多様化、それらへの宿主転換によって、種の多様化が起こったのだろう。

※――トリュフを破砕して内部の胞子と水を混合し、一定濃度（一般的には、一ミリリットル中に一〇〇万個の胞子数）に調整した液体のこと。

日本のトリュフに名前をつける

私が本来菌根の研究で興味をもっていたのは、菌根を介した植物と菌類の相互作用である。そのためには研究対象の菌類の生態や生活史や進化史を知っておきたかった。しかし、国内のセイヨウショウロ属でその研究を始めようにも、日本のトリュフの分類が確立されていないと、先行研究と比較のしようがなく、生態や進化研究に発展させるための考察ができない。そのための研究を進め、日本のトリュフは二〇タイプ存在することを明らかにすることができた。次に、それぞれのより詳細な分類学的検証を行う必要がある。そこでまずはジャポニカム・グループに属する二種類のトリュフ（*Tuber* spp.8,9）を対象に分類学的な研究に取り組んだ。

この二種類は、系統的な特徴だけでなく、他の種にはない特有の形態的特徴があった。セイヨウショウロ属種は、胞子が形成される子嚢《しのう》という袋の中に、たいてい四個程度の胞子を形成する。しかし

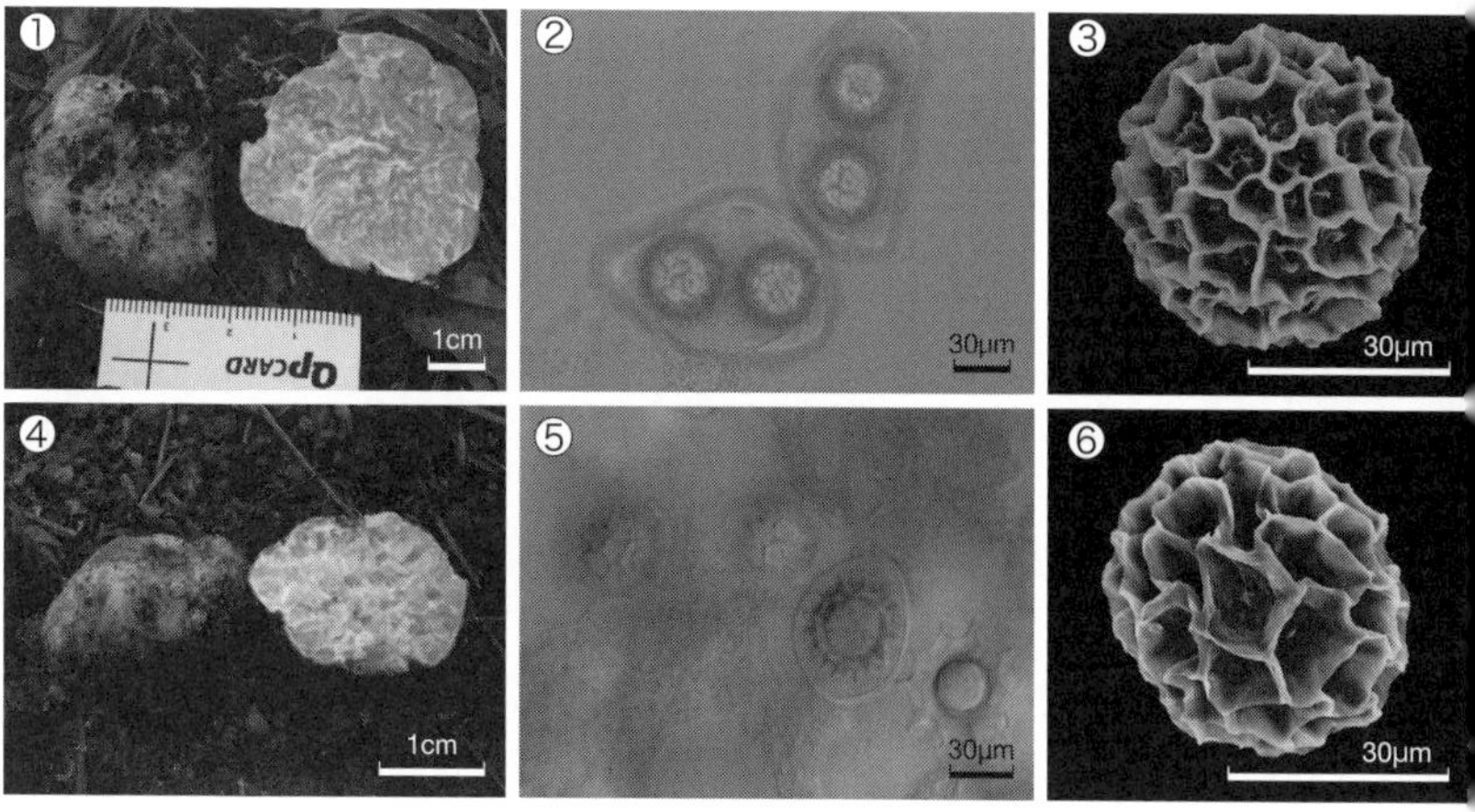

図9　ホンセイヨウショウロとウスキセイヨウショウロの子実体（①、④）と胞子（②、⑤）、および胞子の電子顕微鏡写真（③、⑥）

Tuber sp.8はおもに二つ、まれに三つで、*Tuber* sp.9に至っては一つか二つの胞子しか形成しない。その胞子は薄黄色で、表面には網目構造を形成していた。胞子のサイズや形状を記録し、分子系統解析を行って既知種とは形態的、遺伝的に異なることを明らかにし、論文を書き、投稿後に何度かのやりとりを経て受理された。*Tuber* sp.8は、ジャポニカム・グループを代表する種として、ホンセイヨウショウロ（*Tuber japonicum*）の和名で発表した。大型になり自生地では子実体の発生量が高い。晩秋から冬にかけて成熟した子実体を手に取りナイフで割ると、ガーリックや、発酵したチーズのような芳醇な香りを放つ[*15]（**図9①−③・口絵3**）。

話が横道にそれるが、この香りは揮発性物質といって、ヒトの食欲を刺激する原因物質で、動物を誘引して胞子を散布してもらうためにトリュフが編み出した、いわば離れ業である。古来よりトリュフを探すために豚が使われるというのは、この物質が、雄豚が出すフェロモン物質と似通っているからだという（ただし近年では、見つけたトリュフを食べてしまうという理由で、豚よりも犬にトリュフを探索させている）。

トリュフは一種につき六〇種類以上もの揮発性物質を生成するとされ、その種類や構成は種によって異なる。ホンセイヨウショウロの場合、代表する物質の一つに、3－メチル－2,4－ジチアペンタンという物質があることを明らかにした。[*16] これは最高級白トリュフ *Tuber magnatum* の2,4－ジチアペンタンに近似した物質であり、ホンセイヨウショウロだけが生成する特有のものである。ヒトをも魅了する揮発性物質だが、植物にとっては有毒な物質らしい。トリュフが発生する樹木の周りでは、フランス語で「ブリュレ（焼く・焦がす）」と呼ばれる「忌地《いやち》」「焼け跡地」が形成され、草が生えずに土の表面が露出するが、一説によるとこれはトリュフが出す揮発性物質の一種、エチレン系物質が植物の生育阻害となっているためだという。

Tuber sp.9 はウスキセイヨウショウロ（*Tuber flavidosporum*）と命名した。いまだ一個の子実体しか発見されていない種で、ヒマラヤスギの樹下から採取された。そのため、この種はヒマラヤスギと菌根共生することが想像された。しかしウスキセイヨウショウロの近縁種が中国の南部から報告されている上に、ヒマラヤスギは中国に近い地域で自生する樹木である。ウスキセイヨウショウロは、輸入時にヒマラヤスギの菌根で定着したまま、日本に持ち込まれた外来菌ではないかと疑った。しかしこの樹木が輸入されたのは明治のはじめのころで、しかもどうやら種子の状態でだったらしい。したがってこの

種も日本の固有種である（図9④－⑥・口絵3）。

黒トリュフに隠蔽種の存在

続いて黒色トリュフ、イボセイヨウショウロの分類に取り組んだ。メラノスポルム・グループと呼ばれるこのグループは、ヨーロッパの有名な黒トリュフ、*T. melanosporum* を代表に、冬トリュフ *T. brumale*、アジアの *T. indicum*、*T. himalayense*、*T. pseudohimalayense* などのすべて黒トリュフで構成される。その中で *T. indicum* は、インドの北部、ヒマラヤの麓で発見され、中国の雲南省の昆明、日本にかけて分布する種として知られ、和名はイボセイヨウショウロと吉見昭一によって命名されていた。

先の分子系統解析で、日本の黒トリュフには三タイプ（*Tuber* spp.5-7）存在することがわかっていた。形態的にイボセイヨウショウロとされていた標本は、子実体や胞子の形態的特徴は同じにしか見えないのに、なぜ二つのタイプ（*Tuber* spp.6,7）に分かれるのか疑問が残っていた。二つのタイプ間のどこかに違いがあるはずだ——。そう考えながら、標本から胞子を取り出し、スライドグラスに乗せて顕微鏡を覗いて見比べていた時に、二タイプの間で胞子表面に装飾される模様の高さが違うことに気づいた。さらに、*Tuber* sp.7 はすべての標本で模様は棘のタイプしかないことにも気づいた。一方の *Tuber* sp.6 は胞子の模様に「棘」の他に、「網目」「棘と網目両方」の標本が混在していた。

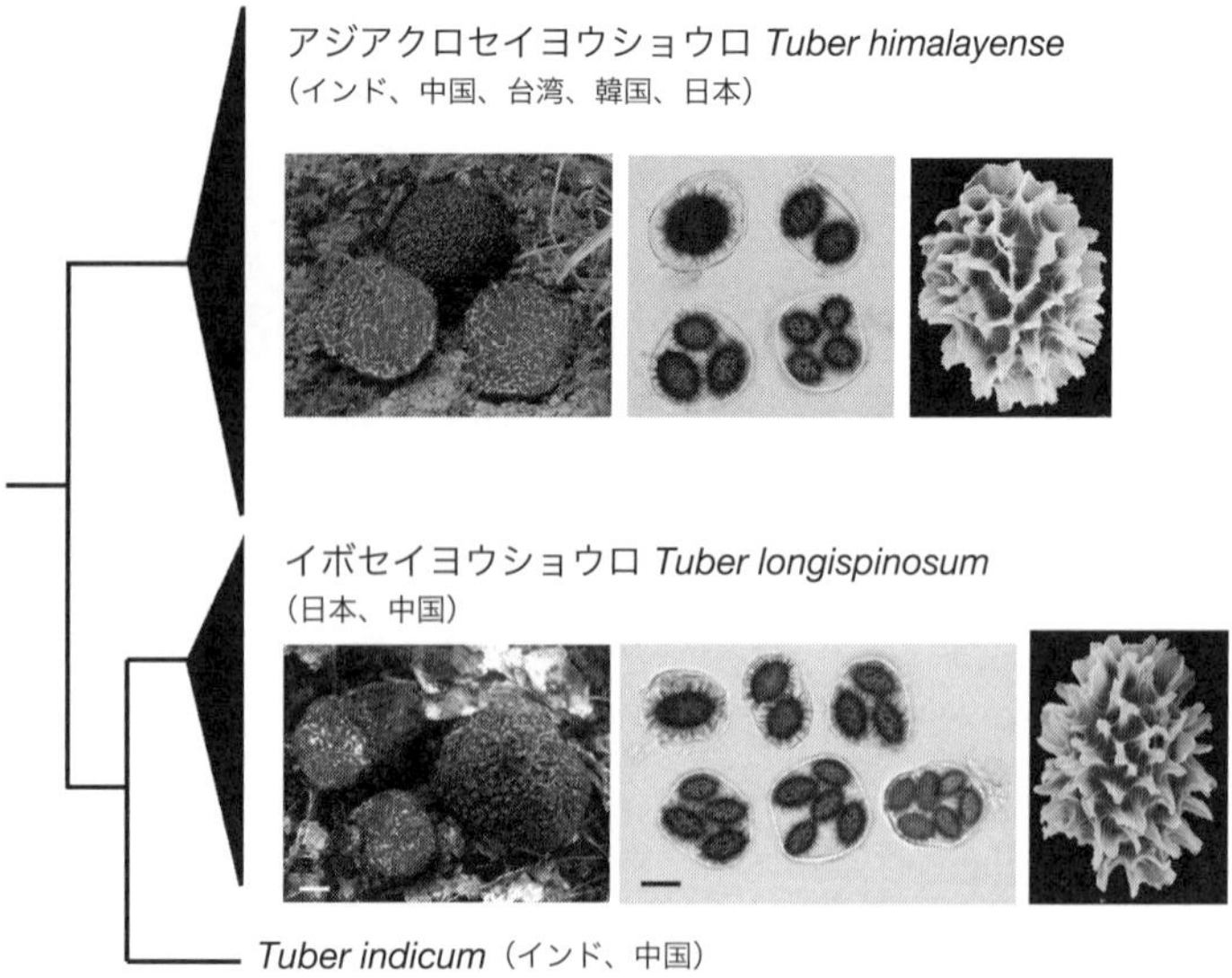

図10　アジアクロセイヨウショウロとイボセイヨウショウロの子実体、胞子とその電子顕微鏡写真

そこで、標本の模様の高さ、そして模様の基部の幅を計測した。さらに日本産の黒トリュフと海外産の近縁種の標本間を比較するため、中国の昆明へ標本調査に向かった。中国科学院の楊祝良（Zhu L Yang）、馮 邦（Feng Bang）から中国産、台湾産の標本を一部分けていただき、すべての標本から複数のDNA領域を解読して、分子系統解析を行った。その結果、*Tuber* sp.6は*T. indicum*とは異なり、中国の*T. himalayense*とされた標本の一部および台湾産の*T. formosanum*と同じグループに帰属した。*Tuber* sp.6と*T. himalayense*、*T. formosanum*の標本は胞子の形態変異が大きく、そのことがこの種の分類を困難にさせていた。*Tuber* sp.6は、東アジアに広く分布する種であることから、和名を

アジアクロセイヨウショウロとした。一方、*Tuber* sp.7は系統解析で、これら既知種とは離れた独立したグループとなり、胞子に長い棘を有する特徴があり、日本固有の種（現在は中国の一部でも存在することが確認されている）であることから、新種 *T. longispinosum* とした。和名は、吉見昭一のイボセイヨウショウロの線描画の特徴と、胞子の計測値が同範囲だったため、この和名をあてることにした。

このように、日本の黒トリュフには隠蔽種（本来は別種であるが、形態的な区別がつきにくいため同一種として扱われていた種）が潜んでいたのである[*17]（図10）。

トリュフはいつどこで誕生し、どのように多様化したのか

日本のトリュフの分子系統解析に集中していた時期（二〇〇九～二〇一〇年）、外生菌根菌の生物地理に関する研究が増え始めていた。生物地理学は、生物の分布の成り立ちを、自然地理やその歴史的背景から解き明かそうとする学問のことである。菌根菌の場合、植物と共生しながら、地球上の大陸が形成される過程でどのような経緯で各大陸へ渡り、種の多様化が進んだのか。逆に植物側の立場から見れば、今日の植物の分布や多様性形成の立役者として、菌根菌がどのような役割を果たしてきたのか、ということに興味をもち始めた。すでにコツブタケ属やテングタケ属などを対象とした全球規模での系統地理研究が発表されていた。トリュフの場合、地上生の分類群と違い、胞子の散布を動物による摂食後

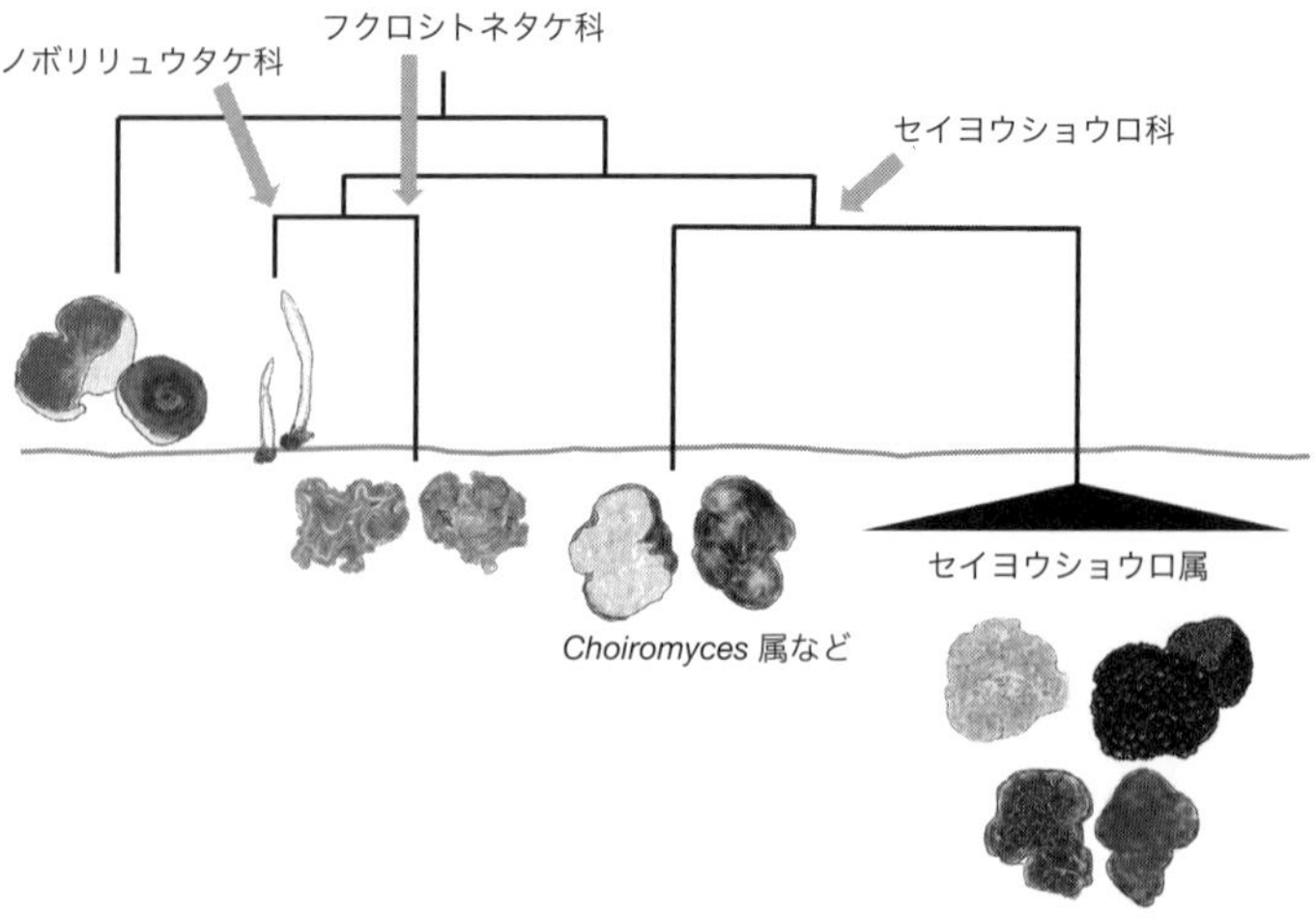

図 11 分子系統解析から明らかになったセイヨウショウロ属菌の進化（Bonito *et al.* 2013 をもとに作図）

の糞散布に依存するか、雨で流してもらうことによって分布域を広げる。このため、海や山、河川といった自然のバリアがトリュフの移動制限となる。したがって、移動の痕跡を現生種間のDNAの変化から読み解くことによって、トリュフが多様化した道筋が浮かび上がるはずである。

そんな矢先、アメリカ・デューク大学（当時）のグレゴリー・ボニートから共同研究について打診があり、日本のいくつかのトリュフ種のDNA配列を含めて、セイヨウショウロ属の起源や生物地理について解析する研究プロジェクトが立ち上がった。日本特有のグループを形成した *Tuber* sp.8, sp.9 のITSやLSU領域の他に *tef*1、*rpb*2領域の塩基配列を解読して、一六〇もの世界中のトリュフやその近縁種のDNA配列をデータセットに組み込んで分子系統解析を行った。

予想通り、トリュフには明瞭な地理的パターンが見られたのである。すなわち、地理的距離が近い種は似通った塩基配列パターンを示し、変異も比較的少ないため、系統樹でも近くなる傾向にあった。たとえば、中国と日本で共通あるいは近い種が存在するといった具合である。さらにジャポニカム・グループ（*Tuber* spp.8, 9）は、属内で最初に分岐したグループになることが明らかになった。筆者らの先行解析では近縁グループが不明だったが、多くの海外産種を含めた今回の解析で明らかとなったのである。そしてセイヨウショウロ属の祖先は、他の地下生菌と同じように、地上生のキノコの共通祖先から地下へ進出したことも明らかとなった（図11[*18]）。

この系統解析をもとに行った分岐年代推定では、トリュフのグループであるセイヨウショウロ科は、ジュラ紀後期（約一億五六〇〇万年前）にローラシア大陸（現在のユーラシア大陸と北アメリカ大陸）で誕生したと推定された。つまり、トリュフの祖先はローラシア大陸で端を発し、樹木と共に各大陸へ拡散したということになる。セイヨウショウロ属の多くの種は、ブナ科など被子植物と共生するが、属内で最初に分岐したジャポニカム・グループは、本属の共生相手ではまれな裸子植物のアカマツとも共生する。氷河期には、海面低下によって現れた大陸間の陸橋を渡って、樹木と共に菌根共生しながら連れ立って分散していったのだろう。恐竜にも踏みつけられ、ヒトの祖先にも食べられていたのかもしれない。

トリュフは異型交配によって子実体をつくる

トリュフの自生地では通常、数年にわたって子実体が発生し続ける。他の菌根性キノコも同様で、地中に安定して菌根が存在し続けることが不可欠である。しかしトリュフにはさらに条件が必要である。

二〇一〇年、フランスの旧州ペリゴールの黒トリュフ、*T. melanosporum* のゲノムが解読された論文が発表された。[*19] この黒トリュフ（Mel28菌株の培養菌糸）は、子囊菌の中でも最大クラスのゲノムサイズをもち（一億二五〇〇万塩基）、動く遺伝子と呼ばれるトランスポゾンがそのうちの五八パーセントも占めることが明らかにされた。巨大なゲノムサイズにもかかわらず、予想された遺伝子数は約七五〇〇（現在は一万七六三まで特定）で、近縁の腐生菌種よりも少ないことが明らかにされた。注目となったのは、ゲノムが解読されたトリュフ菌株が、交配型遺伝子を二タイプあるうちの一つ（MAT1－2－1）しか有していなかったということである。

菌類の有性生殖にはおもに二つのタイプが知られる。雌雄同体性（ホモタリック）と雌雄異体性（ヘテロタリック）である。ホモタリックは、一菌株内でも自家交配を行えるタイプで、ヘテロタリックは交配型の異なる二菌株間で有性胞子を形成するタイプである。ただし交配型の異なる菌糸の間に形態的な違いがあるわけではなく、培地上の菌糸を眺めても何ら違いはわからない。このように、ゲノム解析によって *T. melanosporum* はヘテロタリックで自家不稔ということが証明され、子実体形成には、対となる交配型遺伝子をもつ二つの菌糸が必要ということが明らかとなった。それでは、樹木に形成された外生菌根からどのようにして子実体がつくられるのだろうか。

トリュフの生活史を分子マーカーで探る

トリュフ子実体の核ゲノム中には、マイクロサテライトと呼ばれるATATATATやGTCGTCGTCGTCのようなシンプルなくり返し配列が存在し、これら複数のマイクロサテライト領域のくり返し回数を子実体と他の子実体との間、子実体と菌根との間などで比較する。これによって、サンプルが同一個体か、異なる菌株かを判定することができる。この分子マーカーはマイクロサテライトマーカーと呼ばれる。また、もう一つ、先ほど述べた交配型遺伝子を識別するマーカーがある。ゲノムデータから特定された交配型遺伝子を対象に、まずはその遺伝子が増幅するマーカーを作成し、他の菌株に対しても、作成したマーカーでPCR（DNA増幅技術）を行って遺伝子が増幅するかを確認する。増幅しない菌株はもう一方の交配型遺伝子を有している可能性が高い。その菌株をゲノム解析して交配型遺伝子を探索し、もう一方のマーカーを作成する。

アンドレ・ルビーニらは、イタリアの黒トリュフ、*T. melanosporum* 発生地の四調査区で発生した子実体が、土壌中の菌根から由来するかをマイクロサテライトマーカーで確認し、同一の菌体であることを明らかにした。[*20] さらに子実体と菌根の交配型（MAT1－1－1かMAT1－2－1）を、交配型

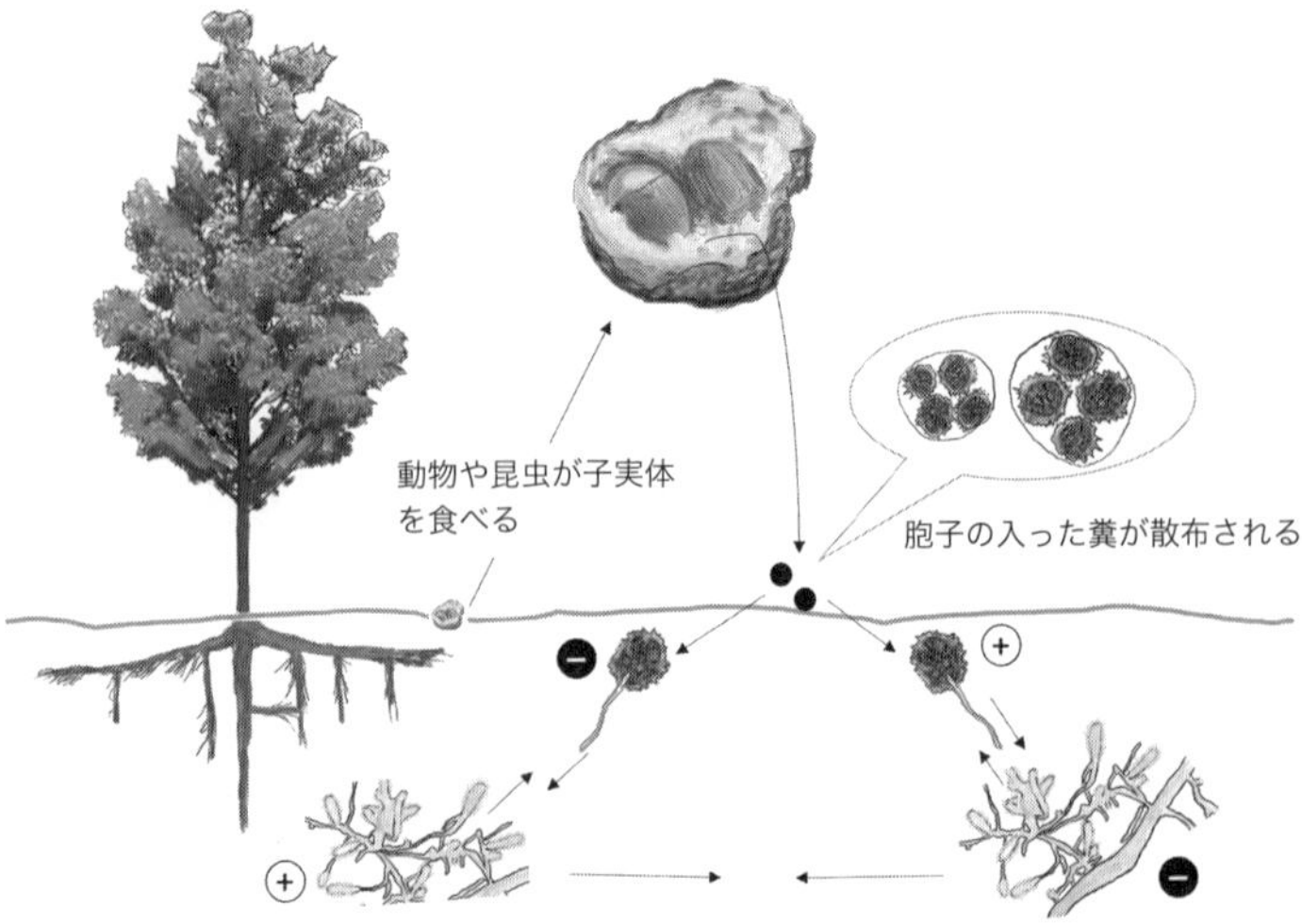
動物や昆虫が子実体
を食べる
胞子の入った糞が散布される
対となる交配型遺伝子の菌糸間で交配が生じ、子実体をつくる

図 12　トリュフ発生地の繁殖戦略と地下部での菌糸間交配の様子
子実体本体をつくる菌根菌糸を卵子とすると、対となる交配型遺伝子をもつ胞子、同一個体、もしくは他個体の菌根菌糸は精子として機能する。

遺伝子マーカーで解析した結果、子実体と菌根それぞれの中で一方だけが優占することを明らかにした。このことから、菌根の菌糸は子実体の外皮、グレバの白い脈部分といった、子実体本体の形成を担うと考えられ、動物の有性生殖では「卵子」に該当すると考えられた。もう一方の生殖に携わった菌糸は、さまざまな菌体から由来することが明らかになった。したがって、「精子」としては、土壌中のさまざまな起源（胞子、菌糸、他の菌根）から提供されることが予測されたのである。子実体の組織形成を担った側は母親（female partner）、胞子形成に関わった側は父親（male partner）と呼ばれる。MAT1－1－1、MAT1－2－1、のいずれの菌糸も、父親にも母親にもなれる能力があるため、動物のような雌雄とは生物学的に意味が異なる（図12）。

ルビーニらは当初、子実体形成に関わる二つの交配型遺伝子は、菌根で等分に分布すると考えていた。しかしその予想に反して、片方の交配型遺伝子だけが優占したのはなぜだろうか。このことを明らかにするために、トリュフの胞子懸濁液を複数のポット苗木に接種してその変遷が観察された。六カ月後に調べられた菌根には、両方の交配型遺伝子がほぼ均等に形成されていた。ところが一九カ月後には、交配型遺伝子がどちらか一方に偏る傾向が見られたのである。

一つの子実体から生じた各交配型の胞子は、根を巡って敵対する競合関係にあることが明らかとなり、こうした不均衡が、子実体形成が不安定な原因の一つと考えられている。この現象は日本のアジアクロセイヨウショウロにおいても確認された。山梨県と京都府の発生地で六、七年間にわたって発生し続けている調査区では、異なる交配型遺伝子型の菌根間で棲み分けが見られた。さらに、山梨県では一タイプの母親の菌株のみが、この間の子実体形成を担っていたことが明らかになった[*21]。

トリュフにとって宿主樹木は、安定した炭水化物を得るためのよりどころである。しかし最近の研究で、樹木だけではなく、草本類の根の内部にも潜むことが観察された[*22]。とはいえ、宿主が生産しうる炭素量は草本よりも樹木のほうが圧倒的に多いと想像されることから、草本類の根はトリュフの菌糸にとって一時的な避難場所ということなのかもしれず、交配可能な遺伝子型をもつ菌糸が菌根から伸びてくるのをじっと待っているということかもしれない。

トリュフが子実体を形成するのは年に一度で、動物に見つけてもらうために揮発性物質を出してアピ

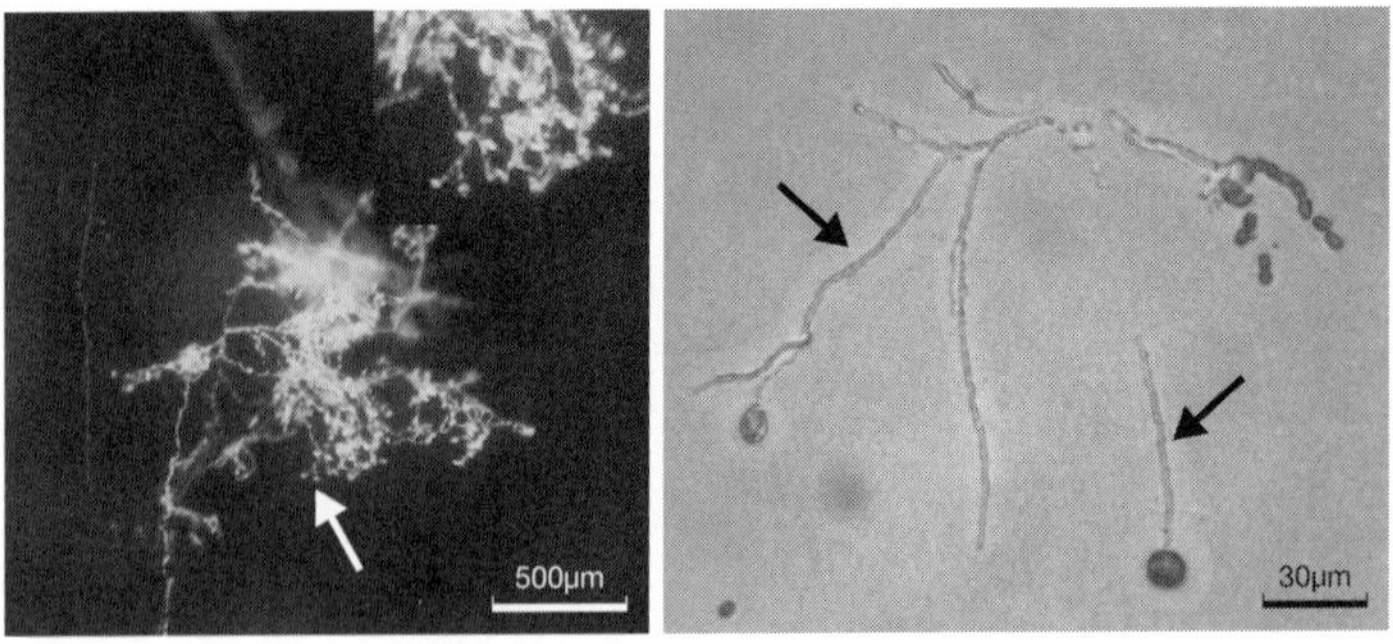

図13　寒天培地上で形成されたホンセイヨウショウロの分生子（左、矢印：右上は拡大図）と、分生子から発芽した菌糸（右、矢印）

ールする。運よく遠くへ運ばれれば分布域の拡大に成功し、子孫繁栄につながる。そしてこれまで共生していた宿主とは違う樹種と共生したり、地殻変動で山や川に分断されて仲間とはぐれながらも、どうにかその環境へ適応する。推定されたトリュフの誕生時期から考えると、一億回以上もこのようなライフサイクルをくり返し、残った末裔が現代に見られる種ということになる。地を這って粛々と繁栄していった様子が想像させられる。しかし近年、トリュフの意外な姿が目撃された。それは分生子と呼ばれるクローン繁殖する胞子の形成である。*23 菌根から伸びた菌糸に何らかの条件が整うと、地表面に菌糸の集合体（マット）を形成し、菌糸の先端に二、三マイクロメートル程度の胞子を形成する（**図13**）。まだ証明には至っていないが、それらはおそらく、風によって遠くへ散布され、定着した先で菌糸を伸ばして菌根を形成するのだろう。これまでの地下生菌の繁殖の概念を覆す、したたかなトリュフの戦略である。

これまでとこれから

　本章では、地下生菌と菌根共生のつながりをテーマに、「なぜ、どのように地下生菌となり、多様化したのか」を問いとし、分子系統解析によって明らかにした研究例を紹介してきた。イッポンシメジ属では、宿主植物に対する寄生から共生へのシフトと子実体の地下生化が同調するような結果が得られ、多様化した年代の環境条件が引き金となった可能性について触れた。セイヨウショウロ属では、国内の多様性を明らかにした研究を紹介するとともに、本属の種には強い生物地理パターンがあることを示してきた。そして、菌根共生を介した独特の繁殖戦略をもつことについても触れた。

　私は外生菌根内の菌糸量を求める研究で学位を取得した。その後に地下生菌の研究を開始し、最初に取り組んだ地下生菌がトリュフ（セイヨウショウロ属）だった。二〇一二年にはポスドクの任期が切れて研究職から離れた期間もあった。そんな中でまとめた研究が、イッポンシメジ属の地下生菌である。二〇一三年からは、ラン科植物や菌従属栄養植物の菌根共生の研究を始め、二〇一五年にはトリュフの研究を再開した。それ以降、おもにトリュフについて研究を進めている。トリュフの食材としての利用価値の高さや社会的ニーズから、国内初となるトリュフ栽培のプロジェクトへ参画する機会にも恵まれた。国産トリュフの栽培化は現在も進行中で、本章で紹介したホンセイヨウショウロ、アジアクロセイヨウショウロを対象に、人工的に菌根共生させた苗木を野外に植栽して経過を観察している。トリュフの生育にとって好適な環境を調査し、そのデータをもとに、栽培や子実体の形成に適した条件を探る研究を共同で進めていた矢先、予想を上回る出来事が起きた。苗木を植栽した場所からホンセイヨウショウロの子実体が発生したのだ！　このニュースは国内のみならず世界中に配信され、大きな話題となった。[*24] 予想外というのは、植栽してから子実体発生までの期間の短さである。トリュフ栽培の教科書によると、苗木植栽から子実体の発生までは通常六、七年はかかるとされる。だがその半分程度の期間で子実体が発生したというのはどういうことだろう。植栽した苗木の菌根から土の中を伸びた菌糸はどういう過程を経て、子実体を形成したのだろうか。その過程を想像し、仮説を立て試験をする。このことはこれからの研究の楽しみとしたい。

地下生菌の研究を始めて一〇年以上経過したが、次世代シーケンサーに代表される遺伝子解析の技術革新で、今後、地下生菌の研究にも新たな展開が期待できる。近年のゲノムデータを用いた種分化解析や子実体の形態進化などを解析した研究によると、担子菌門キシメジ綱の種の多様化は、二億年以上前のジュラ紀から始まり、白亜紀以降に加速した被子植物種の多様化と同調することが明らかにされた。そうした時期に、地上生の形態から地下生菌を含む腹菌型への子実体形態の進化が一二三回も生じたことが示されている。[*25] 現在、さまざまな菌類種でゲノムデータが蓄積されつつある。ゲノムサイズや植物細胞壁分解酵素（PCWDEs）や糖質活性酵素（CAZymes）といった遺伝子ファミリーの存在や構成は、菌根菌と腐生菌のグループ間で大きく異なり、腐生性から共生性への転換後に、有機物を分解する機能が要らなくなったことが理由ではないかと考えられている。[*26] 今後、地下生菌にもゲノムレベルの綿密な

郵便はがき

料金受取人払郵便

晴海局承認

7422

差出有効期間
2024年 8月
1日まで

104 8782

905

東京都中央区築地7-4-4-201

築地書館 読書カード係 行

お名前	年齢	性別	男・女
ご住所 〒			
電話番号			
ご職業（お勤め先）			

購入申込書 このはがきは、当社書籍の注文書としてもお使いいいただけます。

ご注文される書名	冊数

ご指定書店名　ご自宅への直送（発送料300円）をご希望の方は記入しないでください。

tel

読者カード

ご愛読ありがとうございます。本カードを小社の企画の参考にさせていただきたく存じます。ご感想は、匿名にて公表させていただく場合がございます。また、小社より新刊案内などを送らせていただくことがあります。個人情報につきましては、適切に管理し第三者への提供はいたしません。ご協力ありがとうございました。

ご購入された書籍をご記入ください。

本書を何で最初にお知りになりましたか？
□書店　□新聞・雑誌（　　　　）□テレビ・ラジオ（　　　　　）
□インターネットの検索で（　　　　　）□人から（口コミ・ネット）
□（　　　　　）の書評を読んで　□その他（　　　　　　　）

ご購入の動機（複数回答可）
□テーマに関心があった　□内容、構成が良さそうだった
□著者　□表紙が気に入った　□その他（　　　　　　　　）

今、いちばん関心のあることを教えてください。

最近、購入された書籍を教えてください。

本書のご感想、読みたいテーマ、今後の出版物へのご希望など

□総合図書目録（無料）の送付を希望する方はチェックして下さい。
＊新刊情報などが届くメールマガジンの申し込みは小社ホームページ（http://www.tsukiji-shokan.co.jp）にて

R・オサリバン［著］浜本隆三ほか［訳］
3600 円 + 税
過去 70 年の米国のオーガニックの歴史。農業者も、消費者もハッピーなオーガニックの在り方を描き、これからの日本の自然食の在り方を浮き彫りにする。

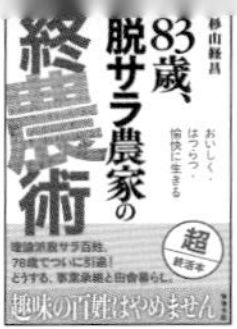

おいしく・はつらつ・愉快に生きる
杉山経昌［著］　1800 円 + 税
累計 10 万部突破の『農で起業する！』シリーズ著者の最新作！　理論派脱サラ百姓がついに引退。事業継承やリタイアメント・ライフを愉快に送るコツを語る。

土が変わるとお腹も変わる

土壌微生物と有機農業
吉田太郎［著］　2000 円 + 税
カーボンを切り口に、食べ物、健康、気候変動、菌根菌の深い結びつきを描く。「有機」こそが、日本の食べ物を担う、あたりまえの農業であることがわかる本。

稼げる農業経営のススメ

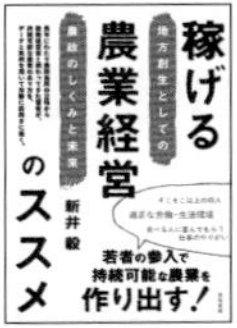

地方創生としての農政のしくみと未来
新井毅［著］　1800 円 + 税
長年にわたり農政当局の立場から農業経営者と関わってきた著者が、持続可能な農業のあり方を、データと実例を用いて冷静に前向きに描く。

微生物と菌類の本

雨もキノコも鼻クソも大気微生物の世界

気候・健康・発酵とバイオエアロゾル
牧輝弥［著］　1800 円 + 税
大気圏で、空を飛んで何千キロも旅をしている多様な微生物。大気中の微生物の意外な移動の軌跡と、彼らの気候や健康、食べ物、環境などへの影響を探る。

きのこと動物

森の生命連鎖と排泄物・死体のゆくえ
相良直彦［著］　2400 円 + 税
動物と菌類の食う・食われる、動物の尿や肉のきのこへの変身、きのこから探るモグラの生態、菌類のおもしろさを生命連鎖と物質循環から描き、共生観の変革を説く。

価格は、本体価格に別途消費税がかかります。価格は 2022 年 10 月現在のものです。

調査が期待される。イッポンシメジ属内の種分化による生態変化の過程で、これら遺伝子群がどの程度変化したのだろうか。それと同時に、地下生化への形態進化にどのような遺伝子が関与してきたのか、宿主に定着する際にどのような遺伝子が働くのかといった研究も興味深い。

セイヨウショウロ属では、その特徴である揮発性物質の生成機構とその進化過程について、すでに研究が進められている。研究によると、揮発性物質を産生する豊富な遺伝子のレパートリーがあることは明らかにされた。しかしその経路などは不明であり、今後の課題である。同時に、動く遺伝子と呼ばれるトランスポゾンがゲノムの半分以上を占め、トリュフの種間によっても異なるが、これらがトリュフの進化や生命活動にどのような機能的役割を果たしてきたのか、といった点も興味深い。

本章で紹介した地下生菌以外に、菌根共生する地下生菌にはまだまだ未知の種類や生態が数多く存在し、興味深い分類群がいくつもある。担子菌門のヒステランギウム目はほぼすべての種が外生菌根性の地下生菌で構成される。また、陸上植物の祖先系統に位置する蘚苔《せんたい》類と共生するケカビ亜門のアツギケカビ目などもまた地下生菌である。マツ科と特異的な共生関係にあるショウロ属など、菌根共生を介した地下生菌の戦略はさまざまで、それぞれ異なる進化や多様化の歴史的背景があるに違いない。二〇一六年には世界初となる地下生菌を中心とする研究会（日本地下生菌研究会、https://jats-truffles.org）が日本で発足した。この研究会では、メーリングリスト上での情報交換に加え、研究報告などをウェブ上で公開している。国内を中心に地下生菌の分類や生態情報が蓄積されつつあるので、興味のある方はぜひ見ていただきたい。

コラム●キノコの下の菌糸をたどって新発見——ハルシメジ型菌根

私は今から約三〇年前、菌根研究を始めた。当時、キノコの分類を専門とした先生の研究室に在籍し、キノコの直下、土の中に伸びている菌糸束（菌糸が束になっており肉眼で確認できる）をたどりながら、菌糸の先にある菌根（植物の根に菌が共生している状態）を見つけ、記載することをテーマに研究を進めることになった。この研究では、まずはキノコの下の菌糸束をたどっていくことが最初の仕事である。キノコの種類によっては菌糸束が見えず、すぐに追えなくなってしまうこともたびたびであった。少しずつコツがわかって、いろいろなキノコを見ているうちに菌糸束を見つけやすい種類がわかるようになり、菌糸束の先の菌根の観察にも慣れ、データを蓄積できるようになってきた。

そのような研究を始めてから一年が経ち、二年目の春。春はあまりキノコが見つからず、研究が進まないので、先生に相談したところ、ハルシメジが大学近くの梅林に出るという。そこで、ハルシメジの下の土を掘ることにした。梅林には下草が繁茂しており、その根を切り分けながら菌糸束を追うというのは、林地で菌根を追うのとは違う難しさがあった。菌糸束とつながった根があった、と思っても、それはただ下草の根の表面に付着していただけで、顕微鏡で見ながら丁寧に分けると、簡単に外れてしまった。

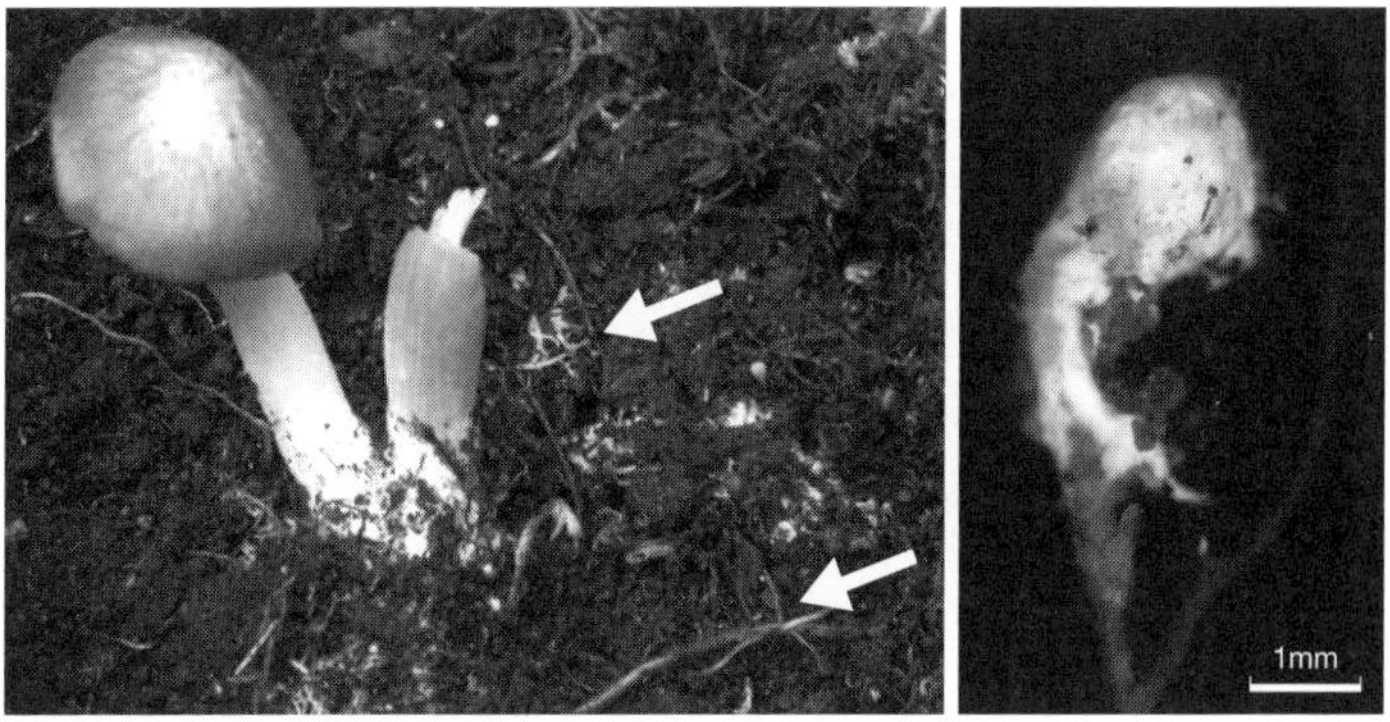

図1　ハルシメジの子実体から広がる菌糸束（左：矢印は植物の根）、ハルシメジ型菌根の実体顕微鏡像（右）

そんなわけで、なかなか菌根までたどりつくことができなかったが、同じ場所をもう少し深く掘ると、再びハルシメジの菌糸束が見つかり、その中にウメの側根が入っているのが確認できた（図1左）。菌糸束と側根がある部分からより深く土を掘り取り、付着する土を水で丁寧に洗い流しながら、出てきた根系を顕微鏡で観察すると、複数の細根の先端に球状の菌糸の塊が見つかった（図1右）。この菌糸の塊はピンセットでつまんでも簡単には根から外れず、これは菌根だと思い、切片を作成しようとした。ところが、通常のように薄く横断切片を切り出すと、菌糸の断面から根の断面が簡単に外れてしまう。厚めに切って観察してみると、ハルティヒ・ネットができておらず、ただ、菌糸が根の表面を覆っているだけであった。今度は縦断切片を切り出してみると、驚くべきことに、根の先端部にあるはずの根冠細胞、表皮細胞、皮層細胞が消失して、その領域に菌糸が

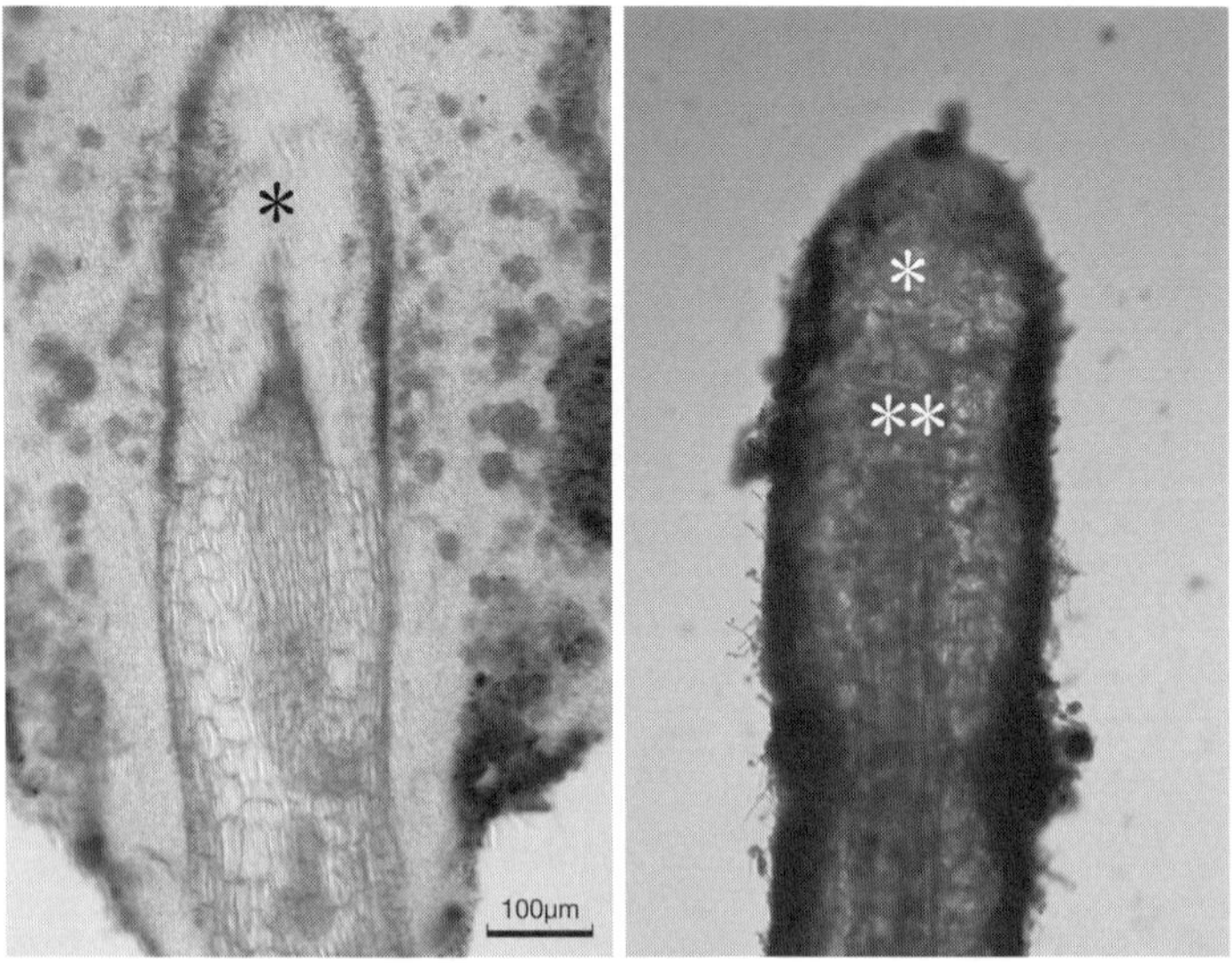

図2　ハルシメジ型菌根の光学顕微鏡像（左：縦断切片、＊は根の組織が消失した領域を示す）、外生菌根の光学顕微鏡像（右：縦断切片、＊は頂端分裂組織を、＊＊は中心柱を示す）

入っており（**図2左**）、これらの形態的特徴は外生菌根（**図2右**）とはまったく異なっていた。[*1]新しいタイプの菌根と考え、これを「ハルシメジ型菌根」と呼ぶこととした。

私も発表の準備を進めていたが、ミュンヘン大学の菌根研究の大御所アゲラー先生が先に同様の観察を行っており、学会誌で発表された。教授はその形態的特徴に基づき、[*2]寄生的な関係にある可能性を指摘したが、のちに鳥取大学の遠藤先生らにより、バラ科のナシと共生することが接種試験により確かめられている。[*3]現在、このハルシメジ型菌根はバラ科やニレ科の植物の下に発生するハルシメジ類が形成することが知られている。

キノコの下には我々の知らないユニークな菌根がまだ存在しているのかもしれない。

（小林久泰）

第3章

エリコイド菌根の世界
──ツツジ科で生まれた謎に満ちた共生関係

馬場隆士・広瀬 大

ツツジは万葉のころから日本人に愛されてきた花木である。江戸時代には品種改良が進み、今でも花の名所や「つつじ」と名のつく地名が日本各地に見られる。このツツジ、近縁な植物を集めたツツジ科として見ると、果物として食べられるブルーベリーやクランベリー、高山植物として登山道をにぎわすツガザクラ、ガンコウランなどなど、さまざまな姿かたちで私たちを楽しませてくれる。しかし、地下にある根、そして菌類との共生体である菌根を見て楽しんでいる人はほとんどいないだろう。

ツツジ科の中でも、もっとも世界に広く分布し繁栄してきたコアツツジ科（後述）の植物は、これまでの章で述べられてきた外生菌根ともアーバスキュラー菌根とも異なるエリコイド菌根という菌根を形成する。このエリコイドという語は、元をたどれば「エリカのような」という意味で、ヨーロッパからアフリカにかけて自生するエリカ属（*Erica*）植物に由来する。ツツジ科の学名（Ericaceae）もエリカ属に基づくことから、転じてツツジ科が関連することも意味する。つまり、エリコイド菌根は名実ともにツツジ科を代表する菌根と言える。コアツツジ科の植物は、山の尾根や火山の影響を受けた場所など、他の植物が生えにくい痩せた酸性の土壌で多く見られるが、じつはこれには根に共生するエリコイド菌根菌が大きな役割を果たしているのである。

イギリスの中央部ヨークシャー地方には、ムーアやヒースランドなどと呼ばれる荒地が広がっている。エミリー・ブロンテの小説『嵐が丘』の舞台にもなったこの荒野では、有機物が蓄積した土は酸性で痩せており、エリカ属やカルーナ属のツツジ科植物が繁茂する。ヒースやヘザーとして親しまれるこれらの低木が小さな花を咲かせると、荒涼とした大地が赤紫色に染まる。ヨーロッパにおける原風景の一つとも言える景観である。イギリスでは古くからこれらの植物の生態が研究され、エリコイド菌根が厳しい酸性土壌での生育を支えていることが、世界に先駆けて明らかにされた。その他のヨーロッパやオーストラリア、アメリカでもその地域の植生や産業に根差したエリコイド菌根研究が行われてきた。これらの研究は、アーバスキュラー菌根などと比べると数は少ないが、ツツジ科で進化した植物の興味深い生き方を教えてくれる。

本章ではエリコイド菌根の世界を二部構成で紹介する。前半では、これまでに明らかにされている生物学的知見を解説し、後半では筆者らが進めている研究を題材に、研究対象としてのエリコイド菌根の魅力を語りたい。エリコイド菌根の世界はわからないことに満ち溢れていて、楽しい研究テーマの宝庫だということを感じてもらえるとうれしい。

コアツツジ科――エリコイド菌根を形成するツツジ科内の多数派グループ

はじめに、エリコイド菌根を形成する植物をしっかり示したい。というのも、ツツジ科は、祖先的なアーバスキュラー菌根から多様な菌根を獲得してきた「進化の見本市」のような分類群であり、すべてのツツジ科植物がエリコイド菌根を形成するわけではないからである（図1・口絵5）[*1]。まず、ツツジ科の中で最初に他の系統と分かれたドウダンツツジ亜科は、他の多くの植物と同じくアーバスキュラー菌根を形成する。イチヤクソウ亜科（Pyroloideae）、イチゴノキ亜科（Arbutoideae）、シャクジョウソウ亜科（Monotropoideae）では、外生菌根に類似した内外生菌根が形成される。この三つの亜科の菌根は、根表を包む菌鞘や細胞内の菌糸の形態に違いが認められることから、各亜科名と関連づけて、それぞれパイロロイド菌根、アーブトイド菌根、モノトロポイド菌根として分類されることもある。

一方、本章の主役であるエリコイド菌根が形成されるのは、イワヒゲ亜科、ツツジ亜科（旧ガンコウラン科を含む）、ジムカデ亜科、スティフェリア亜科（旧エパクリス科からなる）、スノキ亜科の五亜科である。これらはコアツツジ科（core Ericaceae）という単系統（ある共通の祖先から進化したグループ）としてまとめられ、ツツジ科のじつに九五パーセント以上、約四〇〇〇種を含み、まさに本科の中核と言える一大グループとなっている。

コアツツジ科の植物は南極大陸を除けば世界中の多様な環境に広く分布・繁栄しており、日本国内だ

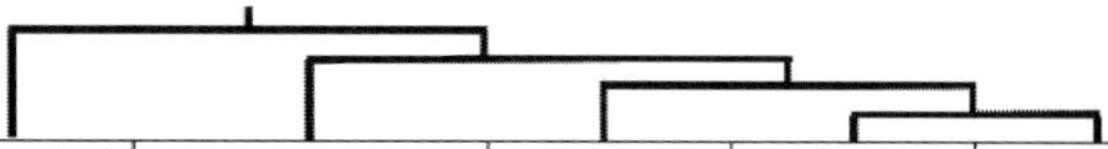

分類群	ドウダンツツジ亜科	コアツツジ科	イチヤクソウ亜科	イチゴノキ亜科	シャクジョウソウ亜科
菌根の種類	アーバスキュラー	エリコイド	パイロロイド	アーブトイド	モノトロポイド
共生体の形態	皮層内の樹枝状体 皮層内のコイル 細胞内外の嚢状体	表皮内の菌糸コイル	表皮上の菌鞘 細胞間のハルティヒ・ネット 表皮内のコイルやペグ		

図１　ツツジ科植物内の異なる菌根をもつ系統

Freudenstein *et al.* 2016 の系統樹に基づく。エリコイド菌根では、菌鞘や部分的なハルティヒ・ネットを伴う場合がある。また、パイロロイド菌根では菌鞘を欠くことがあるといった形態的特徴をもつが、イチヤクソウ亜科、シャクジョウソウ亜科、イチゴノキ亜科の菌根は、アーブトイド菌根（あるいは外生菌根）としてまとめられることもある。

けでも南西諸島の海岸付近から北海道の高山帯までさまざまな種が見られる（**口絵４**）。酸性土壌をはじめとする条件が厳しい環境でもしばしば優占し、ヒースランドや湿地性で泥炭が厚く堆積したピートランドといった生態系では、特徴的な植生を生み出している。火山の噴気孔のそばや熱帯・亜熱帯の高木の上といった特別な環境に適応した種もいる。一方、ツツジやシャクナゲ、ブルーベリーといった身近な花木・果樹も含まれることから、庭園や農耕地などでも栽培される。このようにコアツツジ科が生息する環境にはかなりのバリエーションがある。

コアツツジ科では根が特殊な形態に進化

　アーバスキュラー菌根や外生菌根を形成する植物は、裸子植物から被子植物まで幅広く、たとえば、根の直径で見ても太いものから細いものまで多様である。一方、コアツツジ科植物の中では他の植物とは異なる根の形態が共有さ

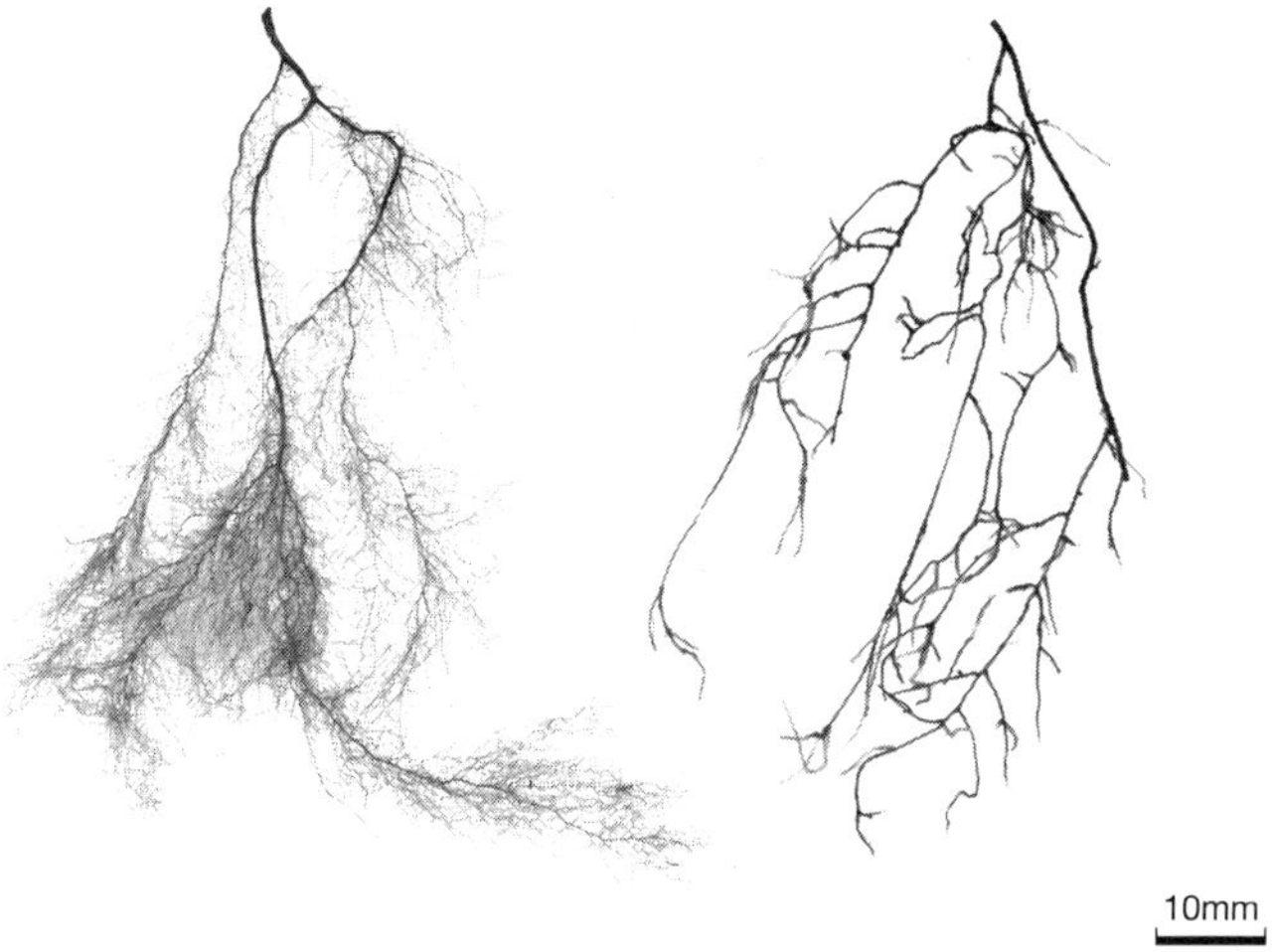

図2　コアツツジ科の細根
エリコイド菌根性であるコアツツジ科の植物の細根（左）は、植物の中でもきわめて細くなる。アーバスキュラー菌根性であるドウダンツツジ亜科の細根（右）と比べると、その細さと分枝構造の複雑さがわかる。エリコイド菌根を多く形成する先端部は、しばしば直径が0.1mm以下となり、髪の毛のようにも見えることからヘアールートと呼ばれている。ヘアールートは、表皮細胞が変形してできる根毛（ルートヘアー）とは別物であり、コアツツジ科の植物は根毛をもたない。

れており、この特徴がエリコイド菌根と密接に関係している。細根は、根の中でも若く細い部分である。これは、直径二ミリメートル以下の根だと認識している人が多いかもしれないが、その中でも養水分の吸収を担う根（つまり、菌根が形成される部分）は、多くの植物で〇・一～一ミリメートルぐらいである。ではコアツツジ科植物ではどうか。その養水分吸収を担う細根は、直径がしばしば〇・一ミリメートルより小さく〇・〇五ミリメートルを下回ることもまれではない（**図2**）。髪の毛のように細いこの特徴から、エリコイド菌根が形成される細根はヘ

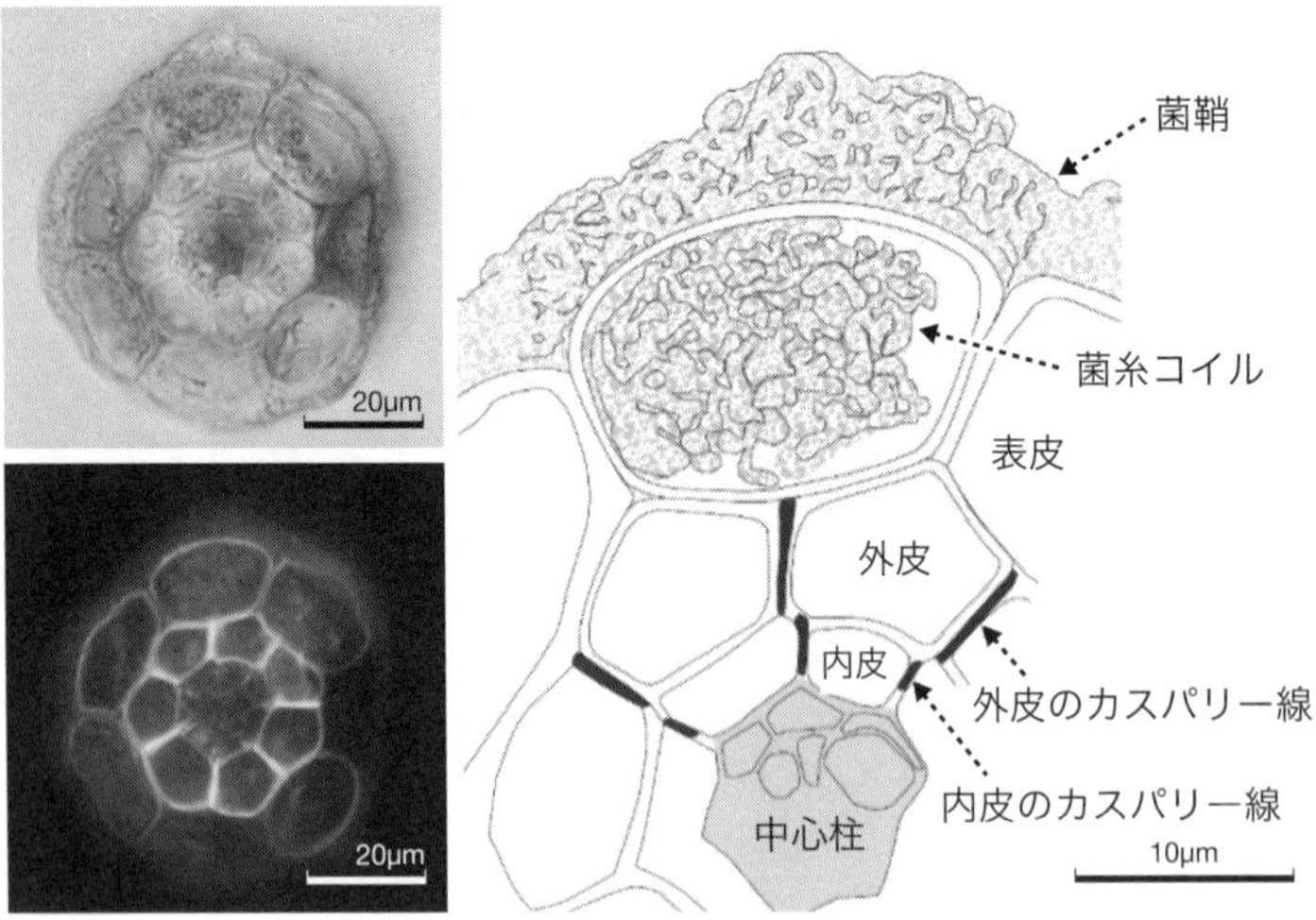

図3　横断面切片からみたヘアールートの内部構造とエリコイド菌根共生

スノキ亜科に属するコケモモのヘアールートの横断面切片。明視野像（左上）、蛍光観察像（左下）、写真と対応した各構造の模式図（右）を示した。この切片では表皮の表面に菌糸の層（菌鞘）が存在するが、菌鞘は認められないことが多い。また、皮層は外皮と内皮の二層から構成されており、蛍光観察像では外皮の細胞壁とカスパリー線および内皮のカスパリー線が強い自家蛍光を発していることから、スベリンなどを蓄積していることがわかる。

アールート（hair root）と呼ばれる。[*2] ヘアールートの横断面を観察すると、他の植物と同様、外側から一層の表皮、二層以上の皮層、中心柱が並ぶ（**図3**）。構造としては直径に応じて木部や皮層の数が減少するなど、他の植物の根よりもシンプルになっており、表皮の割合が非常に大きく横断面積の半分かそれ以上を占めるのが特徴である。

さらに、コアツツジ科の表皮は「根毛を形成しない」という重要な特徴をもつ。根毛は表皮細胞が変形して細長く伸びたものであり、細根そのものとは異なる。多くの植物は、多数の根毛をつくることで根の表面積を拡大し、土壌中の養水分を吸収している。コアツツジ科の植物で根毛が見られないのは、根が細くなり養水分の獲得効率が高まっているだけでなく、表皮がエリコイド菌根を形成する場であり、養水分吸収を菌根菌に依存しているためと考えることができる。

表皮細胞内に菌糸コイルがつくられ、エリコイド菌根共生が成立

エリコイド菌根共生は、根の表皮細胞内に菌根菌の菌糸が密に絡まった「菌糸コイル」が形成されることで成立する。透過型電子顕微鏡を用いた観察によれば、エリコイド菌根における菌糸コイルは、アーバスキュラー菌根の樹枝状体（**第7章図1、2**）と同様に、植物の細胞膜に包まれており、膜を貫通していない。細胞の微細構造の観察から、菌糸コイルは消化されているのではなく、植物の細胞膜を通じて宿主植物と養分を交換していると考えられている。[*3] 細胞内に菌糸が侵入してコイルを形成するとい

うこの形態は、パリス型（前書29ページ参照）のアーバスキュラー菌根、ラン菌根や内外生菌根と共通している。そのため、エリコイド菌根は内生菌根の一タイプである。ただし、菌糸コイルと同時に、外生菌根や内外生菌根に類似した細胞間隙のハルティヒ・ネットや菌鞘が認められる場合がある。なかでも南米アンデス山脈で多様化したキャベンディシア属（*Cavendishia*）やこれに近縁な着生植物では発達した菌鞘が形成されることから、特別にキャベンディシオイド菌根と呼ぶことも提案されている。[*4]

いずれにしてもコアツツジ科では根の表皮が菌根形成の場となっている。これは他の内生菌根が、より内側にある皮層の細胞内に共生するのとは異なる特徴である。コアツツジ科では、根の皮層の最外層は外皮と呼ばれ、細胞壁に疎水性のリグニンやスベリンが蓄積し、細胞間隙には物質の侵入を妨げるカスパリー線が形成される（**図3**）。また、表皮は土壌の乾燥などにより脱落しやすいのだが、露出した外皮には菌根菌が感染していないという観察結果もある。これらのことからエリコイド菌根を形成する場としては、皮層よりも表皮が重要と考えられている。

エリコイド菌根がさまざまな環境での生存を支える

エリコイド菌根の機能に関する研究は、主としてヒアロスキファ・ヘパティィシコーラやオイディオデンドロン・マイウス（菌の分類や特徴は次節「エリコイド菌根菌とその仲間たち」で詳述）といった子嚢菌を用いて進められ、今日ではこれらの種が代表的なエリコイド菌根菌と呼ばれている。それらの研究から、エリコイド菌根菌が宿主植物の生育に重要な役割を果たしており、酸性土壌のような厳しい環境で植物がストレスに耐えながら優占するのに役立っていることがわかってきた。ここでは、これまでに明らかにされている機能を四項目に整理して紹介しよう。

①宿主植物と菌の間で養分を交換する

菌根菌の大きな特徴は、根に共生した菌糸の形態がその機能と結びついている点にある。菌糸の形態変化が、植物細胞と接する面積を広げて効率的な物質の移動を可能にし、さらに人が菌根を見分けられるようにしていることを踏まえれば、養分のやりとりは、菌根を菌根たらしめたもっとも重要な機能と言える。エリコイド菌根の機能に関しても、その研究が本格化した一九七〇年代初頭に、炭素とリンの放射性同位体をトレーサーとして、コアッツジ科植物とヒアロスキファァ・ヘパティシコーラ間での養分交換に関する実験が行われた。その結果、リンは菌糸を介して植物体に移動すること、光合成によって植物が固定した炭素は逆に菌に移動することが明らかになった[*5*6]。その後、二〇〇〇年代に入りヒアロスキファ・バリアビリスとコケモモを用いた実験で、菌と植物の間で炭素と窒素が交換されることが示された[*7]。

菌糸を介した養分の輸送は、植物が自身で直接利用できる養分に乏しい土壌環境においてきわめて重要な役割を担っているのだろう。これはコアッツジ科が根毛という吸収器官を失っていることからも支持される。一方、エリコイド菌根菌は後述のように自身で生存に必要な養分を獲得する能力があり、単独生活できる腐生菌からより植物に強く依存した絶対共生菌へ進化する中間的な状態にある可能性も考えられている。[*5] しかし、植物から炭素を受け取ることにどのようなメリットがあるのかはまだよくわかっていない。

②植物が利用しにくい物質を利用できるようにする

コアツツジ科が優占する環境では、しばしば土壌養分の多くは植物が吸収しにくい状態になっている。植物が多く必要とする窒素についで見ると、ヒースランドのように低温で土壌が酸性であるために有機物の分解が遅い場所では、窒素の大部分がアミノ酸や菌糸を構成するキチンなどの有機態として存在している。低分子の化合物を除き、植物が有機態窒素を直接吸収することは難しい。そのような環境において、エリコイド菌根菌は、植物が吸収しにくい物質から窒素を獲得して植物へ提供するという重要な働きをしている。たとえば、ヒアロスキファ・ヘパティシコーラは、アミノ酸、ペプチド、タンパク質(タンニンとの複合体を含む)、キチン、自身や他の菌の死んだ菌糸などを分解して窒素を吸収利用できる。そして吸収した窒素の一部を宿主植物へ供給する。同様に、オイディオデンドロン・マイウスでも、本菌を接種した植物の有機態窒素の獲得が増加することが知られている。これらのエリコイド菌根菌はプロテアーゼやキチナーゼ、ペルオキシダーゼなど、菌体外酵素を産生して、さまざまな有機態窒素を分解し、吸収することができる。[*8]

リンも植物の成長には欠かせないが、土壌中のリンの多くは有機態として存在するほか、無機態でもさまざまな物質に吸着・結合し、吸収することが難しくなっている。特に、酸性土壌では鉄やアルミニウム、石灰岩地帯のような塩基性寄りの土壌ではカルシウムやマグネシウムといったさまざまな金属イオンと結合し、難溶性のリン酸塩となっている。ヒアロスキファ・ヘパティシコーラは、有機酸などを分泌して、カルシウムやアルミニウムなどと結合した難溶性の無機リン酸化合物を溶解することができる。また本菌は、フィチン酸や核酸といった植物体や土壌中の代表的な有機リン酸化合物を、酸性フォスファターゼをはじめとする酵素によって加水分解でき、リン酸が利用しにくい状況でも効率的な吸収と植物への供給を可能にしている。

エリコイド菌根菌が吸収を助ける養分は窒素やリンにとどまらない。コアツツジ科が好む酸性土壌では、カルシウムやマグネシウムが溶脱しやすく、その獲得が重要となる。ヒアロスキファ・ヘパティシコーラは、カルシウム濃度が低い環境で根の成長量とカルシウム吸収量を増加させる。他方、一般的に酸性を好むとされるコアツツジ科であるが、石灰岩地帯のような炭酸カルシウムが多く、pHが比較的高い場所に自生している種もいる。鉄は土壌pHに応じて利用性が大きく変化する元素であり、pHが高い場所では三価の鉄が増え溶解度が低くなるため、今度は鉄の吸収が難しくなる。ヒアロスキファ・ヘパティシコーラやオイディオデンドロン・マイウスは鉄を捕捉するシデロフォア（イネ科植物におけるムギネ酸など、鉄と強く結合して生物が輸送しやすくするキレート剤）を生産でき、特に前者は菌根共生により宿主植物の鉄獲得を助けることが知られている。

ヒアロスキファ・ヘパティシコーラやオイディオデンドロン・マイウスは、植物の細胞壁の主成分であるセルロースなどを分解し、養分として利用することができる。エリコイド菌根菌は一般的な菌類用の培地での培養が容易な種が多く、この点はアーバスキュラー菌根菌や外生菌根菌との大きな違いである。近年、複数のエリコイド菌根菌と外生菌根菌、ラン菌根菌や根内生菌、腐生菌、植物病原菌の間でゲノムを構成する遺伝子を比較する研究が行われた。[*9] その結果、エリコイド菌根菌のゲノムでは、グリコシダーゼをはじめとする糖質分解酵素や脂質の分解に関わるリパーゼをコードする遺伝子が外生菌根菌のゲノムよりも多く、全体として腐生菌や植物病原菌に似ていることがわかった。また、共生状態でもセルロースやペクチン、ヘミセルロースの分解に関わる酵素をコードする遺伝子の発現が上昇していることも示された。このように、ゲノムレベルでも腐生菌に類似しているエリコイド菌根菌が、共生すると宿主植物の生育を助けるというのは興味をそそられる現象である。

③根をさまざまなストレスから守る

コアツツジ科が好む酸性土壌では、鉄やアルミニウムといった金属イオンが過剰に溶出して根に害を及ぼす。また、母岩の影響で重金属が多い鉱山や人為的に重金属で汚染された土壌では、その毒性は植物にとって深刻なものとなる。コアツツジ科の植物が強酸性土壌や重金属過多な土壌でさえも健全に生育しているのは、エリコイド菌根菌による働きが大きい（図4）。一九八〇年代はじめ、ヒアロスキファ・ヘパティシコーラを共生させたカルーナ（ヨーロッパに広く分布し、ヒースランドを代表する植物でヘザーとも呼ばれる）では、有害な濃度の亜鉛や銅が存在していても成長することが明らかにされた。[*10] こ

図4　強酸性土壌を生き抜くコアツツジ科植物

硫黄臭が立ちこめる火口湖のすぐそばに群生するイソツツジやガンコウラン（左写真手前）。硫気孔原に進出したハクサンシャクナゲやハナヒリノキ（右）。火山活動の影響を強く受ける場所は、アルミニウムなどの金属毒性が問題となる強酸性土壌の代表格である。コアツツジ科植物がこのような場所にも自生できるのは、エリコイド菌根の機能によると考えられる。

の研究を皮切りとして本菌やオイディオデンドロン・マイウスを中心に精力的な研究が行われ、エリコイド菌根菌は「細胞壁や色素、細胞外多糖に金属イオンを吸着させる」「金属イオンを不溶化させる」「細胞から金属イオンを排出する」「抗酸化物質を合成する」といったやり方で過剰な金属イオンの毒性を緩和していることがわかってきた。エリコイド菌根の形成による宿主の保護効果は、金属毒性の緩和にとどまらない。土壌への乾燥処理や塩化ナトリウムの添加について、エリコイド菌根菌を接種した植物の枯死率が低くなったり、光合成活性が維持されたりすることが示されており、耐乾性や耐塩性の上昇という効果もあるようだ。宿主の保護効果は生物的なストレスにも及ぶ。卵菌類のピシウム属（*Pythium*）やフィトフトラ属（*Phytophthora*）はさまざまな植物の根を腐敗させる土壌病原菌であるが、エリコイド菌根菌との共生はこれらの病原菌の植物体内での成長を阻害し、感染を減少させる。[*11] これは、卵菌類の細胞壁がセルロースからなるために、エリコイド菌根菌が産生する分解酵素によりその生育が阻害されるからだと言われている。

④根の成長を促進し、形態を変化させる

コアツツジ科で根毛が失われたことを鑑みると、エリコイド菌根菌との共生は根の量や形態も変化させている可能性がある（図5）。実際にセイヨウイワナンテンにオイディオデンドロン・マイウスやヒアロスキファ・ヘパティシコーラを接種した実験では、不定根（根以外の部分から発生した根で、ここでは挿し木した枝から出た根）の数や総根長が増え、逆に不定根上の側根の数が減少したという報告がある。最近では、オイディオデンドロン・マイウスによるオーキシンやその前駆体の生成が、植物の不定根形成の促進に関与している可能性が示唆されている。*12

菌根共生による根の形態変化を考えてみると、たとえば、共生によって根が増える場合では、菌は共生する場所が増え、植物は水や土壌養分を得やすくなるといったメリットがある。このような生理生態学的な意義については、本章の後半、筆者らの研究を解説する中で触れる。

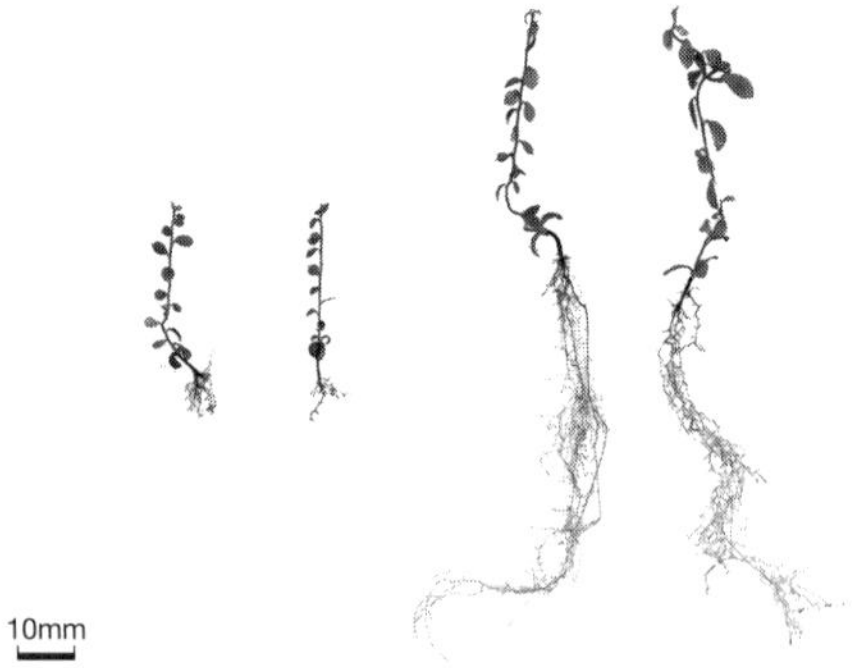

図5　オイディオデンドロン・マイウスによる根の成長促進効果

ブルーベリーの無菌実生に菌を接種しなかったもの（左2個体）と接種したもの（右2個体）。成長促進効果は接種する菌株によって異なり、不定根や側根の数などが変化することもある。

【コラム●自分たちに有利な環境をつくり出すエリコイド菌根の「技」】

植物や菌体に由来する生物遺体の養分を利用するエリコイド菌根菌の能力は、宿主植物が一度獲得した養分のリサイクルを可能にする。この能力は、ヒースランドのように、養分はあるものの有機物ばかりで吸収しづらい環境で特に重要だと考えられてきた。一方、一度獲得した養分を落ち葉や枯死根として自身の周囲に蓄積できる能力と捉えると、火山噴火の影響を受けた荒地や高山帯の裸地のように、養分がきわめて少ない環境にコアツツジ科植物が定着する上でも、この能力が重要になると考えられる。

さて、このリサイクル能力に関して興味深い研究がある。もともと森林の下層植生を構成していたコアツツジ科植物が、伐採などで攪乱された後、森林の再生を阻害するという現象があるのだが、その原因として、コアツツジ科植物がエリコイド菌根の機能を駆使して自分たちに有利な土壌環境をつくり出しているというのだ[*13]。

コアツツジ科の落ち葉や枯死根はタンニンなどのポリフェノールを多く含み、有機態の窒素と複合体を形成する。そのため、それらが蓄積するにつれて窒素の無機化はさらに遅くなり、外生菌根菌などでは窒素を獲得するのが難しくなる。一方、エリコイド菌根菌はそのような窒素も利用できるので、コアツツジ科植物は土壌中の窒素を独占し、優先的に生育場所を広げることができるというわけである。

エリコイド菌根菌とその仲間たち

今日では、ヒトのウイルス感染症を診断するのと同じように、根からDNAを抽出し塩基配列を決定することで、そこにどのような菌類がいるか調べることができる。このようなDNAレベルの検出技術の進歩によって、分離培養や直接観察での区別が難しい菌も含めじつに多様な菌種がコアッツジ科の根を住処にしていることがわかってきた。[*14] 門レベルの分類階級で見ると、子嚢菌門や担子菌門だけでなくケカビ門やツボカビ門の菌まで検出されている。しかし、目レベルの分類階級で見ると、エリコイド菌根菌を含む子嚢菌門のビョウタケ目、そして担子菌門ではロウタケ目が優占することが多い。根に含まれる菌類相は、植物の種、土壌環境、土地利用の履歴といったさまざまな要因で変化すると言われている。

一方、DNAが検出されただけでは、その菌種がエリコイド菌根菌かどうかわからない。たとえば、アーバスキュラー菌根菌は通常コアッツジ科の根に菌根形成しないが、たまたま菌糸を侵入させて嚢状体や胞子を形成していることがあり、そのような菌が検出されることもあるだろう。エリコイド菌根菌かどうかの判定では、分離された菌株を用いた宿主植物との二者培養による観察が重要視されているが、さまざまな研究の積み重ねが必要となる（後のコラム参照）。

エリコイド菌根菌の仲間は一見すると特徴に乏しく、培養された菌株を見るとどれも同じようなカビ

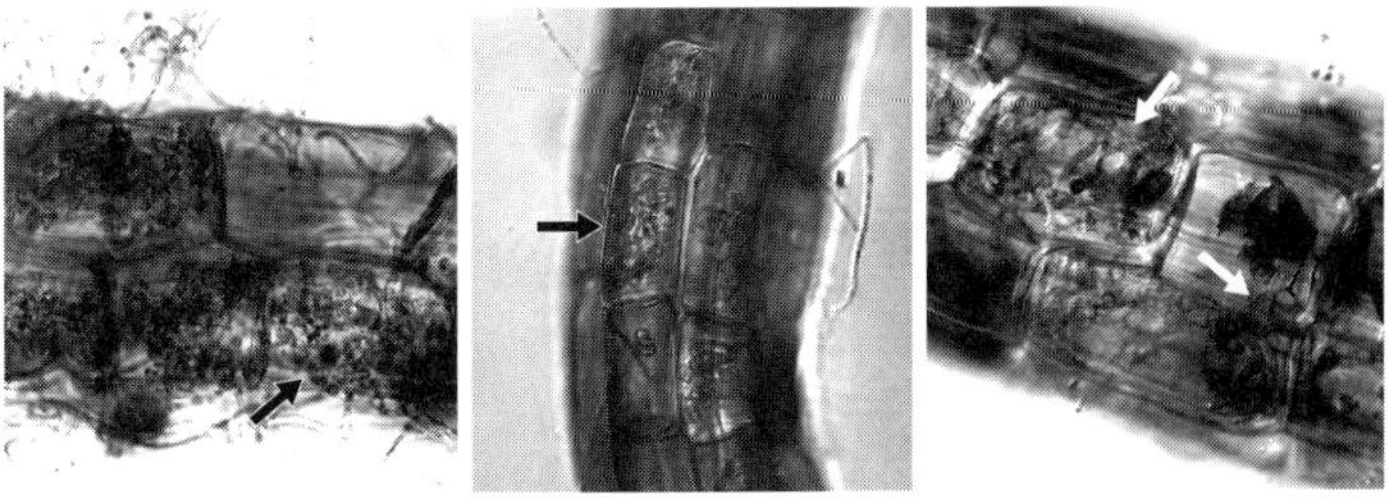

図6　エリコイド菌根菌とその仲間たち①
代表的なエリコイド菌根菌であるヒアロスキファ・ヘパティシコーラ（左）とオイディオデンドロン・マイウス（中央）、代表的なDSEであるフィアロセファラ・フォルティニ（右）。黒矢印は生きた表皮細胞に形成された菌糸コイル。白矢印は、褐色で肥大した細胞からなるループ状の細胞内菌糸や細胞間隙の菌糸構造。

に見えるかもしれない。和名がない種も多く、馴染みにくいかもしれないが、じつはその形態や生き様は多様で面白い。ここではエリコイド菌根菌の研究でよく登場する菌群のうち、代表的なものを紹介する。

■ヒナノチャワンタケ属（子嚢菌門ズキンタケ綱ビョウタケ目ヒナノチャワンタケ科）

この属のヒアロスキファ・ヘパティシコーラ（*Hyaloscypha hepaticicola*）はもっとも代表的なエリコイド菌根菌である（**図6**）。野外では、有性生殖の際に苔や腐植、朽ち木などの上に灰色から褐色がかった茶碗型で直径一ミリメートルほどの子実体を形成する。現在のエリコイド菌根菌の機能に関する理解の多くは本菌に関する知見に基づく。世界のさまざまな地域のコアツツジ科植物の根から検出されており、日本国内にも普遍的に分布している。ヘアールートの表皮細胞に菌糸コイルを形成するほか、苔類《たいるい》の細胞内にも同様に共生する。従来リゾスキファス・エリカエ（*Rhizoscyphus ericae*）などの名前で知られた本菌は、分類学的研究の進歩によって、近縁な以下の三種とともに、ヒナノチャワンタケ属に整理されることになった。

ヒアロスキファ・バリアビリス（*H. variabilis*）は本属内でもヘパティィシコーラに近縁なエリコイド菌根菌である。コアツツジ科の植物との間で炭素と窒素をやりとりすることが実験的に示されている。一方、ヒアロスキファ・バイカラー（*H. bicolor*）はラウリと呼ばれるナンキョクブナ属植物の外生菌根から、ヒアロスキファ・フィンランディカ（*H. finlandica*）はヨーロッパアカマツの根から分離された種である。コアツツジ科の根にコイルを形成する能力があるが、ヘアールートから分離された例がわずかなので、この二種は典型的なエリコイド菌根菌かどうかわかっていない。

■オイディオデンドロン属（子嚢菌門ズキンタケ綱ビョウタケ目ミクソトリクム科）

オイディオデンドロン属（*Oidiodendron*）は、無性生殖の際、幹のように立ち上がった茶色い菌糸を柄として、さらに枝分かれした先に数珠状に胞子を形成する様子があたかも樹木（ギリシヤ語でdendron）のように見えることからその名がつけられた菌である。この属の複数種が、コアツツジ科植物との二者培養により表皮細胞にコイルを形成することが明らかにされている。

なかでもエリコイド菌根菌としての研究が進んでいるのはオイディオデンドロン・マイウス（*Oidiodendron maius*）である（図6）。本種はコアツツジ科の根からしばしば分離され、二者培養によりコイルを形成したことを示した研究例が多い。さらに、植物を重金属の毒性から守る機能や発根を促す植物ホルモンの生産能力をもつ菌株も報告されていて、高い共生機能をもつことを窺わせる。その一方で、根以外の土壌や腐植などからもしばしば検出され、菌を単独で培養するとさまざまな種類の有機物を利用し、有機物を分解する腐生能力が高い系統も見つかっている。本種の菌株を多く比較したら、単独で生きる能力と共生機能の間にトレードオフの関係が見つかるかもしれない。

■フィアロセファラ属とアセファラ属（子嚢菌門ズキンタケ綱ビョウタケ目ヘソタケ科）

フィアロセファラ属（*Phialocephala*）やアセファラ属（*Acephala*）の菌は形態的によく似ていて近縁であることから一つのグループとしてまとめられる。また、この仲間は、ダーク・セプテート・エンドファイト（暗色で隔壁のある菌糸をもつ内生菌、DSE）として広くさまざまな植物から検出され（第9章）、いくつかの種では直径数ミリメートルほどの灰色で皿型の子実体を植物遺体上につくる。このうち、フィアロセファラ・フォルティニ（*Phialocephala fortinii*）はコアツツジ科のヘアールートからよく検出されることで有名である。二者培養すると、典型的な褐色で隔壁のある菌糸が根の細胞の間や内部に認められるため（図6）、DSEとされている。本種を含め、この仲間にはときにコイル状の菌糸をつくるものがいるが、宿主植物の生育に対する効果やヘアールートからの検出頻度などの観点から、エリコイド菌根菌とは見なされていない。

■子嚢菌門エウロチウム綱カエトチリウム亜綱

カエトチリウム亜綱には、人体寄生菌やすす病菌、岩生菌、地衣類など多様な生態をもつ菌が含まれる。本亜綱のカエトチリウム目やそれに近縁な一部の分類群はヘアールートから比較的高頻度で検出される。複数の系統が検出されているもののエリコイド菌根の形成について研究された例は少ない（後述する筆者らの最近の研究も参照）。クラドフィアロフォーラ・ケトスピラ（*Cladophialophora chaetospira*）は植物遺体や根、土壌から得られる菌だが、ヤマツツジへの接種試験によりコイル形成能力が示された。本種はコアツツジ科以外の植物にもDSEとして共生し、作物の耐病性を高める機能が知られている。

■シロソウメンタケ属（担子菌門ハラタケ綱ハラタケ目シロソウメンタケ科）

コアツツジ科植物と担子菌の菌根共生を示唆した研究は意外と古く、一九七〇年代まで遡る。当初は、シロソウメンタケ属（*Clavaria*）の棍棒状のキノコが、コアツツジ科植物の周囲や鉢植えにしばしば発生することから、エリコイド菌根を形成しているのではないかと考えられた。培養の試みが失敗したものの、蛍光抗体を用いることで野外由来の根にコイルを形成していることが示された。子実体と植物間で炭素とリンが移動することも確認されているが、まだ培養株による追試が行われておらず、菌根菌かどうかの判断は保留されている。なお、本属のキノコは日本においてもコアツツジ科植物の下で見つけることができる（**図7**）。小笠原諸島の絶滅危惧種ムニンツツジの増殖実験でも、正常に生育した個体

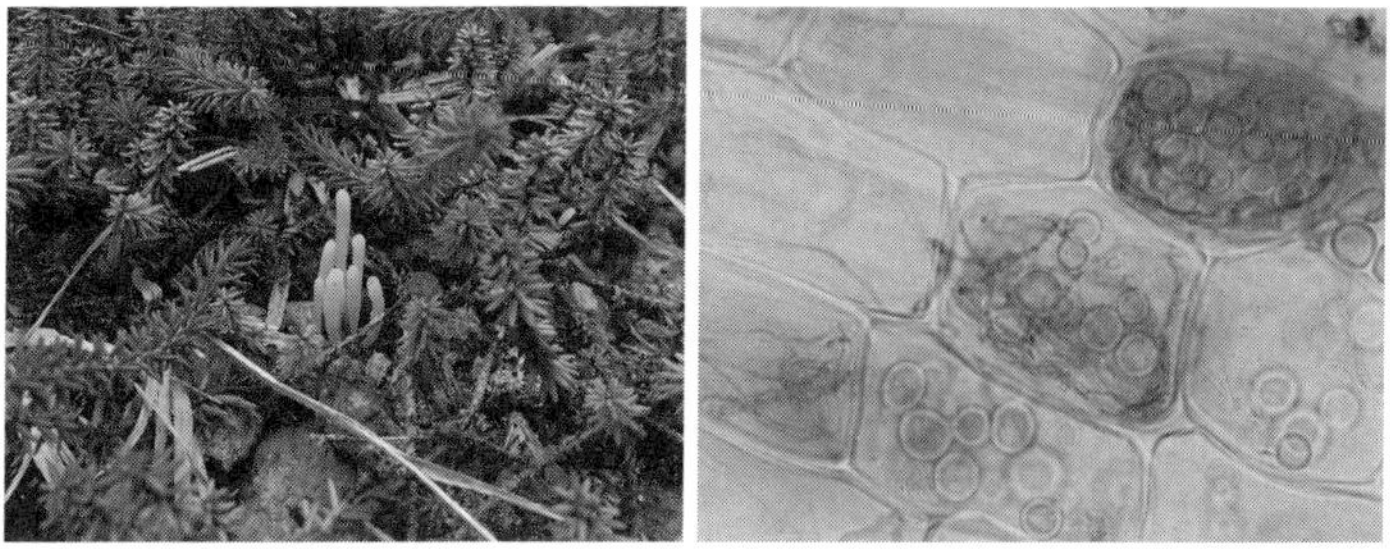

図7　エリコイド菌根菌とその仲間たち②
ガンコウランのそばに子実体形成したシロソウメンタケ属のクラヴァリア・アルギラセア（左）とブルーベリーの根に共生したロウタケ目に属すると思われる菌（右）。ロウタケ目には、菌糸コイルの他、写真のように丸い厚壁胞子様の構造をつくる種がいる。

の鉢にはこのキノコが生えていたというから、その共生機能やフィールドでの分布が気になるところである。[*15]

■担子菌門ハラタケ綱ロウタケ目セレンディピタ科

ロウタケ目は分離培養による検出ではほとんど確認されず、菌のDNAを検出する技術が普及してから日の目を見たグループである。世界の幅広いコアツツジ科植物で本目のセレンディピタ科の菌が検出されている。なかでも南米アンデス山脈で多様化した着生植物のキャベンディシア属は、発達した菌鞘をもつ菌根を形成し、そこでセレンディピタ科が優占していることが知られている。近年ツツジ科スノキ属から分離されたセレンディピタ科の菌株について、ビルベリーとの二者培養によりコイル形成能力が確認された。

【コラム●意外とハードルが高いエリコイド菌根菌の「定義」】

エリコイド菌根菌のもっとも重要な特徴は「根の表皮細胞内に菌糸コイルを形成すること」である。しかし、コイルを形成する菌をすべてエリコイド菌根菌と見なせるわけではない。菌根菌を特徴づける形態は、植物と菌の間で養分が移動するインターフェースにあたり、特徴的な構造となる。ただ、エリコイド菌根の「表皮細胞内に充満した菌糸コイル」は比較的シンプルな構造であり、それが話をややこしくしている。*5

ある菌が菌糸コイルを形成する能力があるかどうか確かめる際に、ツツジやブルーベリーなどの宿主植物と純粋培養した菌株とを二者培養と呼ばれるやり方で培養する。二者培養では、滅菌した種子や組織培養物に由来する無菌の植物を用い、使用する試験管などの容器や培地、培養土も滅菌することで、閉鎖空間に植物と対象の菌株のみが存在するようにして共生体の再合成を試みる。この時、たとえばコアツツジ科とは通常共生していない腐生菌をコアツツジ科の宿主に接種した場合でも、低頻度ながら細胞内に菌糸が侵入してコイル様の構造を形成することがある。だからといってこの菌を菌根菌とは呼べない。

では、コイルを形成した上でどのような条件を満たせば菌根菌と言えるのだろうか。厳密には、菌糸を介して養分交換が行われている、つまりインターフェースが機能していることを示す必要がある。また、ターゲットとする菌が、自然条件下でコアツツジ科とある程度の頻度で共生していることが明らかにならなければ、偶然細胞内に入っただけという疑いが晴れない。

つまり、「コアツツジ科植物の表皮細胞に菌糸コイルを形成して宿主と養分交換を行い、自然環境においてある程度の頻度で共生が認められる菌」というのがエリコイド菌根菌の厳密な定義と言える。ただ、この定義を採用すると、今のところヒナノチャワンタケ属の数菌種しかエリコイド菌根菌として認められなくなってしまう。実際には、オイディオデンドロン属のように、菌根菌であることを間接的に示す研究が積み重ねられてきた菌群は、養分交換が実証されなくともエリコイド菌根菌と呼ばれることが多い。ヘアールートに棲む菌類の多様性の高さを踏まえると、今後エリコイド菌根菌とされる種はかなり増えるだろう。

カビを集め、根を選り分け、多様性を紐解く——筆者らの最近の研究

ここからは、これまでのエリコイド菌根の概説を土台として、筆者らが進めてきた研究を紹介したい。我々の興味の中心は、エリコイド菌根共生の進化学的な理解である。いろいろな考え方があると思うが、我々は「一見マイナーに見える共生関係に注目することで理解できる本質がある」と信じて研究を続けている。研究の定石としては、さまざまな生態系で優占する代表的なエリコイド菌根菌を突き詰めるのがよいのかもしれない。しかし、目立たない菌群にも目を向け、多くの菌種について、生き方や共生機能のパターンを解明していけば、「なぜ優れた機能をもつヒアロスキファ・ヘパティィシコーラやオイディオデンドロン・マイウスがいながら、これほど多様な共生菌が進化し、コアツツジ科と共生しているのか」といった疑問を解くことができるのではないだろうか。ここでは研究対象とする菌の探索、根の形態から見えてきた菌の生き方の多様性、そしてこれまで知られていなかった一見マイナーな菌の共生について紹介する。

日本各地のコアツツジ科根からの菌の分離

日本は南北に長く、国土面積の割に多様な環境を有している。それぞれの環境には、そこに適応した

コアツツジ科植物が自然分布している。加えて、人の影響が強い環境でも園芸学的に重要なツツジ属やスノキ属が普通に植栽されている。日本はまさにコアツツジ科天国と言える。しかし、国内におけるエリコイド菌根菌の多様性研究は少なく、そもそもどのような環境にどのような菌がいるかはほとんどわかっていなかった。

出発点は研究対象となる菌をひたすら分離するところからである。二〇〇八年から、採集地点で日本地図が描けるくらいを目指して菌の分離を始めた。当初は、自然環境からの採集に力を入れていたため、自生植物由来の菌株が数では圧倒的に多いが、最近では農耕地や庭園などからも力を入れて収集している。

採取した根は界面活性剤を用いて付着した土壌や菌体を取り除き、塩化水銀で表面を殺菌、数ミリメートルに切った根片を、比較的栄養の少ない培地の上で三、四カ月間培養した。伸びてきた菌糸から純粋培養株を確立し、形態情報と菌類において情報の蓄積の多いrRNA遺伝子（リボソームを構成するRNAをコードするDNAであり、この遺伝子内にあるITS領域は菌類の種同定に用いられることが多い）の塩基配列に基づき種を同定した。これまでに、全国各地の八〇地点以上から、五〇〇〇ほどの菌株を分離した。それらのうち、少なくとも一〇〇種以上はエリコイド菌根菌の候補と考えている。

この方法では、培養できない菌は検出されないといったバイアスがかかっているので、そのことを踏まえておく必要はある。それでも地道な収集からわかってきたことがある。たとえば、自然環境では年平均気温が高く暖かい場所に行くほど、多様な菌類が分離できるようになる。エリコイド菌根の研究は北半球でも比較的気温の低い場所で盛んだったため、ここには従来知られていないエリコイド菌根菌が多く含まれていると期待できる。他には、人がつくり出した栽培環境では、何らかの人為的影響によるものだろうか、自然環境ではほとんど見られなかった種、あるいはDNAでは検出されてもほとんど分離できていなかった種が現れることがある。このような菌が「本来どこで生活していたのか」あるいは「なぜ栽培環境から分離されてくるのか」という疑問は、めずらしい菌類をどう獲得していくかといった戦略や自然条件で多数派となる菌の機能を考える上でも手がかりになるのではないだろうか。

培養できた菌の顔ぶれ

得られた菌株の大部分は子囊菌であった。主要なメンバーの内訳を綱レベルで見るとズキンタケ綱、クロイボタケ綱、フンタマカビ綱、エウロチウム綱で、目レベルで見るとビョウタケ目、プレオスポラ目、カエトチリウム目、ボタンタケ目で大部分が占められた。種で見るといずれもズキンタケ綱ビョウタケ目に属するヒアロスキファ・ヘパティシコーラ、オイディオデンドロン・マイウス、フィアロセファラ・フォルティニが、根から検出された菌の「御三家」となった。分離培養法でこれらの種がよく検出されるのは世界的な傾向と同様である。ヒアロスキファ・ヘパティシコーラはすべての場所で確認されたが、オイディオデンドロン・マイウスは広く分布するものの火山の噴気孔のそばのような特殊な土壌環境からはあまり得られないことがわかった。海外の研究では、鉱山地帯などからオイディオデンドロン・マイウスが得られていることを考えるとこれは少々意外な結果でもある。担子菌門のロウタケ目については、じつはときおり分離されるものの出現頻度はかなり低かった。試しに根からDNAを抽出して菌類相解析をしてみると、やはりその頻度は過小評価されていることがわかった。

メジャーな菌と比べ、マイナーな菌の顔ぶれは面白い。アルカエオリゾミケス属(*Archaeorhizomyces*)やウンベロプシス属(*Umbelopsis*)など、ツツジ科植物との関連性があまり議論されてこなかった分類群も多く分離された。これらは分離培養法で評価された共生菌群集の中では、少なくともメジャーな菌ではない。しかし、近年のDNAを用いた検出法に基づく菌類相調査では、場所やサンプルによっては優占する事例もあり、多種多様な菌と共生する現象やエリコイド菌根の進化を解き明かす上では重要である。じつは彼らこそがそれぞれの現場の環境を反映している可能性も否定できない。そこで、地味な研究ではあるが、一つひとつ共生能力を評価したり共生体を探索したりと、たまたま分離されただけで終わらせず、共生の実態を明らかにする研究を行っている。

根の形態形成との関わりに見る菌の多様性

まず、菌の共生が根の形態形成とどのように関わっているかという視点から、さまざまな菌との共生関係を考えてみたい。なぜ、エリコイド菌根菌の機能として重要な植物への養分供給や環境ストレスからの保護ではなく、根の形態に注目したのか。その理由は、我々がブルーベリーを材料に「根の間での役割分担」を研究していたことに端を発する。

根の形態に注目する理由

コアツツジ科は、植物としてはきわめて細い根をもつことはすでに述べた。しかしヘアールートの集まりをよく観察してみると、中には細いはずの先端部でも結構太い根があり、他の根の骨格となっている。これもヘアールートと呼んでよいのだろうか。気になって、ブルーベリーの挿し木苗で、穂木から発生した不定根（根以外の部分から発生した根）、不定根の側根、その側根……というふうに、段階ごとに個々の根（ここでは一つの根端分裂組織に由来する根。個根と呼ぶ）の先端付近と場所を決め、形態を調べてみた。その結果、不定根は直径では平均的なヘアールートの三倍を超えるものもあり、かなり太いのだが、そこから側根が切り替わるほど細くヘアールート様になっていることがわかった[*16]（図8）。

このように個根の間でサイズが大きく異なる現象は「異形根性《いけいこんせい》」と呼ばれ、イネ科などの単子葉植物や外生菌根性の植物でよく観察されていた。外生菌根性植物を例にとると、菌根を形成する個根は細くて短く、ほとんど肥大成長せずに使い捨てられていくのに対して、それらの骨格となっている個根は直径が太く、長くなり、肥大成長も旺盛なので寿命も長い。これは、地上部における葉と枝のように、「細い根」と「太い根」の間で骨格の形成と養水分の獲得という機能が分担されていることを意味する。

実際に露地栽培されているブルーベリーや自生するコアツツジ科植物について、太さの異なる個根を調べてみると、「太い根」と比べて「細い根」で菌糸コイルが多く形成されていた。つまり、コアツツ

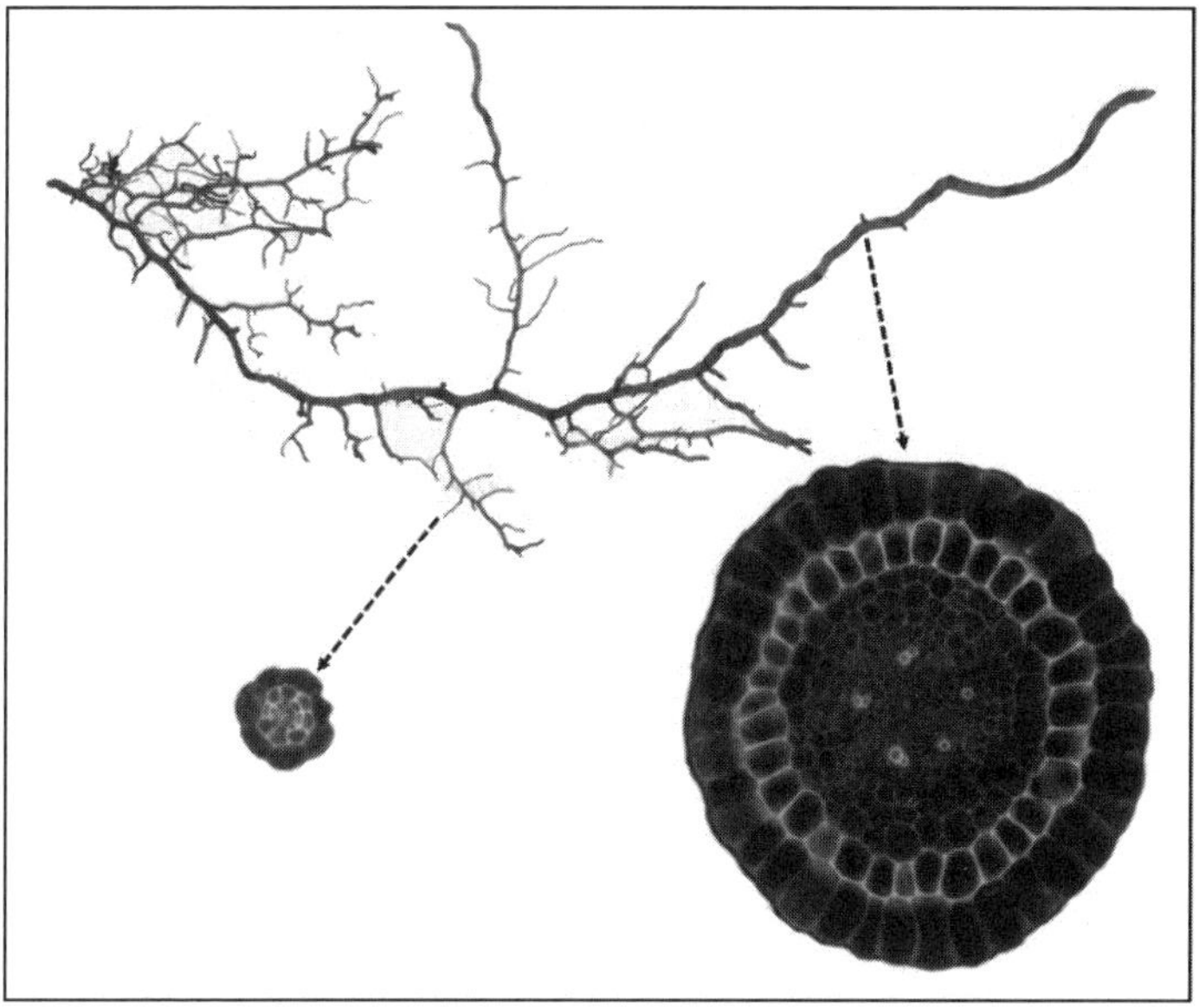

図8　ブルーベリーにおける異形根性
コアツツジ科の細根の中には、ヘアールートよりかなり太い根も混在し、他の細根の骨格となっている。直径が小さく中心柱もわずかなヘアールートの切片（左）に対して、その骨格となっている根の切片（右）では、皮層は五層、木部発達の開始点も五カ所あり、太いだけでなく、構造が複雑化していることがわかる。このような個々の根の性質の違いは、肥大成長が始まる前からすでに存在している。

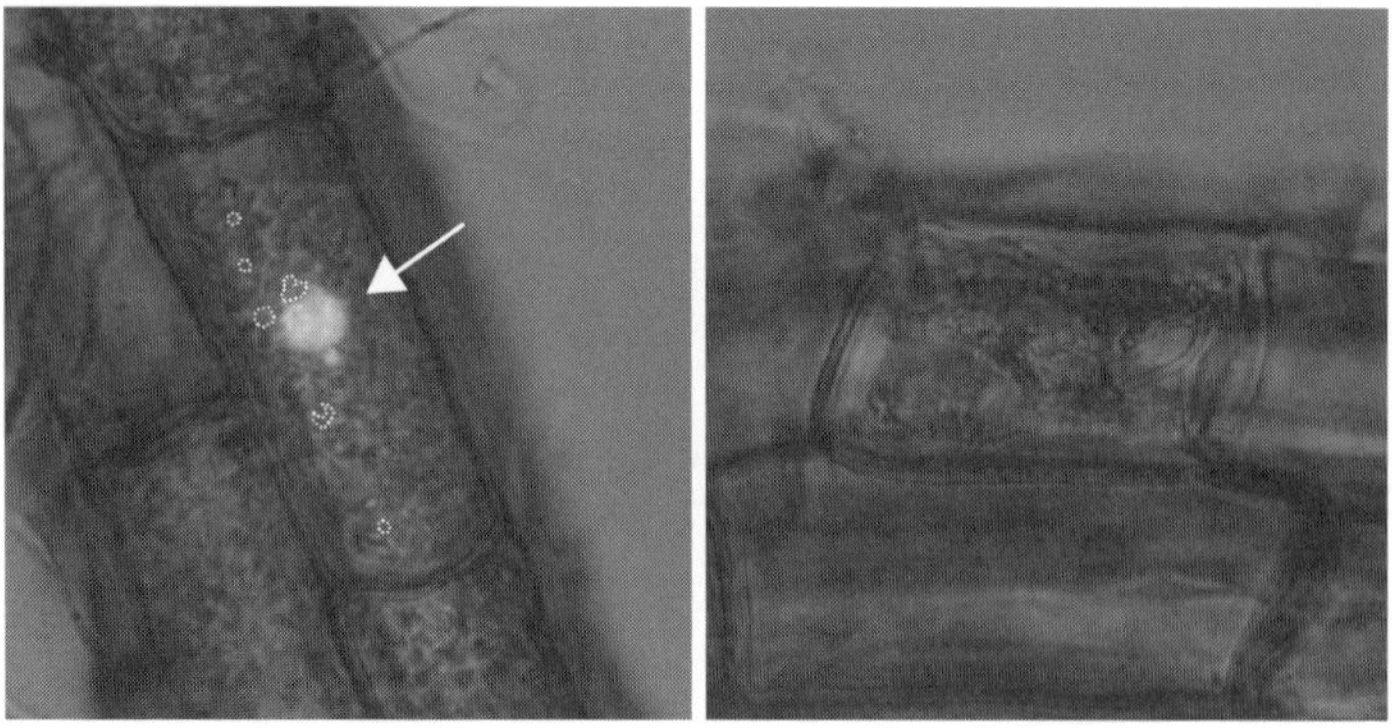

図9　細胞内容物を蛍光染色したレオフミコーラ・ベルコーサとレプトバシリウム・レプトバクトラムの共生体

レオフミコーラ・ベルコーサ（左）では表皮細胞の核（矢印）や移動する液胞内容物（白点線）の蛍光から植物細胞が生きていることが確認できるが、レプトバシリウム・レプトバクトラム（右）では植物細胞の活性が確認できない。

ジ科でも外生菌根性植物のように養分吸収を担う細い根で菌根が形成されやすく、それが根の間での役割分担をサポートしているようなのだ。それではエリコイド菌根菌は、役割分担する個根に対してどのようにアプローチしているのだろうか。

菌根菌とそうでない菌の比較

手始めに、我々は菌根菌とそうでない菌を比較してみることにした。しかし、なにしろ分離された株が多いので、選択肢が多すぎて迷ってしまう。悩んだ結果、エリコイド菌根菌の一種であるオイディオデンドロン・マイウスの二株、エリコイド菌根を形成する可能性が指摘されていたレオフミコーラ・ベルコーサ（*Leohumicola verrucosa*）の一株、菌根菌ではないと思われたレプトバシリウム・レプトバクトラム（*Leptobacillium leptobactrum*）の一株を選んだ。予備調査では、どの株もブルーベリーに菌糸コイル様の構造をつくったが、レプトバシリウム・レプトバクトラムは、細胞内菌糸がコイルというよりはループ状であることが多く、生きた表皮細胞からは検出されないという特徴があり（図9）、根内生菌（菌根菌のような養分交換を行わず、病原菌のように障害も引き起こさない菌）と考えられた。

これらの四菌株、そして宿主としてブルーベリーに近縁なナツハゼを用いて二者培養を行った。まず、二株のオイディオデンドロン・マイウスは「太い根」で側根を増やす能力に差があるものの、どちらの株もレプトバシリウム・レプトバクトラムよりも多くの側根を発生させていた。レオフミコーラ・ベルコーサは他二種の中間的な根形態であった。また、単なる成長促進効果には差が認められなかったことから、根の形態形成に関する機能が菌によって異なることが示唆された。[*17] さらに、コイルの分布を見ると、オイディオデンドロン・マイウスとレオフミコーラ・ベルコーサは、「太い根」よりも「細い根」を好んで共生したのに対し、レプトバシリウム・レプトバクトラムは根を選り好みせず、全体的な共生率も低いことがわかった。

菌の共生パターンと根の形態形成の関わりから導かれた仮説

この実験は規模こそ小さかったが、重要なことを二つ教えてくれた。一つは、当たり前とも思えるが「同一種でも菌株によって根形態への作用が異なること」である。特に、オイディオデンドロン・マイウスは種の中での遺伝的バリエーションが多く、コロニー形態だけ見てもさまざまである。菌株間での差を考えると、遺伝的に幅が広い種に関しては多くの菌株を調査しなければ、性質を正しく評価することができない。もう一つは「菌根菌は、植物からコイルを介して栄養をもらうために、より養分交換に適した根を選り好みしているのではないか（図10）、そしてオイディオデンドロン・マイウスのように、選り好みするだけでは飽き足らず、側根形成を促進して自ら共生場所をつくり出すものが増えたのではないか」という、エリコイド菌根菌の生態に関する興味深い仮説である。

過去の研究からは菌根菌でなくとも側根形成を促進する菌がいることが示されているため、上述の仮説を検証するには、さらに沢山の種を含めて機能や共生パターンの種間差を定量比較していく必要がある。だが、今まで知名度が低かったマイナーな種を含めて、この視点で評価を進めていくことで、根内生菌から菌根菌への生態のバリエーションや進化の流れが理解しやすくなるかもしれない。

さて、面白いアイデアを得たのはいいものの、すぐにわかりきっていた壁にぶつかった。多種の生き方に関する仮説を検証するには、そもそもどのように共生しているのか、菌根菌なのかそうではないのかもわ

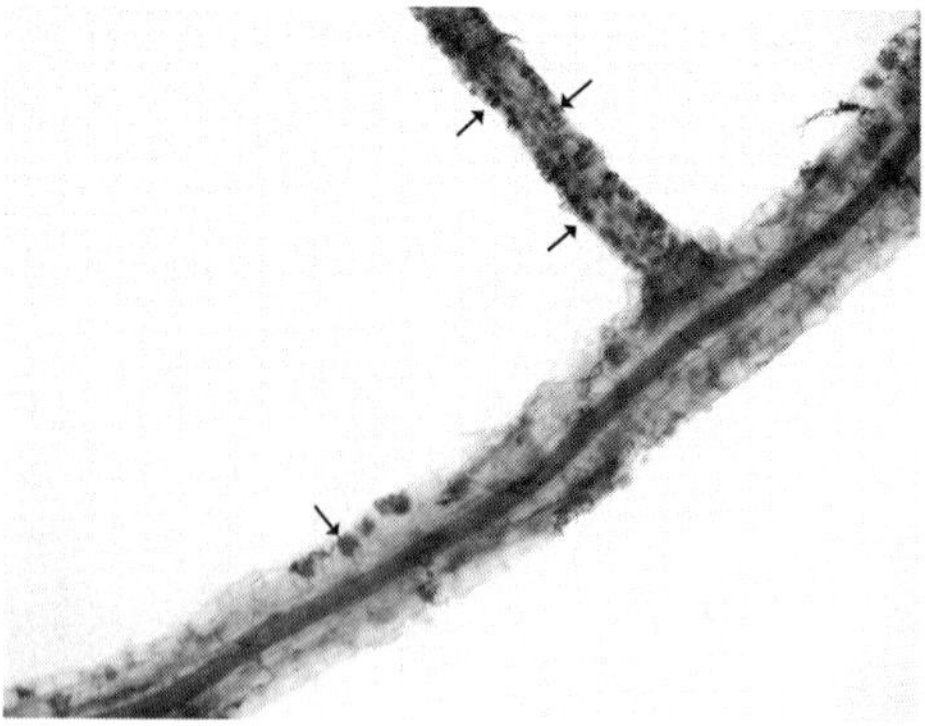

図10　レオフミコーラ・ミニマ（*Leohumicola minima*）による根の選り好み

菌糸コイルの一部を矢印で示した。位置的に近い細根の先端部付近であっても、細く養分吸収に適した根には菌糸コイルが多く形成されるのに対して、細根の骨格となっていく太い根には菌糸コイルがあまり形成されていない。植物と養分のやりとりをするエリコイド菌根菌は根の種類に対応した共生パターンを示すのかもしれない。

かっていない菌が多すぎたのだ。根に出現する菌の系統を幅広くカバーできるよう一株一株共生形態を確認していく……目の前に積み上げられた膨大なシャーレを見ると我々でも一瞬眩暈を覚えた。しかし、時間がかかるのはわかりきっていたし、検討を進める中ですぐに楽しいことが見つかった。

成長が遅い共生菌の謎——ほんとうはメジャーな名無しのカエトチリウム亜綱菌

マイナーな菌というのはほんとうにマイナーなのだろうか？　数カ月以上培養すると、他の菌に遅れて、小さな黒いコロニーが出てくることはこれまでの分離培養の経験でわかっていた。これらの菌は従来の分離培養法による菌類相調査では発見されてこなかった菌群だと思われる。塩基配列を決定してみると、小さな黒いコロニーの多くはカエトチリウム亜綱のまだ名前がついていない系統群に属する菌であることがわかった。本亜綱はさまざまな生態群を含む大きなグループである。そのなかでもカエトチリウム目の菌は、培養を介さないDNAに基づく菌類相解析でもよく出現し、知名度の面で決してマイナーではない。代表的な菌種には菌糸コイル形成能力があり菌糸成長も比較的速いものがいる。それと比べると我々が注目した菌は岩や樹脂あるいはコケに生える菌と近縁で、菌糸成長がかなり遅く、一見すると環境中では優占しそうもないマイナーな菌と思われた。

しかし、コアツツジ科の根の菌類相を調べた論文やDNAのデータベースに当たってみると、驚いたことに分離された菌と近縁な菌がコアツツジ科からしばしば検出され、ときに菌類相中で優占している

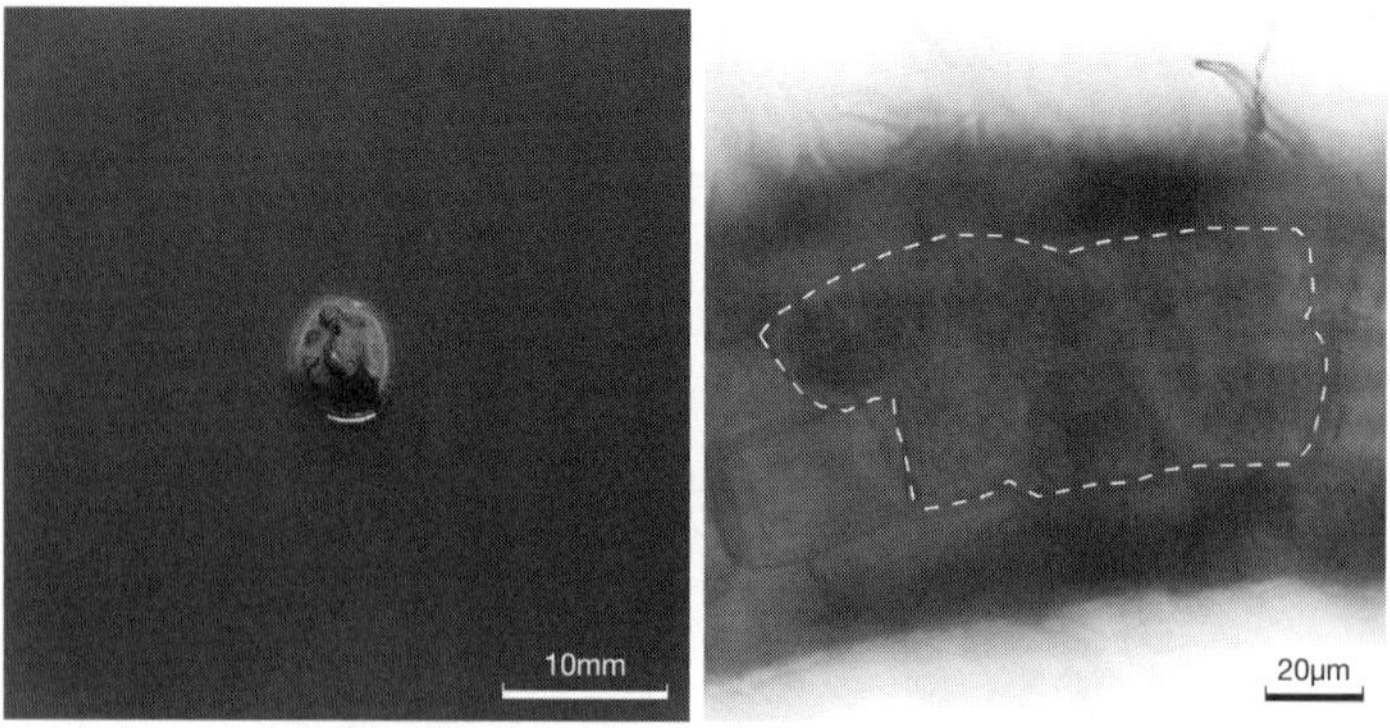

図11　カエトチリウム亜綱の菌の培養コロニーと植物根との共生体
コロニー（左）は麦芽抽出物寒天培地で1カ月間培養したもので成長は非常に遅い。共生体（右）はブルーベリーと二者培養したもの。根表で旺盛に菌糸が伸長しているためにやや見えづらいが、白破線内のすべての細胞に密な菌糸コイルが形成されている。

ことがわかった。我々がマイナーと思って注目した菌はじつはメジャーな菌であった。

成長が遅い菌をどう実験に用いる？

実際に各菌株の成長速度を見てみると、通常の寒天培地上ではどれも一カ月に数ミリメートルほどしか成長しない（**図11左**）。これまでのエリコイド菌根の研究では、この菌のような成長が極端に遅い菌の接種実験はほとんど行われておらず、二者培養に使う菌体をどう増やすかが課題となった。

糸口は、たまたま取り組んでいた二次代謝産物の研究中に見つかった。菌株を液体培養したところ、平板培地上では成長の遅かった菌が大量に増え始めたのだ。この菌は液体中では糸状の菌糸ではなく、細胞がバラバラになった酵母として増殖していた。このような性質は二形性と呼ばれ、菌類ではよく知られた現象である。特に、カエトチリウム亜綱の菌では、黒色酵母といって、厳しい環境ストレスに耐えつつ効率的に分散するために、メラニン化した酵母という特殊な形態を獲得しているものがいる。酵母の状態で接種源に用いれば二者培養ができると期待が膨らんだ。

いざ二者培養――共生形態の解明

早速これらの菌を宿主と二者培養することにした。酵母の状態で寒天培地に蒔いた後、培養土と宿主植物を与えると、旺盛に菌糸が成長して生きた表皮細胞に菌糸コイルを高頻度で形成することがわかった[*18]（**図11右**）。このように変わった特性をもつ菌が、野外環境で同様の共生状態にあるのか、根の形態への影響を含め、植物に対してどのような機能を担っているのかは気になるところで、今後の検討課題である。ひとまず、成長が遅い菌を扱う技術も得たところで、他のマイナー分類群の二者培養にも並行して挑むことにした。

テングノメシガイ綱における共生の進化プロセスの解明を目指して

培養が難しい菌の生態はわかりにくい。棍棒型やへら型の子実体を形成するテングノメシガイの仲間はその代表例である。日本では「天狗のしゃもじ」という意味の名前だが、海外では似たような形のキノコをまとめてアースタン（earth tongue）、つまり「大地の舌」と呼ぶ。テングノメシガイの仲間は、キノコの形では代表的なエリコイド菌根菌が属するズキンタケ綱と近いように思えるものの、遺伝的にはかけ離れており、近年提案されたテングノメシガイ綱に分類され、培養に成功した例は報告されていなかった。子実体の発生環境やDNAの検出例から長らくコケをはじめとする植物との関連性が指摘され、一部の種ではエリコイド菌根菌であることも示唆されていたが、生態の実態は不明である。現在まで、コアツツジ科の根に共生する菌のDNAに基づく菌類相解析でテングノメシガイ綱が注目されたケースは少なく、優占種となるケースは見当たらない。この仲間こそ真のマイナー菌なのであろうか。

本綱のクロズキンタケ属（*Sarcoleotia*）との出合いがこの状況を打破するきっかけとなった。

クロズキンタケとの出合いと培養の成功

クロズキンタケ属は伊藤誠哉と今井三子という二人の著名な菌学者により一九三四年にクロズキンタケ（*Sarcoleotia nigra*、現在は *S. globosa*）を基準種として記載された。分子系統解析により本属はテングノメシガイ綱の中で最初に他の仲間と分かれたことが知られている。また、クロズキンタケは、他のテングノメシガイの仲間とはやや異なる子実形態をもつことからも、進化プロセスを解き明かす上で重要な「祖先的な性質をもつ分類群」である可能性がある。

この菌との出会いはホームセンターにあった。正確に言えばホームセンターに売られているエリカのポットである。本章の冒頭にも登場したエリカは日本でもクリスマスに人気の鉢花となっている。同じ時期、その鉢に可愛らしいキノコが多く発生する。このキノコがクロズキンタケであった（図12）。キノコ組織からの培養はコンタミ（汚染）に悩まされうまくいかなかったが、我々は胞子から分離菌株を獲得することができた。これまでテングノメシガイの仲間の子嚢胞子は培養条件下で発芽しないと言われていたことから、素寒天培地（水と寒天のみでできた培地）に落とした胞子がすぐに発芽して元気に伸び始めたのは驚きの発見だった。これがきっかけとなり本格的な研究がスタートした。同時期に、のとキリシマツツジ（能登半島で栽培されるキリシマツツジ。日本でもめずらしい古木が多い）の根からも本属と思われる菌株が分離されたのも運命的と言える出合いであった。

テングノメシガイ様のキノコ（子実体）は異なる複数の系統の菌類で認められ、特にヘアールートで優占するズキンタケ綱には似たようなキノコをつくる系統がいる。また、クロズキンタケ属には、クロズキンタケの他に、かつてノソミトラ属（*Nothomitra*）に置かれたサルコレオチア・シナモメア（*Sarcoleotia cinnamomea*）が含まれる。そこで、まずはこのキノコをしっかりと種同定するところからスタートした。

エリカのポットから発生したキノコをよく観察したところ、形態とDNA情報ともにクロズキンタケとほぼ一致していたのだが、分子系統解析を取り入れた検討では疑問も残った。クロズキンタケは特に北半球の高緯度地域に広く分布していることが知られていたため、系統解析にはヨーロッパや北海道で採取されていた標本などをサンプルとして加えた。この時、はじめ行方知れずかと思われたクロズキンタケの種の記載に用いられた一〇〇年近く前の標本が、伝手《つて》をたどるとしっかりと保存されていることがわかり、解析に提供してもらえたのは特にうれしい出来事であった。この解析の結果、子実体の形態ではクロズキンタケとされる種の中にいくつかの遺伝的に区別できる系統があることがわかった。各系統の培養時の形態や成長特性を見ると、明確な違いがあったことから、今後分類学的な処置が必要となる可能性もある。

課題も出てきたものの、エリカやシャクナゲ、ブルーベリーから採取できたクロズキンタケ属菌はクロズキンタケそのもので、この種は遺伝的にかなりバリエーションがあるという解釈に落ち着いた。そこで、次に行う二者培養では異なる三系統を用いることにした。

クロズキンタケの菌糸コイル――テングノメシガイ綱における植物共生の証明

予備調査では、ポット中のエリカの根から抽出したDNAからクロズキンタケのDNAも検出されたことから、共生している可能性は高いと感じていた。本菌の菌糸コイルの形成能力を調べるために宿主候補の中でも扱いやすいブルーベリーを宿主として二者培養した。その結果、クロズキンタケはどの系統でも生細胞内に菌糸コイルを形成することが明らかになった。[*19] また、今回調査した株のうち自然環境由来の菌株よりも栽培環境由来の菌株で共生頻度が高いのは興味深い傾向である。この結果は我々を十分に興奮させたが、二者培養の条件が特殊であることもよくわかっていたので、より野外条件に近い環境で実際に共生しているのかどうしても見てみたいという思いが強くなった。

そこで、菌糸コイルを含む植物細胞を一個ずつピックアップしDNA分析すればよいのではないかと考え、編み出したのがコイルPCRである（図12）。幸い他の菌類に適用されていた「先を細くしたピペットで単一の細胞を採取してPCRにかける手法」を教わる機会に恵まれ、ヘアールートを押しつぶす

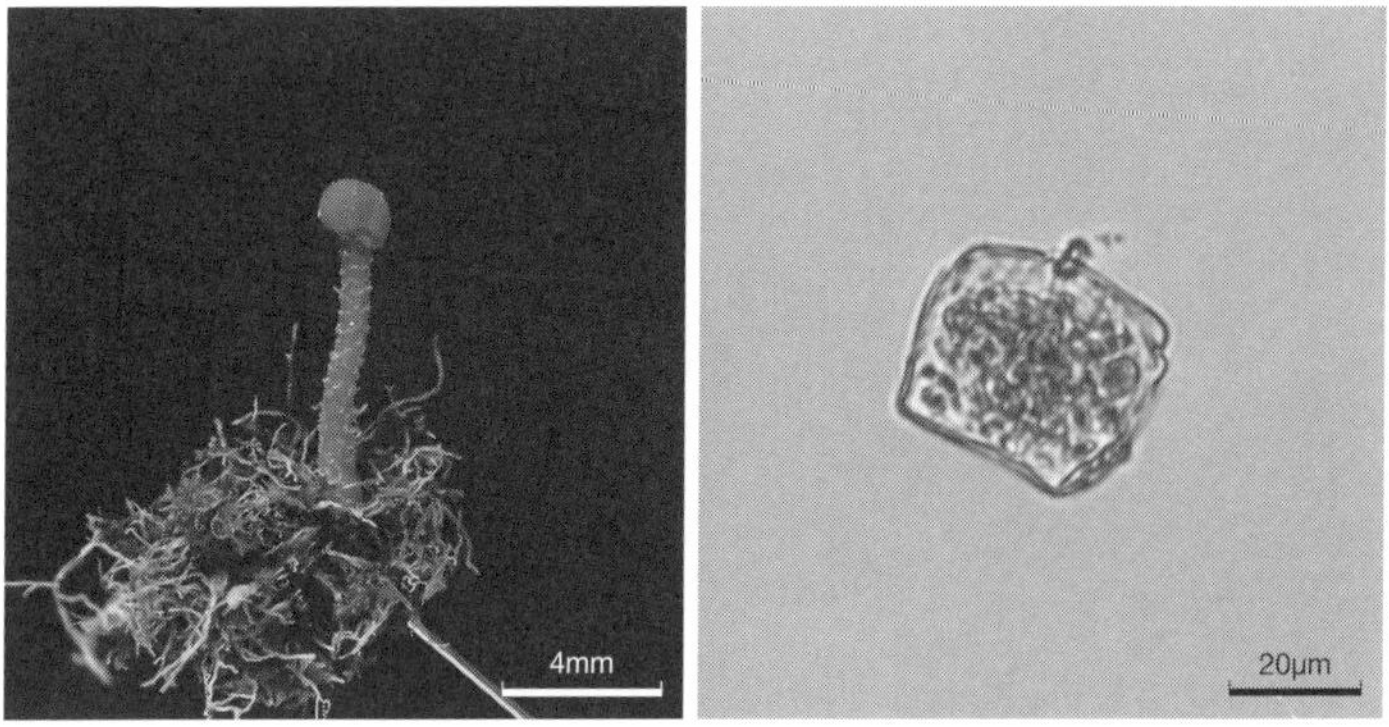

図 12　クロズキンタケの子実体と表皮細胞に形成された菌糸コイル
ポット栽培されたエリカ・キリアリスのヘアールート上に形成された子実体（左）とポット栽培されたエリカ・ダーリエンシスのヘアールートから単離した菌糸コイル（右）。この菌糸コイルはPCRとシークエンス解析によりクロズキンタケのものと確認された。

などして離脱させた単一の細胞を採取、菌糸コイルからDNA情報を取得する手法を確立できた。これによって、さまざまな微生物で混沌とした野外状態でも、比較的安定して、そして迅速にどの菌が菌糸コイルを形成しているかを確認できるようになった。

本手法でも、植物細胞壁の状態などによって検出しやすさが変わるようで、正確な共生頻度を出すことは難しいように感じている。一方、クロズキンタケが発生したポットの根からコイルを拾ってみると、ものによっては全コイルのうち二割程がクロズキンタケであるという結果も出てきている。クロズキンタケはさまざまな環境全体として見ればマイナーな菌になりそうだが、どうも特定の環境では重要な共生菌として働いている可能性がありそうだ。

テングノメシガイ綱におけるエリコイド菌根研究の展望

クロズキンタケの研究は、テングノメシガイ綱におけるエリコイド菌根性の進化を解明する入り口にすぎない。今後、本菌の共生機能やより培養が難しい種の共生能力が明らかになるにつれ、テングノメシガイ綱は「培養しやすい腐生菌から培養が難しい絶対共生菌に進化するメカニズムをゲノムレベルで解き明かすのに都合のよい材料」と言えるようになるかもしれない。

培養が難しい菌を対象とした研究を行う際にとる戦略は二つある。一つ目は、シロソウメンタケ属（本章「エリコイド菌根菌とその仲間たち」参照）のように、培養はできないものと考えてその他の方法で検出、機能を解明する。二つ目は、近年のアーバスキュラー菌根菌における成功のように、培養条件をいろいろ検討してなんとしてでも培養する。たとえば、テングノメシガイ綱に含まれるコテングノコウガイ（*Sabuloglossum arenarium*）は、ガンコウランのそばに子実体形成することから、エリコイド菌根菌である可能性が指摘されてきたが、培養は成功しておらず、その実態は解明されていない。このような種に対しても、コイルPCRをはじめとするさまざまな戦略と技術をもって挑み、エリコイド菌根菌の進化を理解するための基盤を構築したいと考えている。

おわりに

この章では、エリコイド菌根とは何かを概説した上で、筆者らが最近進めている研究を紹介した。根の形態と菌の関わりや最近共生体が観察された菌を紹介できた一方で「エリコイド菌根と物質循環の関わり」など、重要ながら解説が手薄になったテーマもあることを付記しておきたい。このように一度に紹介できないほど研究テーマに事欠かないエリコイド菌根だが、他の菌根と比べるとやはりその研究は少なく、未解明な点も多く残されている。ヘアールートに棲む多くの菌の生態や機能が不明であるため「エリコイド菌根菌はどのくらいいるのか」「そもそもエリコイド菌根菌と他の根内生菌は何が違うのか」といった基本的な点についてもまだまだ研究の余地がある。また、「根外菌糸の動態や働き」「菌が共生から得る利益」など、基本的ながらよくわかっていないことも多い。今後、新たな菌根菌の発見や近年盛んになってきたゲノム情報を利用した解析などが進むにつれ、生態系におけるエリコイド菌根の役割や進化プロセスへの理解が深まっていくことを期待したい。

【コラム●エリコイド菌根を観察したい人のために】

エリコイド菌根の観察は、ヘアールートの繊細さゆえ、ハードルが高く感じられるかもしれないが、植物の余分な構造が少なく、染色処理しなくても菌糸コイルを比較的容易に見ることができるという良さがある。ここでは、実際にヘアールートや菌糸コイルを観察したい読者のために、観察法を簡単に紹介する。

ヘアールートの形態は特徴的だが、混生する植物や根の状態によっては区別が難しいことがある。できるだけ地上部とのつながりを確認して確実に採取しよう。

土壌などの付着物を流水下や水中で、手指やピンセットを用いて適宜除去し、すぐに使用しない時は適当な固定液に浸漬して保存する。固定液は五〇～七〇パーセントエタノールが手軽である。

観察ではいくつか根端を含むように根を適宜切り取ってプレパラートをつくる。カバーグラス下で個々の表皮細胞が位置する水平面がずれるときれいに見ることが難しくなるので、根はあまり多く取らず、根同士が重ならないようにする。封入液は水か五〇パーセント程度のグリセリン水溶液などで十分である。余分な封入液は吸い取り、できるだけ表皮とカバーグラスとの間に隙間をつくらないようにする。ただし、根を強く押しつぶす必要はない。倍率は二〇〇～四〇〇倍以上で適切な照明と絞りが設定されていれば、明視野でも菌糸コイルを観察できるだろう。

菌根の形成頻度を算出する場合は菌糸コイルの見落としを少なくするために染色することが多い。さまざまな染色法があるが、アーバスキュラー菌根と同様に、トリパンブルーで菌糸コイルを青く染める方法が一般的である。この手法における水酸化カリウム処理は根組織を透過させかなり見やすくしてくれるが、菌糸以外の細胞内容物も残ってしまうことが多い。たとえば、植物の細胞膜が収縮してねじれたようになると、菌糸状に見えてしまうこともあるので注意が必要である。なお、青インクと酢を用いた方法*20などもあるので、試薬の入手が難しい場合でも工夫次第で染色は可能である。

根に現れるさまざまな構造の特徴やパターンをよく観察して、対象の構造が識別できるように頑張ってほしい。

第4章

光合成をやめた不思議な植物「菌従属栄養植物」をめぐる冒険

末次健司

はじめに

「植物の特徴を挙げよ」と言われたら、皆さんはどのように答えるだろうか。多くの人が、「クロロフィル（葉緑素）をもち、光合成を行うこと」を挙げるのではないだろうか。確かに、光合成は、植物がもつ大きな特徴の一つに違いない。しかし、エネルギー調達を他の植物や菌類に依存し光合成能力を失った従属栄養植物と呼ばれる植物が存在する。

従属栄養植物は、他の植物に取りついて養分を直接奪う「寄生植物」と、キノコやカビの仲間（真菌）から養分を奪う「菌従属栄養植物」に大別される。このうち、寄生植物ではおもにアフリカで農作物に甚大な被害を与え「魔女の雑草」と恐れられるストライガなどが知られ、比較的研究が進んでいる。また一般の人々の間でも、世界最大の花をつけブドウ科のつる植物に寄生するラフレシアは有名だろう。

図１　日本で見られるさまざまな菌従属栄養植物（口絵７）
左上からギンリョウソウ、タヌキノショクダイ、ホシザキシャクジョウ、ヒナノシャクジョウ、シロシャクジョウ、オモトソウ、クロヤツシロラン、タシロラン。

しかし一方で、菌から養分を奪う植物はあまり研究されておらず、つい最近まで有機物から直接栄養を得ているとの誤解を受け腐生植物と呼ばれていた。[*1] 一昔前までは「腐生植物」は生物学の教科書にも掲載されていたことから、この言葉を耳にしたことがある方も多いと思う。しかし彼らは、腐った有機物、たとえば死体などから養分を得ているわけではない。

そこで、菌に依存して生きていることを明確化するため、菌従属栄養植物という呼び名が提唱され、[*1] 学術的な場ではこの呼び方が普及してきた。なお菌類学や植物学への興味の高まりから、最近では「腐生植物」が菌に寄生して生きていることをご存じの方も増えてきた気がする。

しかしながら、こうした方々からも、「実際に腐生生活を営んでいるのは菌類で、その菌類から養分をとっているのですよね」と言われる

図2　菌従属栄養植物にまつわる誤解（左図）と実態（右図）
菌従属栄養植物は自身が生物の死体を分解する能力があるとの誤解により、かつては腐生植物と呼ばれていたが、実際には菌から養分を略奪している。

ことが多い。しかし、光合成をやめた植物が寄生しているカビやキノコは、森の落ち葉や枯れ枝を分解して栄養源としているものよりも、生きた樹木の根に共生して光合成産物をもらって生活している菌根菌のほうが多い。つまり光合成をやめ、菌に依存して生きるすべての植物を総称して「腐生植物」と呼ぶことは、科学的ではない。このため私自身も、「腐生植物」という言葉がもつ怪しい雰囲気は大好きだが、心を鬼にして実態に即した「菌従属栄養植物」という表現が正しい表現だと主張したい（**図2**）。

多くの人が、植物なのに他の生物に寄生するなんて特殊な戦略だと感じるかもしれない。しかし、自ら光合成を行いつつ菌類にも寄生する植物は、意外なほど多く存在する。たとえば、ラン科の植物は、種子に胚乳を蓄えておらず、その胚は一ミリメートルにも満たない場合がほとんどである。このため発芽から葉が出るまでの期間は、地下生活を営み菌類から養分を奪い成長する（**図3**）。

既知の被子植物の種の一〇パーセント（およそ二万五〇〇〇種）をラン科植物が占めることを考えると、菌類に寄生する植物が、いかにありふれた存在であるかがおわかりいただけるだろう。

ただし、ラン科植物の多くは、緑葉を展開した後は独立栄養になると言われており、このような生活様式を営む植物を生活史初期型菌従属栄養植物と呼ぶ。とはいえ生活史の初期に菌に寄生するという能力を獲得したことが進化のきっかけとなり、緑葉を展開した後も光合成を行いながら菌への寄生を継続する部分的菌従属栄養植物が出現したと考えられている。さらに部分的菌従属栄養性の獲得が、光合成をやめた菌従属栄養植物への進化も促したと考えられているが、まだその進化の道のりは未解明な点も多い[*2]。

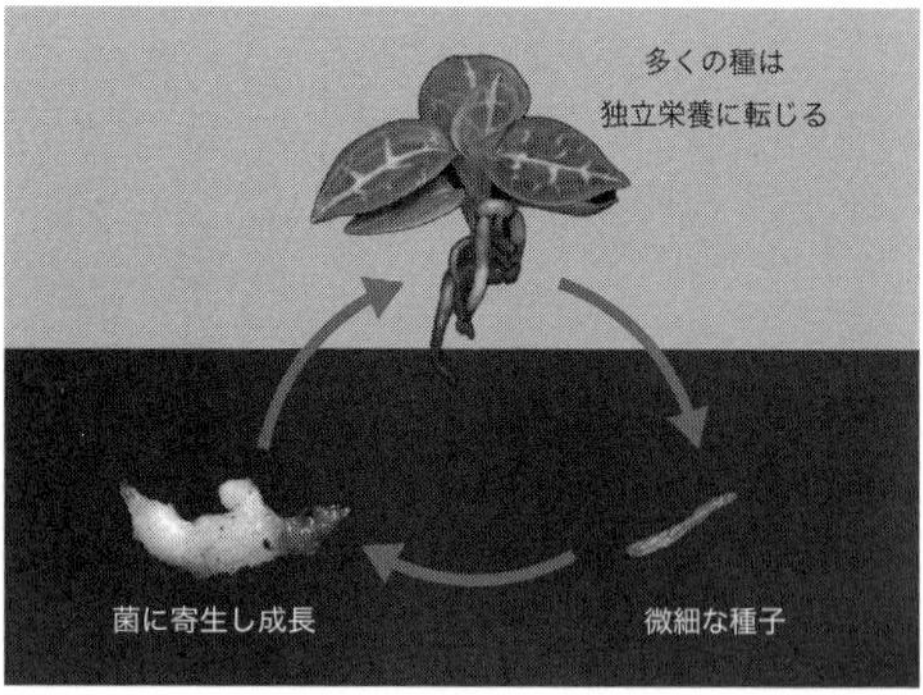

図３　ラン科植物の生活史
ラン科植物は２万5000種もの種からなるが、すべての種が生活史の最初の段階では菌に寄生し、地下成長する。

私は、植物が光合成をやめるに至った進化の道のりを解明したいと思い研究を進めているが、一研究者で解明できる謎には限界がある。大変ユニークな菌従属栄養植物を広く一般に知ってもらうことで研究分野が発展すればとの思いを込め、私のこれまでの研究遍歴（冒険）を紹介することにした。なお菌従属栄養植物の菌根共生については、前書『菌根の世界』において大和政秀さん（千葉大学）や辻田有紀さん（佐賀大学）も詳しい解説を行っている。また筆者自身も、最近「たくさんのふしぎ」（福音館書店）において、菌従属栄養植物の生態に焦点をあてた書籍を刊行した。*2 菌従属栄養植物に魅力を感じた読者は、これらの解説も併せて読むことでより深く理解できるに違いない。

光合成をやめた植物との出合い

菌従属栄養植物の解説を始める前に、私のバックグラウンドを少し紹介しておこう。私は小さいころから生き物が大好きで、そのまま研究者になった人間である。両親によると幼児のころからおもちゃには興味を示さず、生き物をじっと観察する子どもだったようだ。図鑑を見るのも好きで、生物の名前は片仮名で書かれているため平仮名より先に片仮名を覚えた。幼稚園の時か小学校低学年の時かは定かではないが、光合成をやめた真っ白な植物であるギンリョウソウを奈良の実家近くの山ではじめて見て、「不思議な生物だなあ」と幼心に感じたのを覚えている。ただし当時は特に光合成をやめた植物にだけ強い関心があったわけではなく、その生き様を追究することはなかった。

その後、従属栄養植物をめぐる冒険が始まったのは、京都大学農学部の二回生の時（二〇〇七年）であった。当時受講していた生物自然史という授業では、補講と称して希望者で野山を散策するのが通例となっていた。その補講の一環で訪れた、京都の木津川の河川敷でカナビキソウという他の植物に寄生する植物に出合った。私は、この植物に興味をもち、これまでどのような知見が集積されているのか調

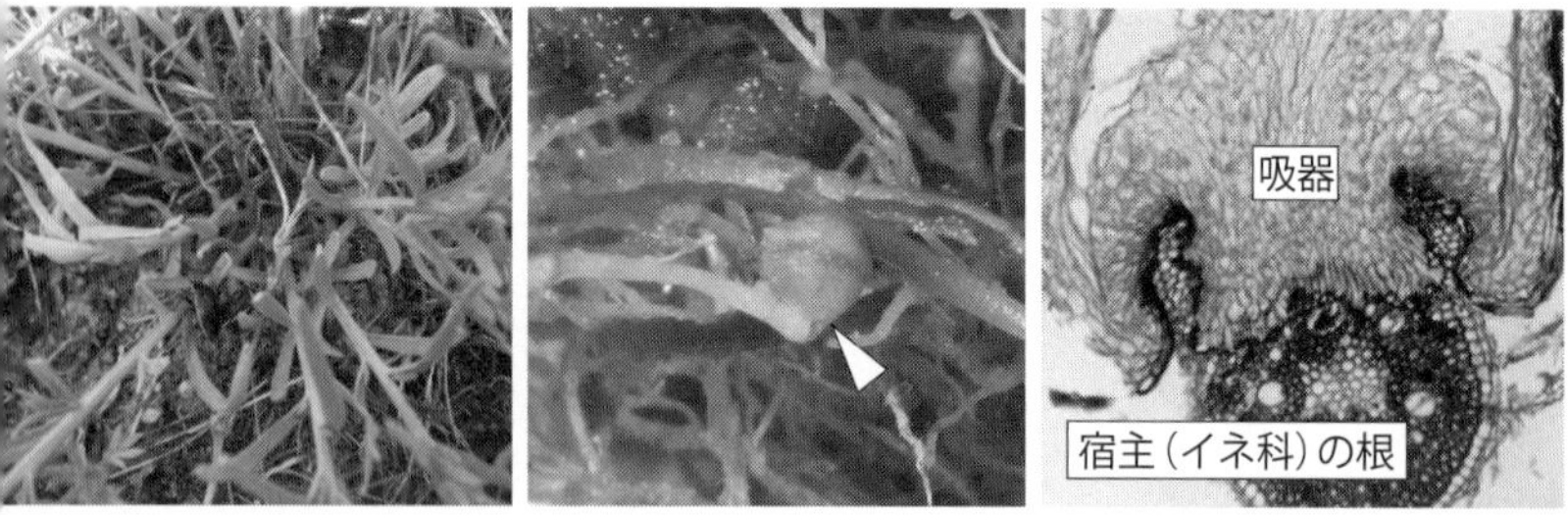

図4　カナビキソウ（左）とその吸器（中央、矢印）、吸器の断面図（右）
丁寧に掘り進めることで写真のように寄生された根（イネ科）と接着していることが肉眼でもわかる。

べてみると、宿主（寄生植物が寄生する相手のこと）の種類すらよくわかっていないことが判明した。ヤドリギのような地上部で寄生する植物の場合、何に寄生しているのかを容易に判断できるが、地下部を観察することは面倒なため、農作物に被害を及ぼす一部の種以外は、根に寄生するその生態について、十分に調べられていなかったのである。そこで私は、この植物について、どのような植物を宿主にしているのかを、丁寧に土を掘り進め観察した。その結果、カナビキソウはさまざまな科にまたがって広範囲な植物を宿主としていたが、とりわけイネ科の根に多くの吸器（寄生を成立させる吸盤状の根）を吸着させており、宿主に対する選好性（特定の種類を好む性質）があるということがわかった（**図4**）。カナビキソウが香木として知られる白檀を含むビャクダン科に属することでこの基礎的な知見の価値が上がったこともあり、ビャクダン科で初の宿主選好性の発見として無事論文が掲載された。[*3] このことに気をよくし、私は従属栄養植物の調査・研究にのめり込むことになった。

そのような中、より植物らしからぬ姿の種がたくさん存在し、興味をそそられたのが菌従属栄養植物だった。植物と菌類の共生関係

（菌根共生）は、どれほど頑張っても肉眼ではその共生ネットワークの全貌を明らかにできず、それもまた逆に魅力であった。しかもちょうど私が学生のころはDNAの解析技術が発展し、植物と菌類の共生ネットワークを比較的少ない労力で解明できるようになってきていた。そこで文明の利器の力も借りつつ、本腰を入れて菌従属栄養植物の生態を解明してやろうと決心したのであった。一方で、単にDNAを分析し、宿主であるパートナーの菌類を同定するだけでは物足りなく思う部分もあった。

そこで私は、菌従属栄養植物の適応や進化を明らかにすべく、フィールドワークから最先端の解析手法まで、縦横無尽なアプローチで研究を展開しようと心に決めた。しかし菌従属栄養植物は、葉を展開する必要がないので、開花、結実期以外は地上に顔を出さない。このため、地上に姿を現す期間が一年のうち二週間しかないものも存在する。また彼らは小型で、見つけるのも困難であり、菌従属栄養植物の多くは、分布情報すら明らかになっていない。そこで、特に学生時代は、春から秋にかけてのほとんどの時間を、北は北海道から南は沖縄まで野山を歩き、山中で地に這いつくばることに費やした。そして野外で植物を見つめる過程で、光合成をやめた植物が、他の生物との共生関係を変化させ「驚くべき生活」をしていることがわかってきた。次節からは、その不思議な生活の一端を紹介したい。

光合成をやめると花粉や種子の運び方も変わる

前節の通り、私は光合成をやめるという進化の背景にある適応を丸ごと理解したいと考えたので、菌従属栄養植物が地上部でどのような適応を遂げているのかについても着目することにした。『もっと菌根の世界』というタイトルにはそぐわないかもしれないが、菌に寄生するという生活史が影響し、花粉や種子の運び方が変わったことが示唆されたため本節で紹介したい。

花粉や種子の運び方と光合成をやめた生活は一見すると無関係のように思えるが、菌従属栄養植物の生育環境を考えてみると、その環境が花粉や種子の運び方に影響しうることがわかる。菌従属栄養植物は、養分を地中の菌に全面的に依存していることから、その生育場所はジメジメした暗い林床であることが多い。光合成に頼る必要がないため、他の潜在的な競争相手となる植物が生育できない真っ暗な環境でも生きることができるようになったからだ。これは光合成をやめたことが、安定して生育できる環境の獲得につながったことを意味し、光合成をやめたメリットと言える。[*4]

一方で、暗い林床には、ハナバチやチョウといった一般的に花粉を運んでくれる昆虫はほとんどやってこない。つまり光合成をやめた生活には、ハチやチョウが訪れない環境で受粉しなければならないというデメリットもあるのだ。そこで菌従属栄養植物の花粉の運び方を調査したところ、多くの従属栄養植物種が昆虫に受粉を頼らない自動自家受粉を採用していた。こうした昆虫の助けを必要としない受粉様式の獲得は「暗い林床での繁殖保障」として役立ったと考えられる。

なかでも私が二〇一二年に鹿児島県三島村の竹島で発見したタケシマヤツシロランは、究極の戦略をとっていることが明らかになった。このヤツシロランの仲間は、竹島で一〇〇個体以上発見できたものの、奇妙なことに花を咲かせている個体は一つもなく、すべて蕾《つぼみ》のままだった。さらに驚くべきことに、すでに受粉が終了し、花が萎れかけている個体も発見できたが、そのような個体も花が開いた形跡はなかったのだ。つまり、この時見つかった個体は単に開花する前の蕾の状態だったわけではなく、花が開かないまま自家受粉を行い結実するという変わった特徴をもっていたのである（図5）。その後、詳細な比較・検討を経て、その他の形態においても他のヤツシロランと明瞭に区別できることがわかり、本種を発見場所である竹島にちなんで、新種「タケシマヤツシロラン」として発表した。[*5] 花屋さんで見かけるコチョウランなどからおわかりの通り、ラン科植物は特定の送粉者を呼び寄せるために、華やかな花態を進化させたものが多い。ラン科でありながら昆虫による受粉の可能性を完全に捨てたタケシマヤツシロランは注目すべき存在と言えよう。

図5　咲かない花をつけるタケシマヤツシロラン
蕾のように見えるが写真に写っている花はすべて受粉済み。

植物全体を見渡しても、閉鎖花は送粉者のいない場合や資源が乏しい場合の保障として存在するケースがほとんどであるが、タケシマヤツシロランは、花粉を運んでくれる昆虫がほとんどやってこない特殊な環境に進出したため、花を咲かせることを完全に放棄してしまったと考えられる。

なお植物相に関する調査研究が進んでいる日本においては、被子植物の新種記載は、年間数種にとどまっている。しかもそのほとんどは、「地元ではその存在がすでに知られており和名はついていたもの」か、「これまで知られていた植物を詳細に検討した結果、複数種に分かれることが判明したもの」かのどちらかだ。したがって、日本において、未知の植物が未知の自生地とともに見つかるというのは非常にめずらしいことで、興味深い生態をもつ植物の新種を発見できたことは、研究者冥利に尽きる発見であった。このように光合成をやめた植物は、これまでほんとうに誰も知らなかった種が、日本からでもまだまだ見つかる点でも、ロマンがあるグループと言えるだろう。

さらに種子散布についても衝撃の事実が明らかになった。そもそも菌従属栄養植物は、発芽直後からキノコやカビの仲間から養分をもらえるため、種子に養分を貯めておく必要がなく、胚乳などの養分を保持していない。そのため種子サイズは非常に小さく一ミリメートルにも満たないケースがほとんどだ。種子が微細であるというこのような特徴から、菌従属栄養植物は総じて風で種子を運んでいると考えられてきた。しかしながら、菌と関わる上で生育適地である暗くジメジメした林床は、障害物も多く風通しが悪いため、風による種子散布は不適である。そこで私は、「極端な暗所に進出し、風散布を喪失した菌従属栄養植物が存在する」との仮説を立てた。たとえば、大きくて目立つ甘い果実をつけることができれば、鳥や哺乳類といった一般的な種子の運び手に種子を運んでもらうことができるだろう。しかし光合成をやめた植物の多くは、菌類から横取りできる養分が少ないため、立派な果実をつけることは

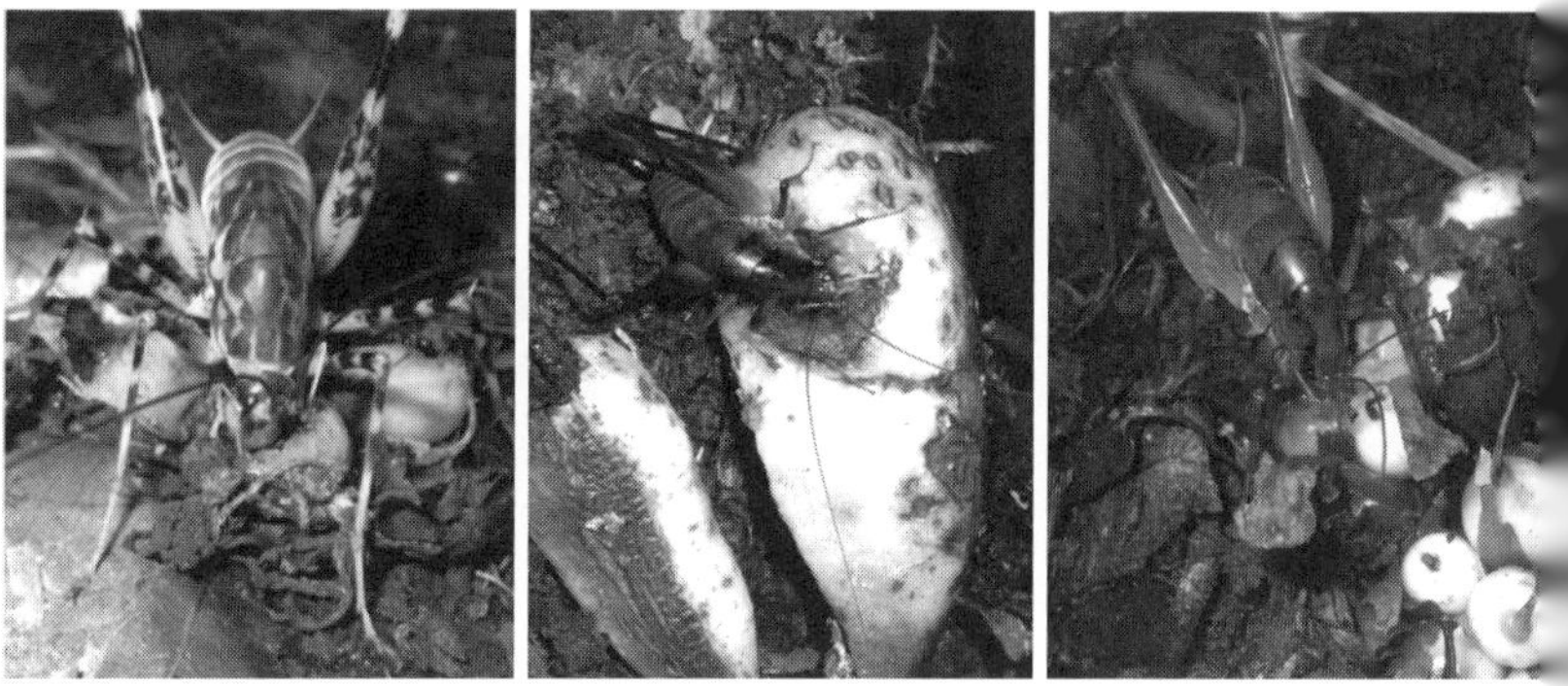

図6　カマドウマの仲間に摂食される従属栄養植物の果実
ギンリョウソウ（左）、キバナノショウキラン（中央）、キヨスミウツボ（右）。

できない。では地表近くに目立たない小さな果実をつける従属栄養植物は、どのような動物に種子を運んでもらっているのだろうか？　この疑問を解決するため私は、目立たない白い果実をつけるギンリョウソウ（ツツジ科）、ショウキラン（ラン科）、キバナノショウキラン（ラン科）、キヨスミウツボ（ハマウツボ科。本種は菌従属栄養植物ではなく、アジサイなどに寄生する寄生植物である）の種子散布様式を全国各地で調査した。当初は、これらの種子散布には色覚が発達していないネズミのような夜行性の哺乳類が関係しているだろうと考え、哺乳類が来た時に自動撮影できる赤外線カメラを用い、果実を食べている動物を特定しようとした。

ところが翌朝訪れてみると、果実には、昨日はなかった何者かにかじられた跡がついているにもかかわらず、果実を食べている様子は撮影できていなかった。そこで夜中に自分の眼で観察してみると、さまざまな無脊椎動物が果実を食べていることが明らかになり、とりわけカマドウマの仲間が、多くの果実を食べていることがわかった（**図6**）。カマドウマ

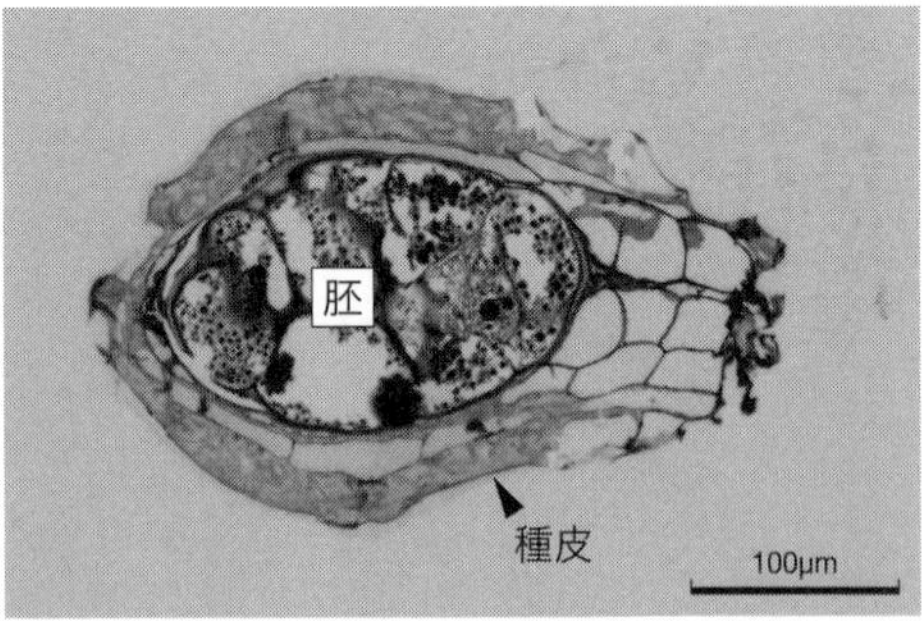

図7　ギンリョウソウの種子の切片
胚を取り囲む種皮がリグニンで肥厚しているためカマドウマの消化管を無傷で通過できる。胚も未分化で少数の細胞からなる。

の仲間は小さすぎて、赤外線カメラを使っても動きを検知することができなかったのだ。しかし種子を含む果実を食べているだけでは、種子を運んでいることの証明にはならない。そこで、果実を食べに来たカマドウマを捕らえて、種子がフンとともに排出されているかどうかを確かめることにした。その結果、見事フンの中には無傷の種子がたくさん含まれており、その種子を自生地に埋めると発芽したことから、発芽能を失っていないこともわかった。種子の小型化により、種子がカマドウマの咀嚼をくぐり抜けやすくなったのだろう。さらに種子はリグニンという硬い物質で覆われており、このこともカマドウマの消化管の中を無傷で通過できることに寄与しているようだ（**図7**）。

この発見は、世界ではじめてのカマドウマによる種子散布の報告となった。それほどめずらしい現象であるにもかかわらず、類縁関係にない複数の光合成をやめた植物が、カマドウマに種子の散布を託していたわけだ。したがって、光合成をやめるという進化とそれに伴う種子の小型化や、風による種子散布が非効率な暗い林床環境への進出が、昆虫による被食散布という特殊な生態への進化を促進したと考えるのが自然だろう。[*6] このことは、従属栄養性が進化するには、寄生能力を獲得するだけではなく、一見無関係に思える送粉様式や種子散布様式に関しても特別な適応を遂げる必要があることを強く示唆している。

光合成をやめた植物の「餌」はどのような菌か？

さてここからは、ようやく本題の菌従属栄養植物とその寄生相手となる菌類の関係について話をしたい。皆さんご存じの通り、一般的な菌根共生は、多くの陸上植物で見られる共生関係で、植物が菌根菌に光合成で得た炭素を与える代わりに、菌根菌から土壌中のミネラルを受け取る相利共生として知られている。なかでもアーバスキュラー菌根菌は陸上植物の七〇パーセント以上と共生するきわめて重要な存在で、アーバスキュラー菌根菌との共生が、地球史上の一大イベントである植物の陸上進出のカギとなったとされる。そして外生菌根菌もきわめて重要な菌根菌で、外生菌根菌と共生する植物は種数としてはそれほど多くないものの、マツ科、ブナ科、フタバガキ科、ユーカリ属などの森林の優占樹種と共生している。

では菌従属栄養植物を支える菌根菌はどのような菌なのだろうか？　通常の植物と菌従属栄養植物はかなり異なって見えるので意外かもしれないが、菌従属栄養植物の菌根菌も、そのほとんどは独立栄養植物の主要な菌根菌であるアーバスキュラー菌根菌、もしくは、外生菌根菌である。つまり菌従属栄養植物の多くは、もともとは相利共生相手だった菌根菌に寄生するようになった裏切り者と捉えることができる。また菌従属栄養植物が普通の菌根菌に依存しているということは、彼らは菌糸のネットワークを通じ、間接的に周辺の他の植物に寄生していることも意味する（図8）。特に森林では地下に広大な菌糸のネットワークが広がっているため、菌従属栄養植物はその広大な炭素源にアクセス可能ということになる。特に森林の優占種となる樹木と共生する外生菌根菌は、栄養源として優れているためか、祖

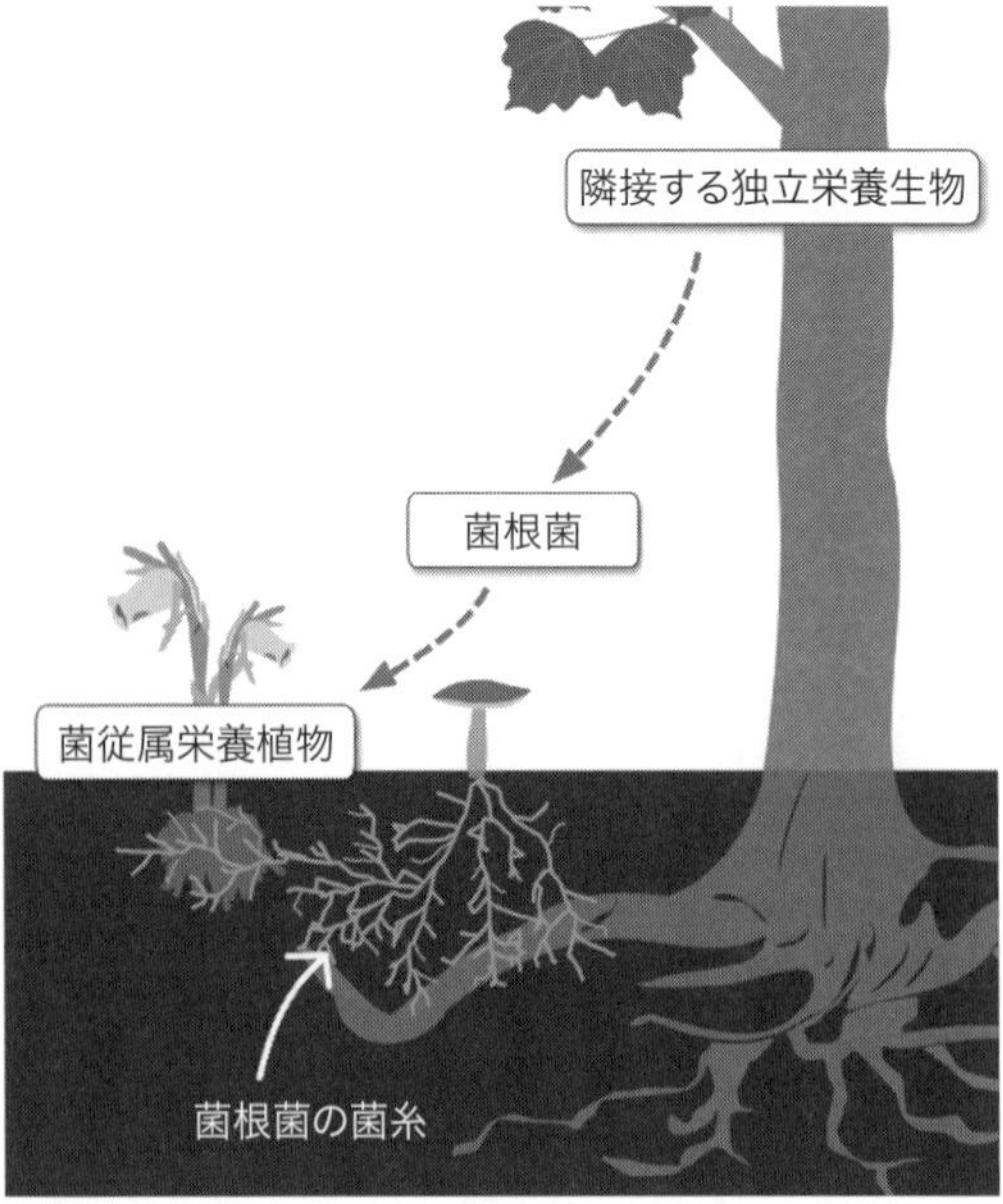

図8　菌従属栄養植物—菌根菌—独立栄養植物からなる三者共生
菌従属栄養植物が利用する炭素は究極的には周辺の植物に由来する。

先は外生菌根菌と共生していなかったのに、わざわざ外生菌根菌にパートナーを乗り換えた菌従属栄養植物も多数存在する。特にラン科やツツジ科に属する菌従属栄養植物の多くがこのパターンに該当し、緑葉をもつ種でも菌への依存度を高める過程で、外生菌根菌に共生パートナーを乗り換えるものが多いことがわかっている。前述の通り、外生菌根菌は、森林の優占種である樹木と共生するため、外生菌根菌に寄生すれば菌根ネットワークを通し周辺の多くの樹種とつながることができる。この特性が、植物が炭素をくすねる上で大きな利点となり、光合成をやめるという進化を促したのだろう。

一方、菌類の生き方としては、菌根菌の他に、森の落ち葉や朽ち木の分解者として活躍する腐朽菌というスタイルもある。こうした菌類の中には大木を分解するものもたくさん存在しており、そうした菌種であれば、菌根菌でなくとも寄生相手としては申し分なさそうだ。たとえばナラタケ属は、朽ち木を分解するのみならず、生きている植物に寄生し枯らしてしまうこともある強力な菌である。遺伝解析によりナラタケ属の一種であるオニナラタケ一個体の菌糸が、東京ドーム一九〇個分以上の大きさにまで広がっていることが示されるなど、世界最大の生き物としても知られているほどである。もし腐朽菌に依存する菌従属栄養植物が存在するならば、腐朽菌の菌糸のネットワークを通じて落ち葉や朽ち木から栄養をとっていることになる。もしそうであれば、植物自体が腐朽能力をもつわけではないが、菌を介して朽ち木から養分をとる間接的な「腐生植物」は存在すると言えよう。

実際に、培養実験などによって、本来は菌根をつくらない腐朽菌に寄生する菌従属栄養植物の存在が、古くから示唆されてきた。じつは二〇世紀初頭には東京帝国大学の草野俊助や京都帝国大学の浜田稔に

図9　朽ち木から生えるナラタケの幼菌とナラタケ属に寄生するオニノヤガラ
ナラタケに特徴的な針金状の菌糸の束がオニノヤガラの根茎（右）に絡みつくことから、古くからナラタケとオニノヤガラの関係が注目されていた。

より、それぞれオニノヤガラとツチアケビの寄生相手の菌類がナラタケ属であると報告されている（**図9・口絵6**）。そのため、腐朽菌に寄生する菌従属栄養植物が存在することは、日本国内では半ば常識であった。[*7]

一方で、このような菌従属栄養植物は、木材腐朽菌の分解能力が十分に発揮される（＝菌従属栄養植物を養う余力があると思われる）湿潤で温暖な環境でしか見られず、これまでの菌従属栄養植物の研究の中心地であった北米やヨーロッパでは一種たりとも発見されていなかった。このため多くの日本の先人が行ってきたオニノヤガラやツチアケビに関する先駆的な研究は、単に根が「雑菌」に汚染されていただけだろうなどと不当な扱いを受けてきた。この状況に変化をもたらしたのは、辻田らが二〇〇九年に行った炭素・窒素安定同位体を用いた研究だ。[*8]

炭素・窒素安定同位体については、前書の大和も解説を行っているが、要点を説明すると炭素原子の安定同位体には質量数が12の^{12}Cと質量数が13の^{13}Cが、同様に窒素原子の安定同位体には質量数の異なる^{14}Nと^{15}Nが存在する。そして光合成植物（特にC_3植物）では、CO_2固定酵素が軽い^{12}Cを優先的に取り込む性質をもっているため、光合成植物の^{12}Cに対する^{13}Cの割合（δ^{13}Cで表す）は、大気中の二酸化炭素に比べて低い値となる。一方、担子菌門、子嚢菌門などの菌類では、呼吸の際に^{12}Cが優先的に排出されるため、菌類は共生関係をもつ植物に比べて高いδ^{13}C値を示す。そして特に菌類の中では、外生菌根菌の^{14}Nに対する^{15}Nの割合（δ^{15}Nで表す）が高いことも知られている。こうした同位体組成の特徴は、これらの菌類を餌とする菌従属栄養植物にも反映されるため、外生菌根菌に寄生する菌従属栄養植物は、δ^{13}Cとδ^{15}Nの両方が、光合成を行う独立栄養植物と比較して著しく高い値を示す。一方で腐朽菌は外生菌根菌に比べδ^{15}N値はそれほど高くなく、腐朽菌に寄生する菌従属栄養植物のδ^{15}N値は独立栄養植物とほぼ同じ値をとる。このことを利用し、辻田らは、オニノヤガラ属であるアキザキヤツシロランの根から一般的に腐朽菌と考えられるクヌギタケ属のＤＮＡが恒常的に検出されると同時に、腐朽菌と同じくδ^{15}N値は独立栄養植物とそれほど変わらないことを見出した。[*8]

この研究により、どうやら腐朽菌に寄生する菌従属栄養植物が存在するのは間違いないと世界的にも認められるようになった。しかしその後の研究で、腐朽菌と外生菌根菌のδ^{15}N値は、確かに腐朽菌で低い傾向が見られるが、外生菌根菌とオーバーラップする種もあり、δ^{15}N値は確実な証拠とまでは言えないことがわかってきた。[*9] さらにこれまで腐朽菌と思われてきたクヌギタケ属が、独立栄養植物と共生し外生菌根様の構造を形成することが知られるようになったことも相まって、[*10] 自然界で朽ち木の炭素に依存する菌従属栄養植物の存在を支持するさらなる証拠が待ち望まれる状況になっていた。

そこで、私も間接的な「腐生植物」の存在を証明するさらなる証拠を積み上げたいと思っていたのだが、その際に私の研究発表を聞いてくださった松林順さん（福井県立大学）が、放射性炭素同位体（^{14}C）の年代に応じた違いを利用できそうだとコメントをくださった。この方法は、一九五〇～六〇年代の大気圏核実験により大気中に放出された放射性炭素同位体（^{14}C）をトレーサーとして利用するというものである。じつは、炭素の同位体には、^{12}Cと^{13}Cの他に、^{14}Cも存在する。ただしこの物質は自然界ではとても不安定で、全炭素量に対する存在比が一兆分の一と、ごく微量しか環境中に存在していない。その一方この^{14}Cは、第二次世界大戦後、冷戦構造のもとで頻繁に行われた大気圏核実験により、一九六三年の部分的核実験禁止条約の施行までに大量に放出されたことが知られている。それ以後、大気圏核実験で放出された^{14}Cは海洋などに吸収され、その濃度は徐々に減少している。このため^{14}C濃度から、生物体内の炭素がいつごろ光合成によって固定されたか理解できるというわけだ。

前述の通り、菌根菌に寄生する菌従属栄養植物も、菌糸のネットワークを通じて周辺の独立栄養植物の光合成産物をもらって炭素を得ている。このため菌根菌に依存する菌従属栄養植物が利用している炭素は光合成をする植物によってごく最近固定されたもののはずだ。その一方で、腐朽菌はすでに枯死した木材などを分解しているため、その朽ち木がまだ生きており光合成で炭素を固定していた時代は少なくとも数十年前に遡ると推測できる。したがって腐朽菌に依存する菌従属栄養植物は、「古い」炭素、すなわち、大気圏核実験で放出された放射性炭素同位体をたくさん取り込んでいるはずというわけだ。

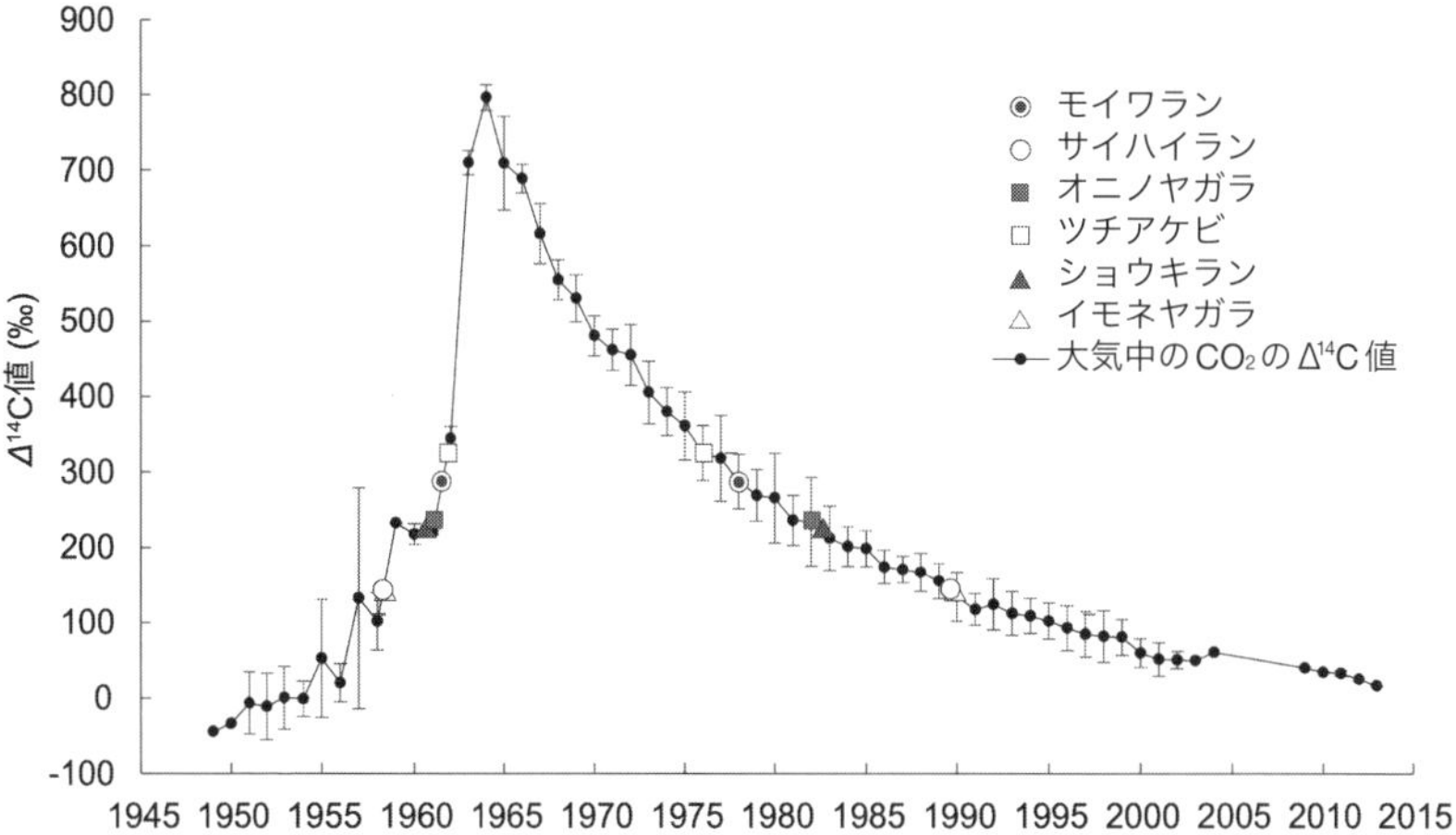

図10　大気中のCO_2の^{14}C濃度の経時変化から類推される菌従属栄養植物の生態
光合成を行うサイハイランを含む複数のラン科植物が数十年以上前に固定された炭素を利用していた。

この方法を使えば、かなり説得力があるだろうと考え、松林さんの協力のもと、一一種の菌従属栄養植物の^{14}C濃度を計測した（図10）。

その結果、菌根菌に依存すると思われていたギンリョウソウ、エゾサカネラン、ヒメノヤガラ、クロムヨウラン、ヒトツバイチヤクソウやユウシュンランの六種は、予測通り他の光合成植物と変わらない^{14}C濃度で、ごく最近固定された炭素を利用していることが明らかになった。しかし草野や浜田がナラタケに寄生すると報告していたオニノヤガラ、ツチアケビに加え、ショウキラン、モイワランやイモネヤガラは、非常に高い^{14}C濃度を示し、サンプリング時期より数十年以上前に固定された炭素を利用していることが明らかになった。[*9] このことは、前者は菌根菌の菌糸を介して光合成植物から炭素を得ており、後者は、腐朽菌の菌糸を介して朽ち木から炭素を得ていることを示している。つまり、植物自体が腐朽能力をもつ、真の意味の腐生植物は存在しないものの、菌従属栄養植物の一部が、本来は植物と菌根共生しないはずの腐朽菌に菌根をつくらせることで、間接的に腐食連鎖系に依存することを示す決定打と言える。じつは、私はかつて浜田稔が在籍していた研究室の出身であり、一〇〇年近い時を越え浜田が得た知見をサポートする成果を挙げることができたことに縁を感じている。

埋まったミッシングリンク

前節の通り、菌従属栄養性を獲得した植物は、普通の植物と共生しない菌を含めさまざまな菌と共生している。その一方で、その進化の道のりについてはつい近年に至るまで明らかになっていなかった。とはいえ、外生菌根菌と共生し菌に寄生する植物については、私が研究を始めたころにはすでに、菌根菌シフトとそれに伴う従属栄養性の獲得は一足飛びに進化したわけではなく、段階的に進化してきたことが明らかになってきていた。たとえば、緑葉をもつ種と葉緑素を完全に失った種を含む近縁種の系統樹を作成することで、葉緑素を完全に失った菌従属栄養植物の近縁種には、必ずと言ってよいほど部分的菌従属栄養植物が存在することから、葉緑素を完全に喪失する前に、緑葉をもちながら、自身の光合成産物の不足を補う部分的菌従属栄養植物が先に現れることが強く示唆されている。

たとえば、キンランは古くから栽培が難しいことで有名であるが、立派な葉をもつにもかかわらず、菌からかなりの栄養をもらっていることがわかっている。つまりキンランを単独で鉢などで栽培することができない理由は、外生菌根菌からの炭素を獲得できないことにあるのだ。そしてキンランのようなラン科植物の場合、菌への寄生性が高まるに従って、ラン科植物の祖先で獲得され大部分のラン科植物の菌根菌となったリゾクトニアから、炭素を収奪するのに優れた外生菌根菌へパートナーをシフトする場合が多い。さらにこの外生菌根菌への乗り換えとそれに伴う菌従属栄養レベルの上昇は徐々に起こったようだ。たとえばシュンラン属では、緑葉を展開した後はほぼ自身の光合成だけでやりくりしているヘツカランのような種が祖先的で、その次にシュンランやナギランのように立派な葉をもつもののリゾクトニアと外生菌根菌の両方と共生し大人になっても菌から炭素を収奪している種が進化してきたと考えられる。さらにそこからマヤランやサガミランのように外生菌根菌だけと共生し、葉を完全に退化させた種が進化してきたことが知られている。*11

一方で、前節の通り、光合成をやめる過程で共生パートナーを木材腐朽菌に乗り換えたラン科植物も多数存在することが明らかになったが、その中間段階の植物、すなわち木材腐朽菌に寄生し、かつ、緑葉をもつ植物が存在するかどうかはブラックボックスであった。しかしながら外生菌根菌と共生する植物の菌従属栄養植物の進化の道のりから類推すると、独立栄養植物から菌従属栄養植物への進化は一足飛びに成し遂げられるものではないため、やはり両者をつなぐような種が存在すると考えたほうが妥当であろう。

そこで私が注目したのは、サイハイランという植物だ。サイハイランは、三〇センチメートルを超え

図11　ナヨタケ科への寄生能力を獲得しているサイハイラン
立派な葉をもつが、木材腐朽菌であるナヨタケ科の菌類が共生すると通常の根に加え、サンゴ状の根茎を発達させ、ほとんどの炭素供給を菌に頼り生育する。

る巨大な葉をもつラン科植物で、一見すると光合成だけで炭素を賄っているように見える。一方で、サイハイランには、普通の根だけではなく、サンゴ状に分岐した根茎が見られることがあり、これが菌類とのおもな共生の場になっている（**図11**）。私がはじめて根茎がついたサイハイランを見たのは、まだ学部生のころであったが、その立派な葉をもつ地上部とは似つかわしくないおどろおどろしい見た目に驚愕したものである。じつは、この根茎は光合成をやめた植物ではよく見られるが、独立栄養植物ではほとんど見られない特徴だ。しかもこの根茎がついたサイハイランは、決まりきって朽ち木に絡みつくように生育している。さらに興味深いことに、かつてサイハイランと同種と見なされていたほど近縁なモイワランという種が存在し、この植物は木材腐朽菌のナヨタケ科に寄生することで光合成をやめてしまっている。このため私は、根茎つきのサイハイランは、木材腐朽菌に寄生しているに違いないと考えた。

そこで根茎をもつサイハイランの共生菌を調べてみたところ、思った通り木材腐朽菌のナヨタケ科であった。そして安定同位体分析から、根茎をもつサイハイランは立派な葉をもつにもかかわらず、大部分の炭素を菌に依存していることがわかった。さらに前節で紹介した^{14}C濃度を調べたところ、サイハイランは緑葉をもつにもかかわらず、根茎をもつ個体はサンプリング時期より数十年前に固定された炭素を利用しており、モイワランと同様、ナヨタケ科の菌糸を通じ朽ち木から炭素を得ていることがわかった（**図10**）。つまりサイハイランやモイワランでは、リゾクトニアから木材腐朽菌へのシフトが、外生菌根菌へのシフト同様に、菌従属栄養性の進化に重要な役割を果たしていたのだ。*12 言葉にすると簡単に聞こえるが、根茎のあるサイハイランがなかなか入手できないことも相まって、検証を開始してから実際に論文が出るまでは十数年の歳月を要した。しかし、手間はかかったものの、菌従属栄養性の進化と木材腐朽菌へのパートナーシフトを考える上でミッシングリンクを埋める発見ができたことを非常にうれしく思っている（**図12**）。

なおリゾクトニアもリター（落ち葉や落枝）などを分解する腐朽菌としての側面が強いと言われており、同じ腐朽菌から別のグループの腐朽菌へのシフトが、菌従属栄養性の進化の際になぜ必要となるのかはまだ未解明だ。しかしリゾクトニアの分解能力はあまり高くはないため、高い腐朽能力をもつナヨタケ科やナヨタケ属のような木材腐朽菌にパートナーを変えることは、より巨大な炭素プール（朽ち木）へのアクセスを可能にする点で、菌従属栄養性の進化に有利に働いたと考えられる。さらに興味深いこ

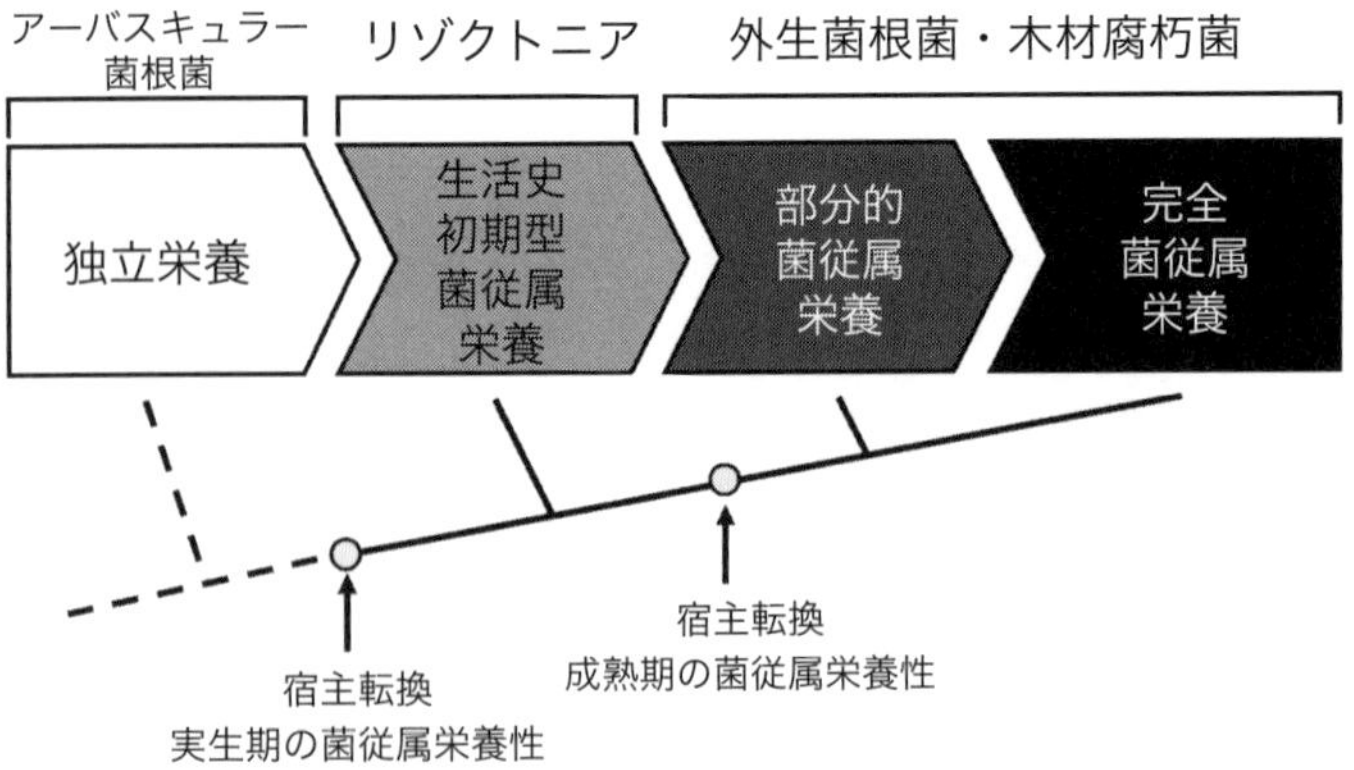

図 12　ラン科における菌根菌シフトと従属栄養性獲得の関係性
リゾクトニアと共生する祖先種が、外生菌根菌や木材腐朽菌へとパートナーを乗り換えることで、従属栄養性が段階的に発達した。

とに根茎のないサイハイランはおもにリゾクトニアと共生し、ほとんど自身の光合成産物をもとに生育していることもわかってきた[*13]。

同種内での違いに着目した解析は、後述のトランスクリプトーム解析と相性がよいため、同種内で栄養のとり方が異なるサイハイランは、菌従属栄養戦略を可能にするメカニズムに迫るモデル系としても活躍することが期待される。さらにサイハイランの近縁種には、リゾクトニアのみと共生し常に独立栄養生活を営むトケンランや、ナヨタケ科に特化し、常に従属栄養生活を営むモイワランが存在するため、これらを併せて解析することで、サイハイランで見られる可塑的な従属栄養レベルの変化をもたらすメカニズムが、実際の種分化の過程で起こった従属栄養性進化に転用されたのかどうかについても、理解できると期待される。

光合成をやめることができる仕組みは？

これまでの節で紹介した研究により、光合成をやめる際に起こる変化パターンはかなり解明できた。しかしながら、その具体的な分子メカニズムの多くは不明のままである。植物がどうやって自身のもっとも重要な特徴とも言える光合成をやめることができたのかは、植物学における非常に大きな問いと言える。このため具体的にどのような植物細胞内でのどのような遺伝子の発現の違いによって菌類から炭素を得ることができるのかは、非常に興味深い。まだ未解明な点が多いものの、本節ではその具体的な仕組みに迫りたい。

光合成をやめるのに必要な至近メカニズムが解明されていなかった要因としては、その比較解析の難しさが挙げられる。一般に菌従属栄養植物は、もっとも近縁な独立栄養植物とでさえ、系統的に大きくかけ離れている。このため寄生を可能にした適応以外にも、さまざまな変異が見られ、どのような遺伝子発現の変化が菌寄生性の獲得に寄与したのかを明らかにするのは困難なのだ。たとえば、ギンリョウソウは菌従属栄養植物の中ではもっとも目にする機会が多い植物だが、ツツジ科であることが知られている。[*14] 一方でツツジとはまったく見た目が異なることからもわかる通り、ギンリョウソウは、光合成をやめてからのタイムスケールが非常に長く、光合成をやめた後も多くの遺伝子が変化している。このためギンリョウソウとツツジの比較解析では、どの部分の遺伝子の変化が、光合成をやめるのに必要な変

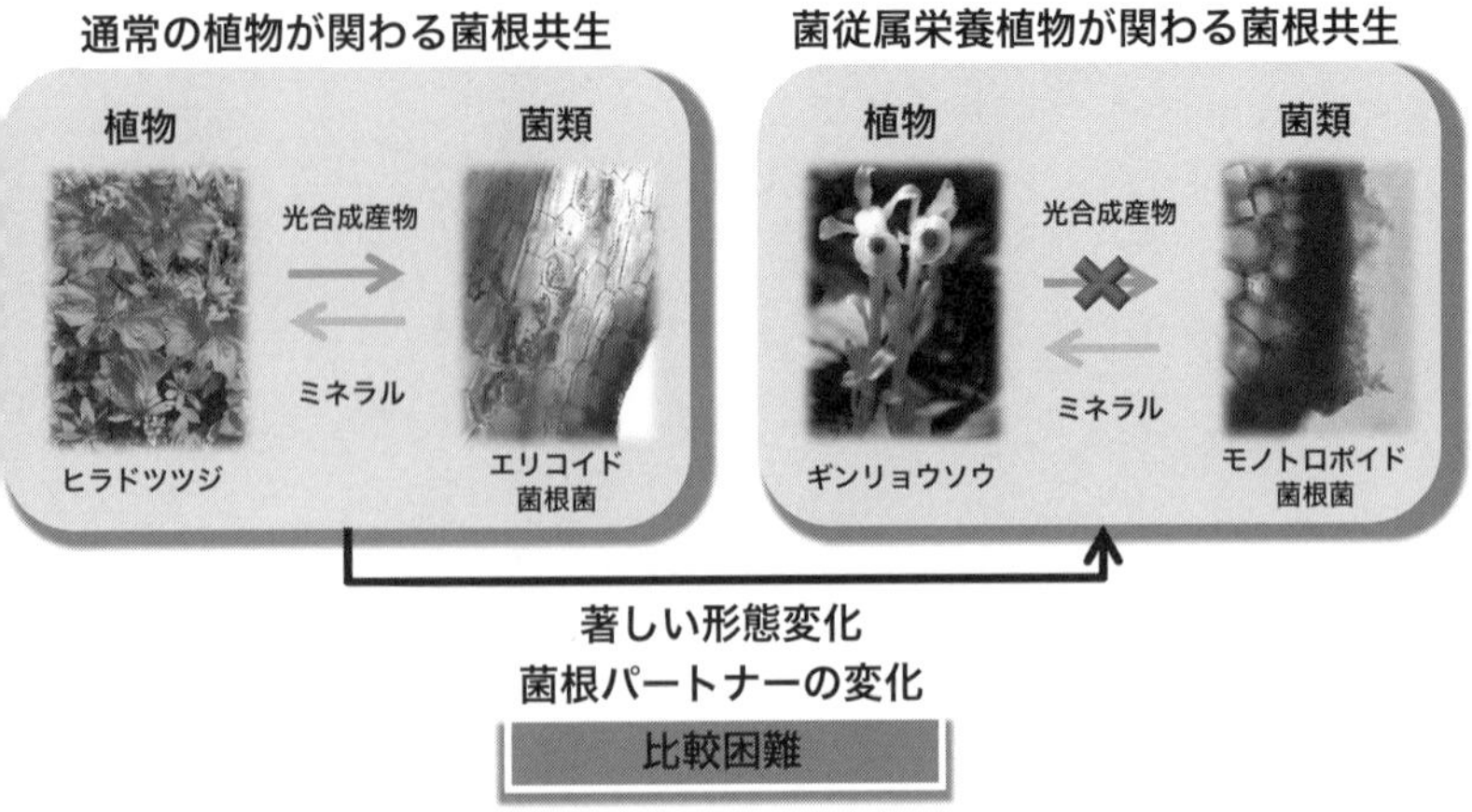

図 13　一般的な菌従属栄養性獲得の進化経路とそれに伴う課題
植物体自身の著しい形態変化や近縁な独立栄養植物が存在しないなどの理由で比較研究は困難。

異で、どの部分の変化が副次的に生じた変異なのか、理解することは難しい（図13）。

そこで私は、通常は緑葉を展開する部分的菌従属栄養植物のアルビノ（光合成色素を失った突然変異体）に着目し、通常個体との比較を行えばよいのではないかと考えた。[*15] じつは、アルビノというのは通常の植物でも比較的よく見られる現象で、種子から発芽した芽生えの段階では葉緑体がない真っ白な葉をもつ植物体がしばしば発生している。我々が普段そのような植物を目にする機会がないのは、葉緑素を失ったアルビノは、種子に貯蔵された養分を使い果たすと枯れてしまうからだ。一方で、部分的に菌に寄生する能力をすでに獲得している部分的菌従属栄養植物の場合は、もともと寄生能力を有しているため、アルビノでも葉緑素をもつ通常個体と同じように花を咲かせる段階まで成長できることが知られている。

このようなアルビノ個体は、葉緑素をもたないため、もはや部分的菌従属栄養性ではなく、完全に菌に依存して生育していることになる。つまり菌の寄生の度合いは、通常個体∧アルビノということになる。したがって通常個体よりもアルビノで多く働いている遺伝子は、菌従属栄養性の獲得に寄与している可能性が高い。さらに好都合なことに緑色個体とアルビノ個体は、同一種であるためゲノム配列はほぼ同一であり、ツツジとギンリョウソウといった縁遠い植物の比較と比べノイズの影響を減らし菌に寄生する際に活性化する遺伝子を明らかにすることができる。

とはいえ、菌根菌の種類を単に特定するのとは異なり、植物体内における遺伝子の発現状況を網羅的に把握するには大規模なデータを取得・解析する必要がある。これはこれまでそのような解析手法を使ったことがない私にとってはなかなかハードルが高いものであった。

そこで、フェイスブックで「友達」になった分子生物学を専門とされている上中弘典さん（鳥取大学）に相談したところ、ぜひやりましょうという話になり、上中さんのサポートのもと、緑色個体とアルビノ個体の遺伝子発現を比較することになった。じつは上中さんに相談した時点では、対面では顔を合わせたことがなく、フェイスブックの共通の知人を通じてネットの世界でつながっているのみだった。そのような中で快く共同研究を承諾してくださった上中さんに感謝するとともに、新たな研究を展開するためには臆することなく他分野の研究者にコンタクトする重要性を認識した瞬間でもあった。じつは、同様に海外の研究者とも、ツイッターでフォローしてくださったのに対しダイレクトメッセージで返信したことで共同研究が始まったケースがある。若手研究者にとっては、さまざまなチャンネルを利用し、

図 14　アルビノのハマカキラン
菌への寄生能力を有しているためアルビノでも開花できる。

シナジー効果を生み出せそうな方には、勇気をもってアプローチすることが重要かもしれない。

　さて話が横道に逸れたが、私たちが対象種として選んだ植物は、ハマカキランという植物だ。ハマカキランは発達した緑葉を展開し、一見すると光合成だけで生存可能のように見えるが、炭素のおよそ半分くらいを菌類に依存していることが安定同位体分析によって明らかになっている。そしてアルビノ個体は、完全菌従属栄養植物と変わらない炭素窒素安定同位体比を示し、推測通り完全菌従属栄養生活を営んでいることが示された（**図14**）。さらに緑色個体とアルビノ個体の菌根菌を調べたところ、両者ともマツの内外生菌根菌として知られるウィルコキシニア属（*Wilcoxina*）と共生しており、菌根菌相に違いはないことがわかった。同じ菌根菌を相手にしていることも、両者で発現する遺伝子の違いを調べるには好都合である。そこで満を持して、緑色個体とアルビノ個体両方の菌根でどのような遺伝子がはたらくのかを調べることになった。その結果、アルビノ個体の植物ホルモン生合成関連遺伝子群の発現パターンは、アーバスキュラー菌根菌と共生している植物の発現パターンと類似していることがわかった。さらに独立栄養性のアーバスキュラー菌根性の植物が菌根共生を成立させる時に使用する遺伝子が、アルビノ個体でも、通常の個体と比べ、活発に働いていることが明らかになった。菌根菌を消化して「食べてしまう」菌従属栄養植物の菌根共生と、菌根菌と相利共生を営む植物の菌根共生は、直観的にはまったく違うものに思える。しかし今回の研究成果から考えると、菌従属栄養植物も、通常の光合成を行う植物と大枠では共通の仕組みを用いて菌根菌を定着・共生させていそうである。[*15] これは研究者にとってある意味好都合である。通常の菌根共生については、その理解が持続可能な農業システム構築に大きな役割を果たすと指摘されるようになり、精力的な研究がなされている。その一方で菌従属栄養植物のように菌根菌を搾取するタイプの菌根共生については、特に「仕組み」の部分の理解はほとんど進んでいない。今回の研究結果は、発展著しい通常の菌根共生に関する研究で得られた知見を、菌従属栄養戦略の理解につなげることが可能であることを示唆している。

詳しくは次節で述べるが、「共生」というと、お互いに助け合う仲睦まじい関係性のように聞こえるが、お互い搾取し合った結果、たまたま両方のパートナーが利益を得ているにすぎない。実際に、自然界では環境条件に応じて損得のバランスが変動し、相利共生や寄生と一概に定義できないような関係も知られている。つまり寄生と相利共生は対立する概念ではなく、表裏一体で連続性をもつ概念と捉えたほうが適切だろう。こう考えると、菌従属栄養植物が既存の菌根共生の仕組みを利用して寄生していることも納得である。ただし、菌従属栄養植物が通常の菌根共生と大枠では同じ仕組みを利用しているとはいえ、もちろん何か新たな適応がなければ菌に炭素源を依存することはできないはずだ。この点については、リーらは、トレハロースを分解する酵素であるトレハラーゼの発現が上昇したことが菌従属栄養戦略の重要なキーイノベーションとなった可能性を提唱した。トレハロースは、植物がスクロース（ショ糖）を利用するのと同じように、菌類が炭素を貯蔵・運搬するために用いる糖類である。一方でトレハロースが高蓄積された植物は胚形成、葉の成長、開花、花序の枝分かれなどに異常をきたすため、ほとんどの被子植物はトレハロースを低レベルに保っている。多くの菌従属栄養植物は、菌類から大量のトレハロースを獲得しながらもトレハラーゼを高発現し体内のトレハロースレベルを低く保ち、体内で利用できるスクロースに再合成しているようだ。[*16]

残された大きな課題

これまでの議論を踏まえ、最後に未解決の大きな課題を提示したいと思う。それは「菌従属栄養植物は、どのようなメカニズムで、菌をだまして養分を略奪できるようになったのか？」という問いである。

菌類を「だます」という表現にピンとこない人もたくさんいると思うので、説明を加えてみたい。独立栄養植物と菌根菌との間でくり広げられる菌根共生は、互いの生命維持活動を根本から支え合っている。しかしお互いが得をしている状態でも、両者の間ではしたたかな生存競争が繰り広げられているようだ。なぜならば、共生関係の維持には必ずコストが存在するため、パートナーから利益だけを貪り、相手に配分する資源を自分の繁殖に回すような「無法者」がもっとも得をするからである。なんと植物は光合成産物の二〇パーセントもの炭素を、菌根菌を養うために使っているという。もし光合成産物を提供せずに菌類からリンや窒素などのミネラルや水を受け取ることができるならば、確かに植物にとってはお得である。このため、植物と菌類との間でも、隙あらば相手を出し抜こうとせめぎ合いが起こっている。実際にこのようなせめぎ合いのもとで菌従属栄養植物は進化してきたと考えられている。こう考えると、なぜ多くの植物は、菌従属栄養植物のように炭素の供給をやめることなく、多くの光合成産物を菌類に提供し続けるのかという疑問が出てくる。

この疑問が前述の「だます」という表現に関わってくるのだが、なぜ多くの植物は、菌類に高い支払いを続けるのかという疑問に答える有力な証拠を、アムステルダム大学のトビー・キアーズが率いる研究チームが提示した。[*17] どうも植物と菌類の相利共生が崩壊を免れている背景には、お互いがよいパートナーかどうかを見分け、「ズル」をする個体を罰する「制裁」の存在があるらしい。具体的にはキアーズらは、リンの供給能力に差がある異なる種の菌根菌を植物の根と共生させ、植物が炭素をどちらの菌に多く送り込むかを、放射性同位体を使って追跡した。同様に植物についても糖分の供給能に差があるものを用意し、菌からリンの供給がどのように起こるかを調べた。その結果、菌根菌は、植物パートナーの善し悪しを認識し、受け取る光合成産物の量に応じて根に送り込むリンの量を調節できることが明らかになった。逆に、植物の側も、菌根菌がリンを十分に与えないと、植物は、その菌根菌を見限って別種の菌根菌と共生関係を強めることが明らかになった。共生関係にある生物の一方が相手に「制裁」

を加える例は、他の共生関係でも知られていたが、両者が互いに相手を選別していると実証した例は、キアーズらの研究がはじめてだ。この研究により、美しい関係に見える植物と菌類の助け合いが、相互監視により実現されていることが示唆された。[*17] 植物と菌根菌との共生関係が約五億年もの間維持されてきたことを考えると、おそらくこのような制裁機構は菌根共生が成立した初期から存在したと推測できる。つまり多くの植物と菌根菌との間では、パートナーを選別する仕組みがうまく働いていることを考えると、菌従属栄養植物は巧妙かつ精緻なだましのテクニックをもっている可能性が高いというわけだ。

また、菌従属栄養植物が菌類をだましているのではないかと感じさせる証拠は他にもある。たとえば、ヤツシロランの仲間の無菌苗を寒天培地上に静置し、一定距離をおいて菌根菌を置いてみると、その菌は最終的には細胞内に取り込まれ消化されてしまうにもかかわらず、植物に向かって自ら菌糸を伸ばすことがわかったのだ。このことから考えると、菌従属栄養植物が巧妙なだましの化学シグナルを発信することでパートナーとなる菌根菌を呼び寄せているに違いない。ここからは想像になってしまうが、アーバスキュラー菌根菌や外生菌根菌に寄生する菌従属栄養植物は、相利共生を営む独立栄養植物の根から分泌されるシグナルを模倣した化学物質を、そして腐朽菌に寄生する菌従属栄養植物は、腐朽菌の餌となる朽ち木や枯れ枝から出てくる化学物質を、それぞれ放出することでパートナーを呼び寄せているのではないだろうか。実際、先に述べたハマカキランのアルビノを用いた解析でも、誘引した菌類をだまし続ける秘訣ではないかと考えられる現象が見つかった。じつは菌従属栄養への依存度が高まると考えられるアルビノで、植物から菌根菌への炭素化合物の輸送に関わる遺伝子の中に発現上昇している

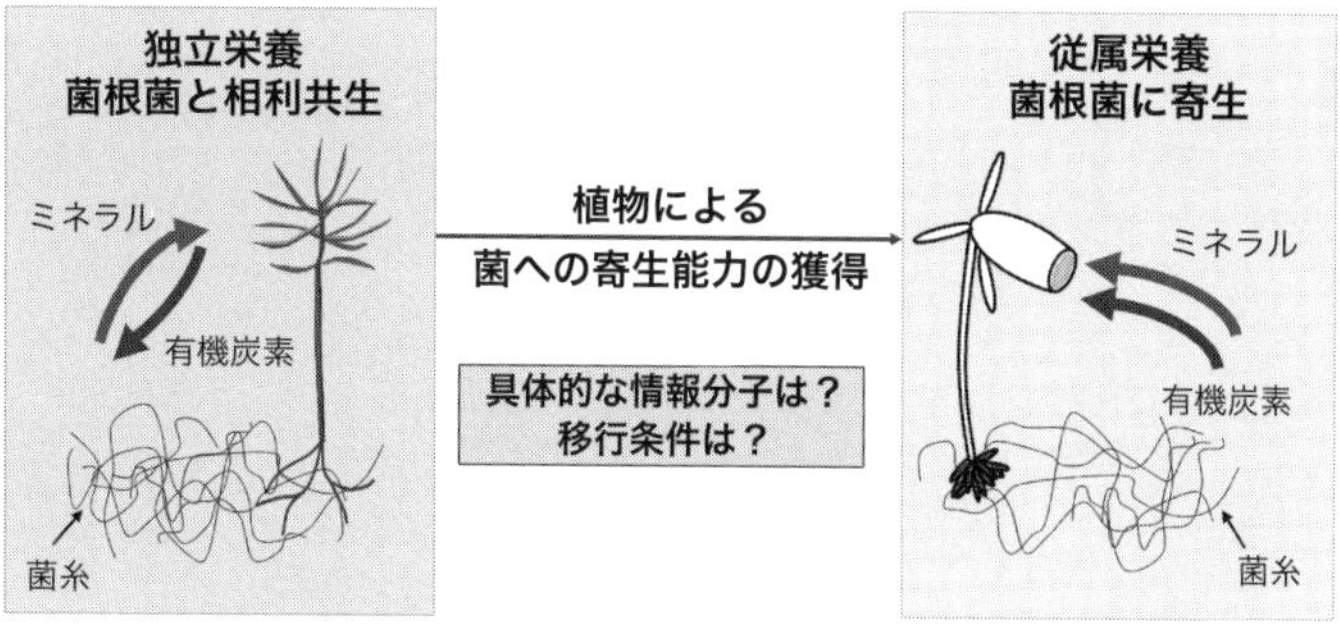

図15　将来的な研究展望
ブラックボックスである「だまし」の進化を解明し、菌根共生系を統合的に理解する。

ものがあることがわかったのだ。もちろんアルビノは光合成できないので、菌根菌から植物への正味の炭素移動量が多いのは間違いないが、菌従属栄養植物の菌根共生でも植物から菌類に移動する炭素化合物が存在するようだ。そして菌従属栄養植物からの炭素移動が存在することで、菌が菌従属栄養植物から報酬を受け取っていると勘違いし共生を続けるのかもしれない。興味深いことに、独立栄養植物のラン菌根共生系でも「菌根菌から植物」および「植物から菌根菌」双方への炭素の移動が確認されている。[*18] つまり潜在的には植物と菌の間では、双方向の炭素移動経路があり、独立栄養植物と菌従属栄養植物の違いは、それぞれの経路で運ばれる炭素移動量の変化だけで説明できることになる。このあたりが、菌従属栄養戦略と通常の菌根共生のメカニズムが、大枠は似通っていることと関係しているのだろう。

いずれにしても相利共生から寄生への変化がどのような条件で進化するのかは進化学上大きな問いであり、この問いの答えを見つけることは、共生を営む広範な生物の適応戦略の理解につながるだろう。つまり、「菌従属栄養植物が、お互いに利益をもたらしていた関係から、どのような適応を経て単なる寄生者になったのか」を明らかにできれば、菌根共生全体の深い理解につながるばかりか、生物同士がどのような時に助け合い、どのような時に敵対するのかについて示唆を与えることができるに違いない（**図15**）。私も前述の同種内で従属栄養性の揺らぎをもつサイハイランなどの系を活用し、この問いにチャレンジしていきたいと考えている。しかしながらこれは、私の専門分野である生態学や進化学だけで解決できるものではなく、分子生物学や有機化学など複数の分野を統合して挑む必要がある壮大な難問だ。光合成をやめた植物をめぐる冒険はまだ始まったばかりなのだ。

おわりに

今回紹介した菌従属栄養植物の多くは深い森に生息する植物である。菌従属栄養植物が生育可能であるということは、その背後に目には見えない菌根菌のネットワークが息づいている証拠であると言える。かつては、南方熊楠《みなかたくまぐす》も、シロシャクジョウ、ヒナノシャクジョウ、ホンゴウソウといった光合成をやめた植物が生える場所こそ森の聖域であると述べ、その環境の尊さを訴えた。つまり、豊かな森とそこに棲む菌類に支えられた菌従属栄養植物の存在は、その環境の貴重さを再認識させてくれる存在と言えよう。しかし、彼らは、生態系の絶妙なバランスの中で生活環を全うしているため、環境の変化に弱いという特性がある。そのため、多くの種が必要な保護を得る機会が与えられないまま絶滅の危機に瀕しており、未知の種が人知れず絶滅している可能性すらある。[*19][*20] 豊かな森とそこに棲む菌類に支えられた菌従属栄養植物が未来永劫生き続けることができる世の中であることを切に願っている。

なお菌従属栄養植物は貴重でまれな植物が多いため、地元でこれらの植物を見守る方々の助けなしで、私の研究は決して成し遂げることができなかった。一名ずつ名前を挙げることはできないが、これらすべての方々に感謝したいと思う。寄生と共生は表裏一体の概念で厳密な線引きはないと述べたが、私も依存しすぎて「寄生」にならないようにしながらこれからも多くの方々の協力のもと面白い研究を展開したいと考えている。

コラム●宮沢賢治の「菌根」講義

宮沢賢治（一八九六～一九三三）は『銀河鉄道の夜』『風の又三郎』『グスコーブドリの伝記』などの童話作家として、また「雨ニモマケズ」「永訣の朝」などの詩人としてよく知られている。賢治は盛岡高等農林学校※に大正四（一九一五）～九（一九二〇）年の間在籍し、農芸化学を学び、地質、土壌学などにも深い関心をもち、関豊太郎教授の指導を受け、卒業後も研究生として恩師に協力し「岩手県稗貫郡地質及土性調査報告書」の作成に参加した。上京したあと、大正一〇（一九二一）年に稗貫農学校（後の花巻農学校）の教師となり、化学や英語などを教えた。

※―日本で最初の高等農林学校として明治三五（一九〇二）年に創立された。

大正一五（一九二六）年、宮沢賢治は花巻農学校を辞職し、実家を出て郊外の下根子桜（現・花巻市桜町）で野菜などをつくりながら独居自炊生活を始めた。そして「羅須地人協会」と称して、近隣の農家や農学校の卒業生などを集め、農業や肥料の講義、レコードコンサートや音楽楽団の練習を行った。この羅須地人協会での講義のために作成したとされる絵図が残されている。[*1*2] これらの絵図は、六〇×九〇センチメートル程度の大きさの紙に、講義に必要な図を描いたものである。現在と違って、教科書はもちろん、印刷した資料の準備も容易ではない時代である。これらの絵図を壁に掛けて、教材として説明を行ったのであろう。当時の農学校や高等農林学校の講義でもこうした絵図を用いることは普通であった。

賢治の描いた絵図は、物理・化学から農業に関わる幅広い題材を取り上げており、図の中には、地学・土壌学関連の多くの図表とともに、植物の組織、細胞、微生物などの精密な図が数多く残されている。教材絵図の中には「寄生根・菌根」という一枚がある（図1）[*1*2]。ヤドリギと思われる寄生根と二種類の菌根が描かれている。菌根は菌鞘に覆われた外生菌根のチップと

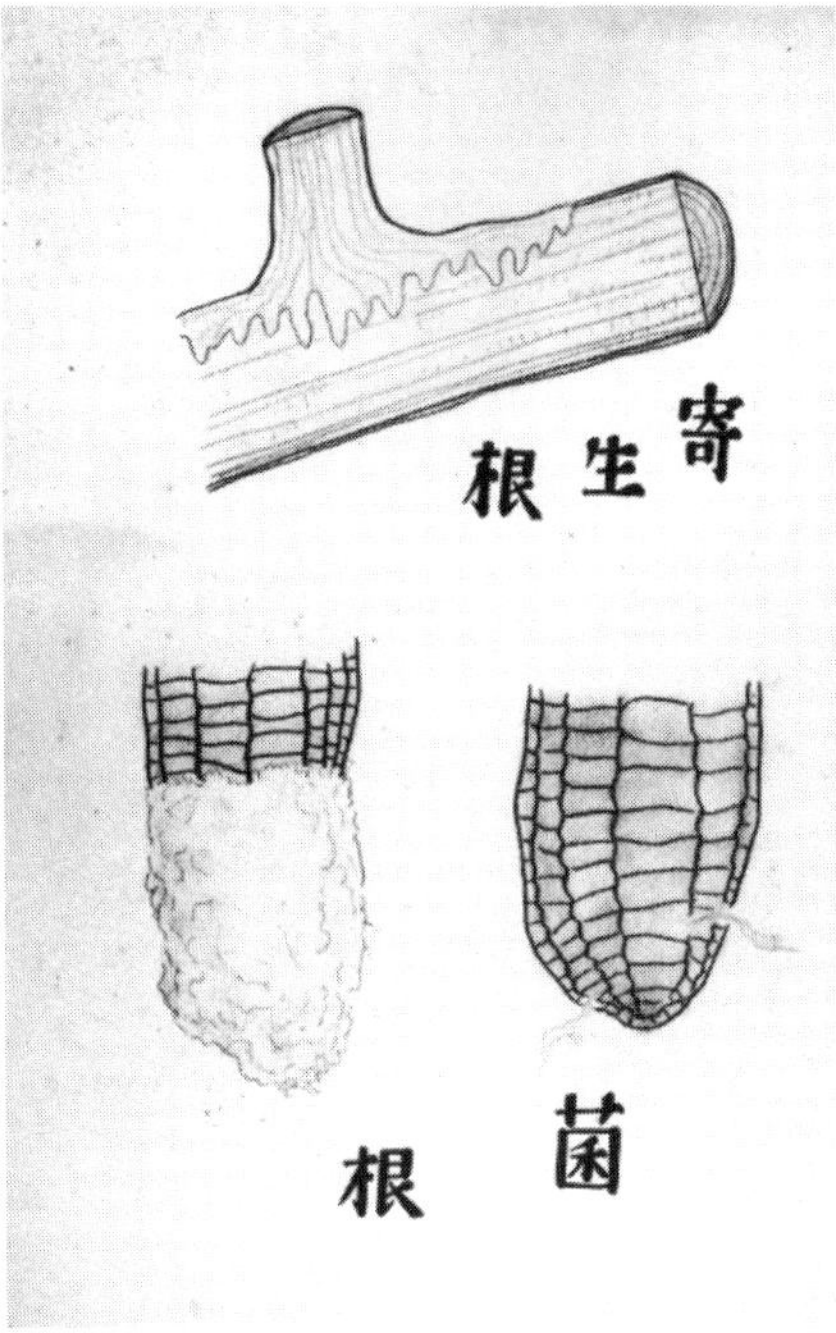

図1　宮沢賢治の自筆教材絵図の寄生根と菌根
（資料提供／宮沢賢治記念館）

根端から根外菌糸が伸長している図が描かれている。後者は内生菌根であるアーバスキュラー菌根を思わせる。

植物の微細な形態や土壌微生物などの絵図については、賢治自身も所有していた大工原銀太郎の『土壌學講義』[*3]や植物学の古典的教科書“Strasburger's text-book of botany”[*4]を参考にして模写したと考えられている。[*2] しかし、これらの教科書の中には菌根の図版はない。そこで、当時盛岡高等農林学校に所蔵されていた書籍が岩手大学図書館に保存されているので、宮沢賢治が読んだ可能性のある書籍を調べてみた。その中で、東京帝大教授であった三好学による『最新植物学講義』[*5]に注目した。この本は、当時の最新の植物学の知見を詳述した分厚いテキストである。菌根研究のパイオニアであるフランクのブナの外生菌根の図が引用され（**図2**）[*5]、「内菌根」「外菌根」の説明があり、内菌根の例として、柴田桂太による竹の菌根の図が掲載されている。菌根共生についての理解が限定的な時代ではあるが、菌根菌と植物が共生関係にあることを示唆する解説がなされている。

宮沢賢治がこの教科書を読んだかどうかは不明であるが、この本の図版をもとに賢治自身が作画したのかもしれない。しかし、三好のテキストの記述は植物学的（理学的）であり、菌根の農業あるいは林業への応用についての言及はない。ましてアーバスキュラー菌根（当時は、単に内生菌根と呼ばれていた）についてはまったく知られていなかった。にもかかわらず、賢治はなぜ農家向けの教材の中にあえて菌根を選んだのだろうか。

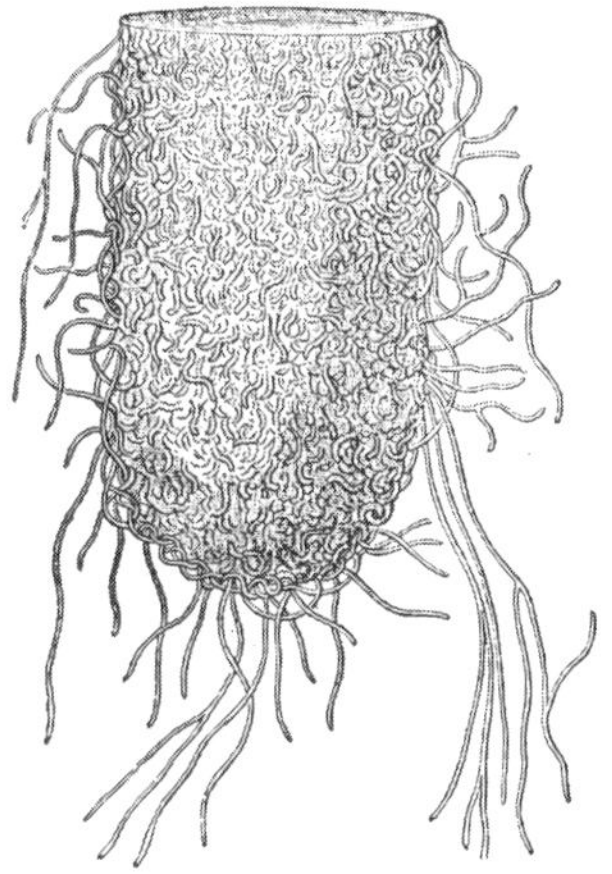

図２　フランクによる外生菌根の図

　賢治の講義は、絵や図を駆使して、自然現象や法則の目に見えるものの背景には途方もない「全体」があり、それは自然の循環・輪廻という思想にゆきつく、しばしば自然現象にとどまらず心の領域と融合するもの[*6]であったという。微生物と植物という異なる生物が共生し、あたかも新たな統合化された生物のようにふるまう現象は、まさに彼の自然観に一致し、賢治の『農民芸術概論綱要』の「世界がぜんたい幸福にならないうちは個人の幸福はあり得ない」という思想につながるものだったのかもしれない。それにしても、賢治は菌根の絵図を前にどんな講義をしたのだろうか。

　菌根は、賢治にとってテキスト上の座学の成果であって、自らで観察し修得した成果ではなかった。そのため、賢治の文学的想像力を刺激するには至らなかったのではなかろうか。寄生根を有するヤドリギについては、彼のいくつかの作品の中に登場するが、「菌根」が登場することはなかった。下根子での農村生活は、賢治の病気のため、昭和三（一九二八）年の夏、わずか二年半ほどで終わることになる。

（齋藤雅典）

第5章

菌根共生の鍵となる物質を探して

——ストリゴラクトンの発見とその後の展開

秋山康紀

アーバスキュラー菌根菌と植物との共生が始まったのは、植物が水中から陸へと進出した四億年前ごろのことである。水中とは異なり、陸上では無機栄養素や水がきわめて限られている。この厳しい条件の中で植物が生き抜くのに、アーバスキュラー菌根菌が絶対的な役割を果たしたと考えられている。今日、アーバスキュラー菌根菌との共生は七〇パーセント以上もの陸上植物種に見られ、農地や自然生態系で植物の生育を支え続けている。アーバスキュラー菌根菌が幅広く植物と共生できるのは、陸上植物の進化のごく初期段階で共生関係を結んだことによるものと考えられる。一方、アーバスキュラー菌根菌は絶対共生菌であり、生きている植物からしか有機炭素栄養を摂取することができない。そのため、菌単独ではほとんど生育できず、次世代の胞子も形成できない。よって、アーバスキュラー菌根菌にとっても植物との共生は、自身が生存し、そして子孫を残すのに絶対的に必要なことなのである。

では、四億年以上もの進化の歴史の中で、アーバスキュラー菌根菌はどのようにして土壌中でパートナーとなる生きた植物を見つけ、今日まで共生関係を保ち続けてきたのであろうか？　前書『菌根の世界』の第1章において、植物が根から「ストリゴラクトン」という物質を分泌してアーバスキュラー菌根菌を呼び寄せることが紹介されている（**図1**）。筆者は、幸運にも世界に先駆けてアーバスキュラー菌根共生シグナル物質がストリゴラクトンであることを解明した。本章では、アーバスキュラー菌根菌と植物との出合いを仲立ちする化学信号物質としてストリゴラクトンを発見するまでの経緯とその後の意外な展開について、できるだけ実際の現場での研究の流れに沿って解説する。

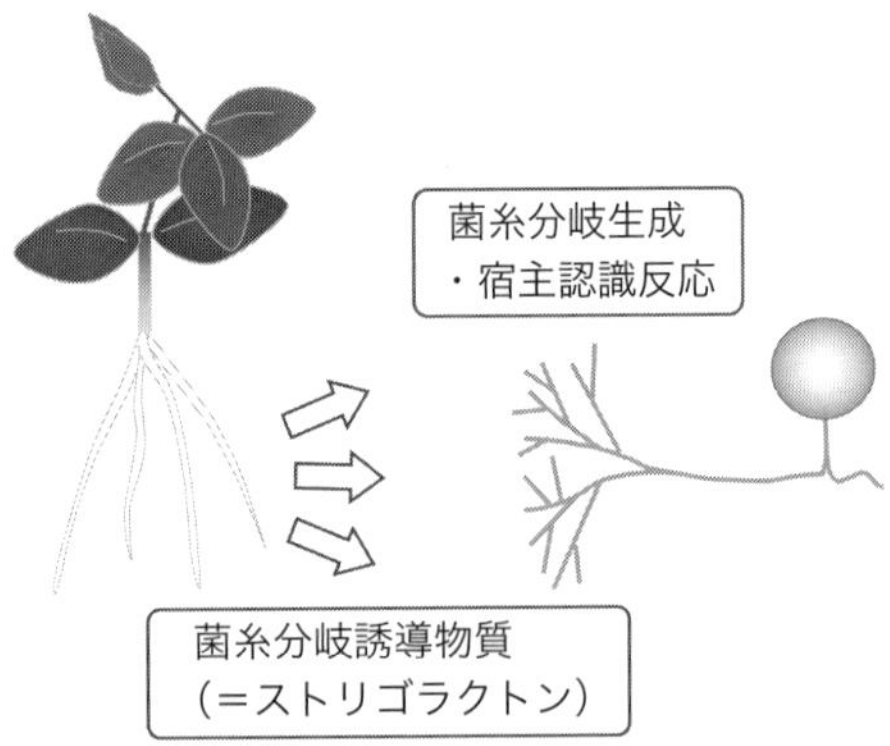

図1　植物は根からストリゴラクトンを分泌してアーバスキュラー菌根菌を呼び寄せて共生する
アーバスキュラー菌根菌は宿主となる植物の根を見つけると、菌糸を激しく分岐させて根に取りつこうとする。この菌糸分岐の誘導は、根から分泌される化学信号物質であるストリゴラクトンによって起こる。

アーバスキュラー菌根菌は宿主の根を見つけると激しい菌糸分岐を起こす

アーバスキュラー菌根菌は、土壌中ではおもに胞子として存在している。胞子の発芽は宿主とは独立しており、温度や水分などの環境条件や休眠打破などの生理条件が整えば、自発的に起こる。アーバスキュラー菌根菌の胞子は直径八〇～五〇〇マイクロメートルであり、一般的な菌類に比べると非常に大きい。この胞子中には多量のトリアシルグリセロール（いわゆる中性脂肪）が貯蔵されており、これを栄養源として菌糸を伸長させる。発芽後、胞子から伸びた菌糸はあまり分岐せず、まっすぐに伸びていき、離れたところにいる宿主植物の根にたどりつこうとする。しかし、（残念ながら）宿主植物の根が近くにいない時には、胞子中の栄養分が尽きないうちに生育を停止して休止状態に入る。

一方、宿主植物が近くにいる時には、根の近くにたどりついた途端に菌糸を激しく分岐させる。こうして扇状に分岐菌糸を拡げることで根の表面にたどりつき、そこで菌足と呼ばれる器官（付着器とも呼ばれる）を形成し、そこを足場として根の中に侵入して共生体としての菌根を形成していく。このアーバスキュラー菌根菌が宿主植物の根の近くで起こす菌糸分岐現象は、菌根共生における先駆的研究者であるイギリスのロザムステッド農業試験場のモッセらによって一九七五年にはじめて報告された[*1]。彼女は、ガラス試験管内に作製した寒天培地上で赤クローバーを無菌的に生育させ、その根にアーバスキュラー菌根菌を接種して、菌根が形成される様子を観察した。すると、アーバスキュラー菌根菌の菌糸が

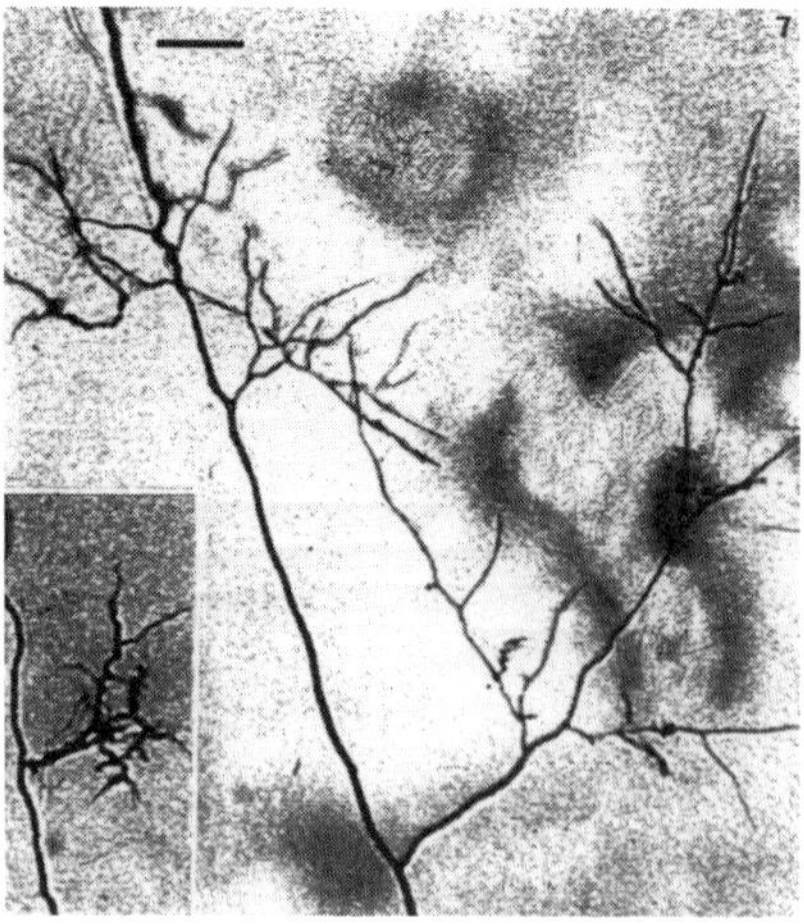

図２　モッセらが観察した赤クローバーの根の周辺で起きたアーバスキュラー菌根菌の菌糸分岐現象
彼女らはこれを「樹枝状体のような菌糸」と呼び、「未知の刺激に対する局所的な反応と思われる」と考察した。

根の周辺で激しく分岐するのを発見した（図２）[*1]。彼女は、これを「樹枝状体のような菌糸」と呼び、「未知の刺激に対する局所的な反応と思われる」と考察した。続いて、同じ試験場のポーウェルはタマネギの根の近くで胞子を発芽させて菌糸の生育の様子を観察した。モッセらと同様に、彼は、菌糸が根のいる方向に向かって分岐をくり返して「扇状の分岐菌糸」を形成することを見出した[*2]。それ以来、この宿主の根の近くでの菌糸分岐現象は多くの研究者により観察され、その機能や役割が論じられてきた。ポーウェルは、次のような洞察に満ちた考察を残している。「この菌糸分岐を起こす時に、アーバスキュラー菌根菌は根に感染できる状態に変化しているのではないか」

一九九〇年代に入り、イタリアのピサ大学のジオヴァネッティらは精密濾過膜を用いた巧妙な実験法により、菌糸分岐がアーバスキュラー菌根菌の宿主認識反応であることを明らかにした[*3]。彼女らはバジルなどの宿主植物の根の上に精密濾過膜を敷き、その上にアーバスキュラー菌根菌の胞子を置き、胞子

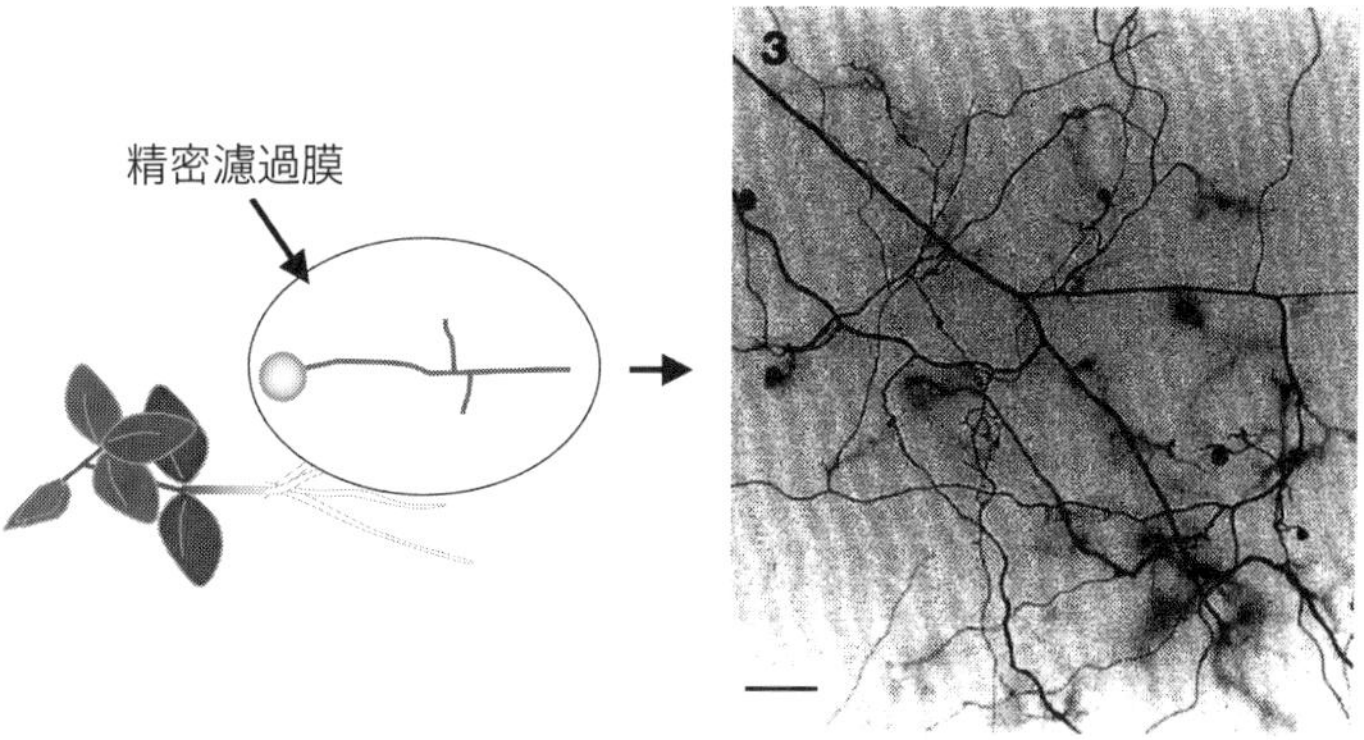

図3　ジオヴァネッティらが考案した精密濾過膜を利用した菌糸分岐の観察法
菌糸が膜直下に根があるところに到達すると、その場で激しく菌糸分岐を起こす。根と菌糸は精密濾過膜で仕切られていることから、菌糸分岐は根から分泌され、膜を透過する何らかの化学物質に反応して起こると考えられた。

が発芽した後に、菌糸が膜上をどのように生育していくのかを観察した。はじめ菌糸はあまり分岐せず、まっすぐに伸長していった。ところが、膜の直下に根があるところに到達すると先端成長をやめ、その場で激しく分岐菌糸を生成した（**図3**）[*3]。

この形態変化は、アブラナ科やヒユ科などアーバスキュラー菌根菌と共生しない非宿主植物の根では起こらないことがわかった。すなわち、菌糸分岐はアーバスキュラー菌根菌が宿主植物の根を見つけた時に起こす宿主認識反応だったのである。さらに詳細に観察したところ、菌糸分岐は菌糸が根近傍に到達した後、二四時間以内に速やかに起きることがわかった。胞子発芽後、エネルギー消費を最小限に抑えつつ菌糸を伸長させ、宿主の根が近くに存在することを感知した時にのみ、数多くの分岐菌糸を生成する。この菌糸の束を根に向かって放射状に伸ばすことで、より確実に根の表面にたどりつこうとする。根に取りつくことができれば、あとは菌足を形成して根に侵入すればよい。絶対共生菌として胞子中の限られた栄養源しか利用できないアーバスキュラー菌根菌にとって、このような宿主探索戦略は、土壌中という三次元空間で宿主と出会う確率を最大限にする方法としてじつに理に適っているように思われる。では、アーバスキュラー菌根菌は何を感知して宿主と非宿主を見分けているのだろうか?

菌糸分岐誘導物質「ブランチングファクター」

菌糸分岐は、宿主植物の根から分泌される何らかの物質により引き起こされると考えられた。そこでジオヴァネッティらはバジルの根の上に細孔の大きさの異なる精密濾過膜を置き、どの程度の大きさの分子がアーバスキュラー菌根菌の菌糸分岐を起こすのか調べた。その結果、菌糸分岐誘導物質は分子量が五〇〇以下の低分子の化合物であることがわかった。しかし、ジオヴァネッティらの精密濾過膜を用いる実験法は、菌糸の形態観察には適したものではあったが、この方法では、根から採取した分泌物をアーバスキュラー菌根菌に処理するのは難しかった。また、彼女らが実験に用いたグロムス属のアーバスキュラー菌根菌は培養前に行う胞子の表面殺菌にきわめて弱く、容易に発芽能を失ってしまう。さらに、うまく発芽したとしても、その後の生育はきわめて遅い。一連の精密濾過膜を用いた実験は、アーバスキュラー菌根菌の取り扱いについて職人芸的なきわめて卓越した技術と経験をもつジオヴァネッティだからこそ実行可能なものであった。

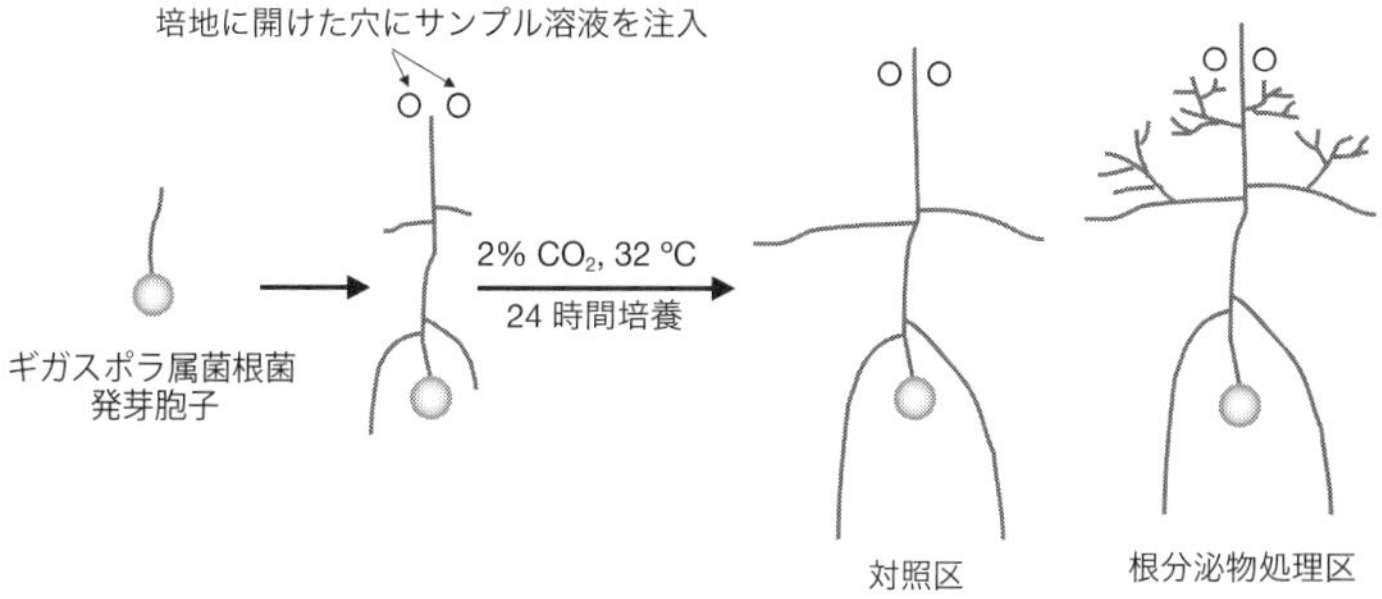

図4　ナガハシとダウヅが考案した菌糸分岐誘導試験法
表面殺菌に強く、菌糸の伸長の速いギガスポラ属の菌根菌の胞子を使用する。発芽菌糸の前方に開けた小さな穴にサンプル溶液を注入する。24時間培養後には、根分泌物処理区では十分に発達した分岐菌糸が観察できる。

そこで、米国農務省のナガハシとダウヅは、一九九九年から二〇〇〇年にかけて、ギガスポラ属の発芽胞子を用いた菌糸分岐試験法を新たに開発した。[*4] ギガスポラ属の胞子は〇・二～〇・四ミリメートル程度と大型で、他の属のアーバスキュラー菌根菌に比べると、表面殺菌に強いため発芽能を失いにくく、菌糸の生育も格段に速い。また、ギガスポラ属の発芽菌糸（一次菌糸）は負の重力屈性を示すために、固形培地プレートを垂直に立てて培養すると上方に伸びていき、その一次菌糸から側方に二次菌糸が分岐するため観察が容易である。

彼らはこのようにして垂直培養したギガスポラ属発芽胞子の菌糸前方にパスツールピペット（先を長く細く引き伸ばしたガラス製のピペット）で培地に穴をあけ、そこにサンプル溶液を注入するマイクロインジェクション法によるギガスポラ属菌糸分岐試験法を考案した。この試験法でのギガスポラ属のアーバスキュラー菌根菌の菌糸分岐応答は非常に速い。ニンジンの根から採取した分泌物で処理すると、六時間以内に菌糸分岐が始まり、二四時間後には十分に発達した分岐菌糸が観察できる。この試験法の開発により植物の根分泌物中に含まれる菌糸分岐誘導物質の検出が可能になった（図4）。

この新たに開発した菌糸分岐試験法を用いて、ナガハシとダウヅはアーバスキュラー菌根菌の宿主植物であるニンジンやトウモロコシ、トマトの根分泌物をメタノールと水の混合溶媒を溶離液に用いたクロマトグラフィーで精製し、得られた画分（混合物を分割して得られた区分）について菌糸分岐誘導活性を調べた。その結果、ニンジンとトウモロコシでは五〇パーセントと七〇パーセントメタノール溶出画分、トマトでは五〇パーセントメタノール溶出画分に活性が見られた。さらに、ニンジンの根分泌物についてシクロヘキサンと酢酸エチルの混合溶媒を溶離液に用いた別のクロマトグラフィーにより精製を行ったところ、菌糸分岐誘導は異なる複数の画分に見られた。

同様に、アーバスキュラー菌根菌と共生しない非宿主であるヒユ科のテンサイから採取した根分泌物について調べたところ、まったく菌糸分岐が起きず、反対に菌糸の生育は阻害された。以上の実験から、菌糸分岐誘導物質はアーバスキュラー菌根菌の宿主植物のみが生産していること、また、植物種ごとに異なっており、同一種でも複数存在することが示唆された。そこで彼らは、植物での菌糸分岐誘導物質の生産が低リン酸栄養条件で促進される。植物とアーバスキュラー菌根菌との共生は低リン酸栄養条件で促されるのではないかと推測し、ニンジン毛状根における菌糸分岐誘導物質生産のリン酸栄養の影響を調べた。その結果、リン酸栄養を十分に与えて生育させた根と、リン酸栄養を欠乏させて生育させた根を比べると、後者のほうが多量の菌糸分岐誘導物質を生産していることがわかった。

ナガハシとダウヅらの菌糸分岐試験法の開発を受けて、アーバスキュラー菌根共生研究の第一人者であるフランスのポール・サバティエ大学のベカードも菌糸分岐誘導物質の解明に乗り出した。[*5] 彼はこの物質を「ブランチングファクター（菌糸分岐因子）」と名づけた。ベカードの研究グループは、根分泌物を分液漏斗を用いて酢酸エチルと水で抽出すると、菌糸分岐誘導物質は酢酸エチルで抽出される脂溶性（親油性）の物質であることを見出した。そこで、彼らはさまざまな植物材料から酢酸エチル抽出物を調製して、ナガハシとダウヅらの菌糸分岐試験法を用いて菌糸分岐誘導を調べた。その結果、ニンジン、タバコ、トウモロコシ、エンドウといったアーバスキュラー菌根菌の宿主の根分泌物から調製した酢酸エチル抽出物では菌糸分岐が誘導されたが、アブラナ科のシロイヌナズナやアブラナ、そしてヒユ科のテンサイといった非宿主の酢酸エチル抽出物では菌糸分岐は起きないことがわかった。さらに、ニンジンのカルス（未分化の細胞の塊）の細胞分泌物から酢酸エチル抽出物を調製して調べたところ、菌糸分岐は誘導されなかった。これらの結果から、菌糸分岐誘導物質はアーバスキュラー菌根菌の宿主のみが生産しており、それは根で生産されていることがわかった。加えて、彼らはアビエチン酸、ブラシノライド、ジャスモン酸、サリチル酸といった既知の植物由来の生理活性物質についても調べたが、それらはすべて菌糸分岐を誘導しなかった。

一九八〇年代半ばに、マメ科植物と根粒菌との共生において、マメ科植物が根から分泌するフラボノイドが根粒菌に対する共生シグナル物質であることが明らかにされた。根粒菌は菌根菌と違ってバクテリア（細菌）の仲間であり、根に根粒と呼ばれるこぶ状の器官を形成することでマメ科植物と共生し、空気中の窒素をアンモニアに還元して宿主植物に供給する。バクテリアと菌類との違いはあるのだが、両者ともに根で共生する微生物であることから、アーバスキュラー菌根共生においても、フラボノイドがシグナル物質として働いているのではないかという期待が高まった。そこで、一九八〇年代後半から一九九〇年代半ばにかけてフラボノイドのアーバスキュラー菌根菌の生育に対する効果が集中的に調べられた。その結果、ケルセチンやケンフェロールなどのいくつかのフラボノイドが胞子発芽や菌糸伸長、菌糸分岐形成の促進、二次胞子の形成誘導などの作用を示すことがわかった。しかし、これらの研究は菌糸分岐試験法の開発よりも前に行われたものであったことから、ベカードとナガハシはそれぞれ独立にケルセチンについて菌糸分岐誘導について調べた。その結果、ケルセチンは菌糸分岐を誘導しないことがわかった。さらに、フラボノイド生合成における鍵酵素であるカルコン合成酵素を欠損したトウモロコシ変異体の根分泌物が野生型のものと同等の菌糸分岐を誘導することが明らかになったことから、フラボノイドが菌糸分岐誘導物質である可能性はほぼ完全に否定された。

私の「ブランチングファクター」研究事始め

私がアーバスキュラー菌根共生についての研究をスタートしたのは、一九九六年七月に大阪府立大学農学部（現・大阪公立大学農学部）に助手（今で言う助教）として採用されてからのことである。私の専門は天然物化学・生物有機化学であり、植物や微生物の生産する生理活性をもつ天然有機化合物をおもな研究対象としていた。学生時代と農林水産省農業生物資源研究所でのポスドク時代は、植物と病原菌類との病原相互作用に関与する生理活性物質や関連遺伝子の研究に従事していた。着任先の研究室の教授・林英雄（現・大阪府立大学名誉教授）はアーバスキュラー菌根菌（当時はまだVA菌根菌と呼んでいたが）に関する研究の立ち上げを私に依頼した。菌根菌のことは、かろうじて「マツタケは確か菌根菌の仲間だったよな」程度の知識しかなく、アーバスキュラー菌根菌についてはまったく知らなかった。そこで、これまでに行われてきた研究について文献や専門書などで予備調査をすると、私たちのような天然物化学者はほとんど菌根研究に参入しておらず、菌根共生に関与する生理活性物質は未解明だった。

これらの文献調査を通して、アーバスキュラー菌根共生が非常に幅広い植物に見られ、農地を含む自然生態系できわめて重要な働きをしており、進化的にも大変興味深いものであることがわかった。そんな生物共生系で働く未解明の天然有機化合物群は、いわば「未発掘の宝の山」であり、とても有難い状況であった。そんな菌根共生に関わる生理活性物質のうち、もっとも重要で、かつ学術的にインパクトのあるものは、植物とアーバスキュラー菌根菌とが共生を開始するきっかけとなるシグナル物質と思われた。菌根共生に限らず、植物と微生物との相互作用は互いの存在を認識するシグナル物質により始まる。よって、それらシグナル物質の解明は科学研究の歴史の中で常に高く評価されてきた。そこで、私は、上述してきた菌糸分岐誘導物質「ブランチングファクター」の解明を目標に掲げ、研究を開始した。

とはいえ、アーバスキュラー菌根菌については知りもしなかったし、もちろん扱った経験もない。幸い、アーバスキュラー菌根菌の入手については、当時、アーバスキュラー菌根菌の農業用の微生物資材化に成功していた出光興産やセントラル硝子から分けてもらうことができた。菌糸分岐誘導物質の解明には、まず、ジオヴァネッティやナガハシ、ベカードらのように、アーバスキュラー菌根菌の胞子をシャーレ内で無菌的にうまく発芽させ、菌糸の生育を観察できる実験技術を身につけないといけない。

一般的に、アーバスキュラー菌根菌の胞子は、土壌栽培した宿主植物の根に菌根菌を感染させて増殖させる。そのため、胞子には土壌中に生息しているバクテリアや菌類が付着している。シャーレ内で培養するためには、この胞子に付着している雑菌を適当な薬剤で殺菌する必要がある。実験としては単純なのだが、これがじつに困難な道のりであった。薬剤処理が強いと雑菌だけでなく、胞子も死んでしまって発芽しなくなる。だからといって、弱く処理すると殺菌が不完全となり雑菌が繁殖してしまう。増殖させた胞子の性質も収穫ロットごとにばらつきが大きく、あるロットで成功した条件が、次のロットではまるでうまくいかないことに悩まされた。そんな日々を過ごして五年あまりが経ったころ、ようやっとギガスポラ属の胞子をうまくシャーレ中で無菌的に発芽生育できるようになった。

次に、さまざまな宿主植物の根から分泌物を調製して、生育した菌糸に処理して菌糸分岐が起きるかどうかを試してみた。サンプル処理にはナガハシとダウヅらの考案したマイクロインジェクション法を用いた。ところが、菌糸分岐はまるで起きず、むしろ生育が阻害されることもあった。「ブランチングファクターなんて、ほんとうは存在しないんじゃないか……」と先行研究の結果を疑ったりもした。

うまくいかない状態で半年ぐらい経ったころ、マイクロインジェクション法をやめて、抗菌試験に用

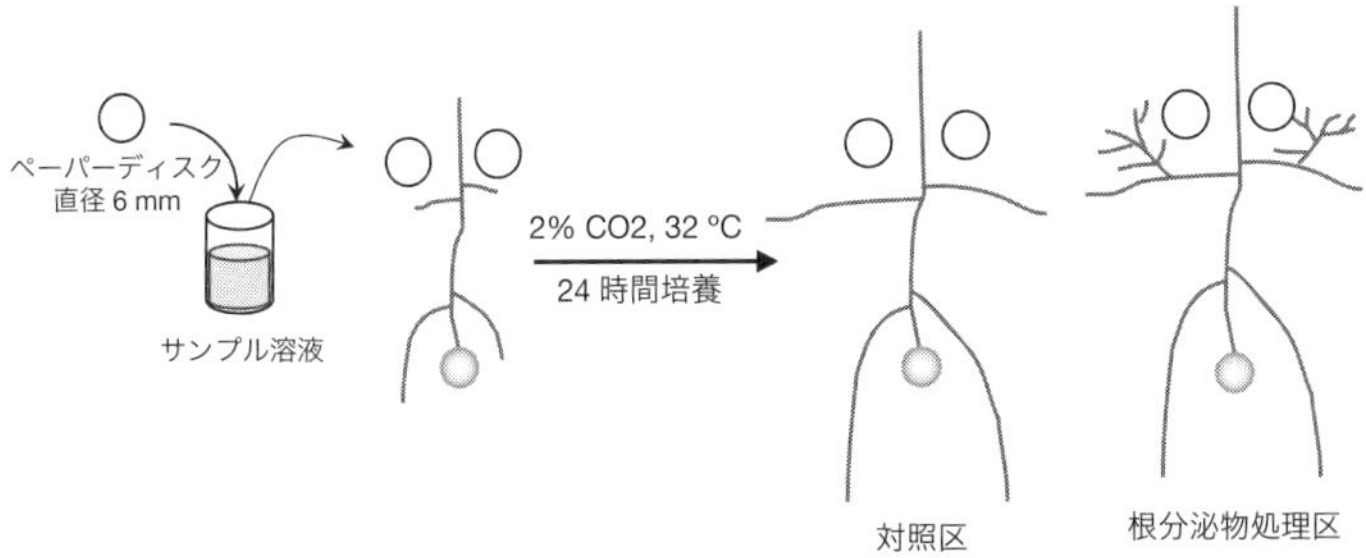

図5　筆者らが考案したペーパーディスクを用いた菌糸分岐誘導試験法
ナガハシ - ダウヅ法と同様にギガスポラ属の菌根菌の胞子を使用する。サンプルの処理には抗菌試験でよく用いられるペーパーディスクを使う。サンプル溶液を染みこませたペーパーディスクを２次菌糸の近くに置く。ナガハシ - ダウヅ法で行う培地に穴を開ける作業がないので、より簡便になっている。

いるペーパーディスク法を試してみることにした。天然物化学では微生物の生産する抗生物質を対象とした研究が数多く行われてきており、抗菌試験にはペーパーディスク（小さな円形の濾紙）を用いるのが一般的であり、直径六、八、一〇ミリメートルの規格品も市販されている。私にとってもペーパーディスクはお馴染みの実験用品であった。うまくいかない日々の中で、気分だけでも変えたいと思って、ダメで元々で試してみた。処理にはエンドウの根から採取した分泌物を用いた。

処理翌日にシャーレを観察すると、ついに、それまで見たことがなかった菌糸分岐が起きていた（**図5**）。二〇〇二年一二月のことである。よほどうれしかったのであろう、当時の実験ノートには菌糸分岐が起きた菌根菌の写真が何枚も貼ってある。

ごく微量で非常に不安定な菌糸分岐誘導物質を単離する

菌糸分岐試験法が完成したので、いよいよ根分泌物からの菌糸分岐誘導物質の精製を開始した。当時一緒に研究を行ってくれていた卒論生の松崎謙一はニンジンから、私はミヤコグサから「ブランチングファクター」の単離を目指した。前述のように、ニンジンが生産する「ブランチングファクター」については、何人かの菌根研究者が予備的な研究を行って論文に発表していたので、化学的性質に関してある程度の情報がある状況であった。ミヤコグサは当時、マメ科のモデル植物として川口正代司（現・基礎生物学研究所教授）を中心に普及が進められており、ゲノム解読計画も進行中であった。どちらの植物から「ブランチングファクター」を解明したとしても、その後の生物学的研究への橋渡しはスムーズにいくだろうと考えた。

ミヤコグサとニンジンをそれぞれ低リン酸栄養条件で水耕栽培し、水耕液をスチレン系の合成吸着樹脂（ポリスチレン樹脂）を充塡したカラムに通液した後、アセトンで溶出することで水耕液中に分泌される脂溶性の根分泌物を回収した。次に、減圧条件で溶出液のアセトンを留去（蒸発させて除去）し、得られた水溶液を酢酸エチルで抽出した。この酢酸エチル抽出物をペーパーディスクに染み込ませ、シャーレ中で生育させたギガスポラ菌の菌糸の近くに置いて、翌日に菌糸分岐が誘導されるかを観察した。ミヤコグサ、ニンジン共に、ペーパーディスク一枚あたりわずか十数マイクログラム（一マイクログラ

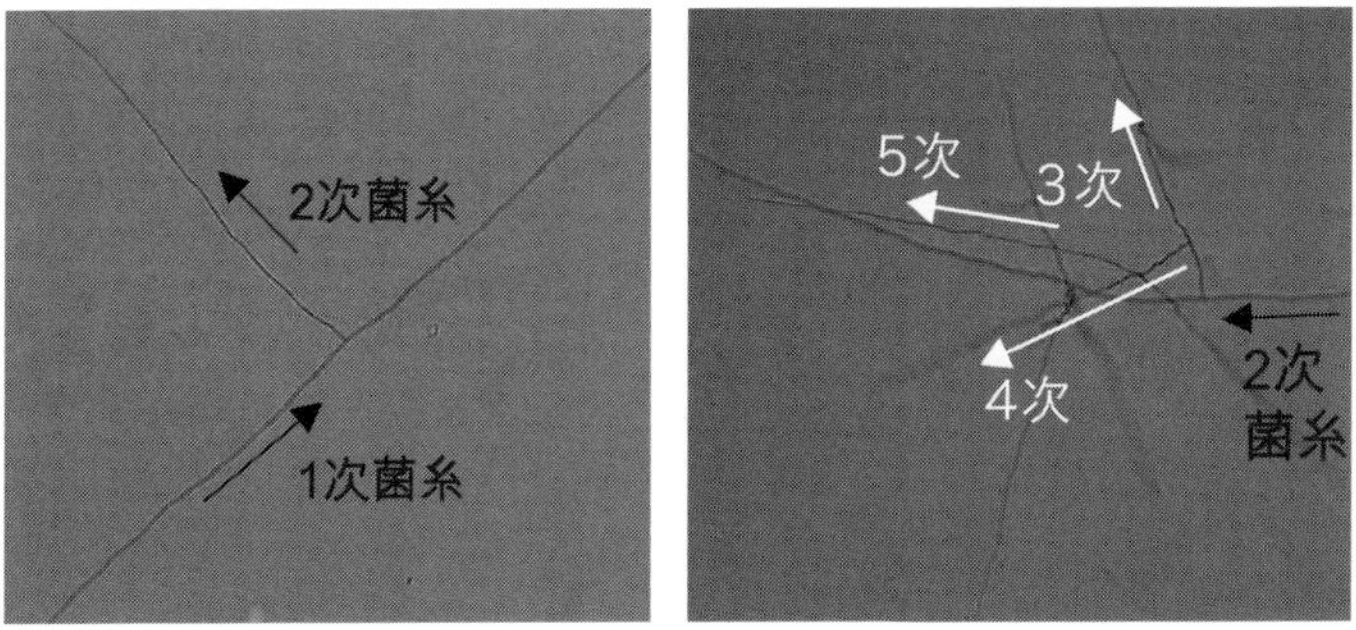

対照区
70% エタノール水溶液

ミヤコグサ根分泌物
酢酸エチル抽出物
15 μg/ ディスク

図6　ミヤコグサから採取した根分泌物の酢酸エチル抽出物による菌糸分岐誘導
1 枚あたり 15μg の抽出物を染み込ませたペーパーディスクを 2 次菌糸の近くに置き、24 時間培養後に観察した。抽出物を染み込ませていない対照区では 2 次菌糸から新たな分岐菌糸は生じないが、酢酸エチル抽出物を染み込ませた実験区では 2 次菌糸から 3 次、4 次、5 次菌糸を生成している。

ム＝一〇〇万分の一グラム）の酢酸エチル抽出物を与えるだけで強力に菌糸分岐を引き起こした（図6）。植物は根から糖やアミノ酸、脂肪酸、その他さまざまな物質を分泌する。同時に、「ブランチングファクター」も分泌されているのだが、一般的に、化学信号物質はきわめて低濃度でも相手の生物に感知されるので、ごく微量しか分泌されない。「ブランチングファクター」の化学構造を明らかにするためには、まず「ブランチングファクター」を純粋に単離する必要がある。そこで、さまざまな種類のクロマトグラフィーを用いて精製を行った。クロマトグラフィーで得られたすべての画分を菌糸分岐試験法に供して、「ブランチングファクター」が含まれている画分を特定し、その画分に含まれている物質群をさらに別の種類のクロマトグラフィーで精製する。これをくり返して、最終的に

「ブランチングファクター」を単離できたら、質量分析法や核磁気共鳴分光法などの機器分析により化学構造を決定するわけである。

ところが、この精製作業も非常に難航した。目的物を単離するまでにはクロマトグラフィーを数回行うのが通例である。一回目、続く二回目のクロマトグラフィーでは、菌糸分岐誘導はいずれかの画分で見られるのに、それ以降さらにクロマトグラフィー精製を続けていくと、どの画分にも菌糸分岐誘導が見られなくなってしまうという状況に陥った。生物の生産する天然有機化合物には不安定で分解しやすいものが多い。もちろん、そのようなことは専門家として百も承知なので、一連の操作は細心の注意を払いながら行っているのだが、「ブランチングファクター」の不安定さはこちらの想定を超えているようであった。何回もはじめからやり直すのだが、そのたびに菌糸分岐誘導は消える。虹を追いかけるような日々だった。

菌糸分岐誘導が消失する状況をいろいろ考えていくと、どうも水やアルコールを用いるクロマトグラフィーを行った際に「ブランチングファクター」の分解が進んでいるように思われた。そこで、そのようなクロマトグラフィーの使用をできるだけ避ける精製手順を考案した。そうしてようやく、二〇〇四年七月、ミヤコグサの水耕液九九二〇リットル（重量にして約一〇トン、四五リットルポリバケツ満タンで約二二一杯分）から調製した酢酸エチル抽出物から六工程のクロマトグラフィーによる精製を経て約八マイクログラムの「ブランチングファクター」をほぼ純粋に単離することに成功した。単離作業を開始してから約一年半が経っていた。このミヤコグサ・ブランチングファクターはペーパーディスク一枚あたり約八〇ピコグラム（一ピコグラム＝一兆分の一グラム）で菌糸分岐を誘導した。

ある未知の天然有機化合物の化学構造を機器分析により決定しようとする場合、少なくとも一ミリグラム程度の純粋な試料が必要である。約八マイクログラムで、しかも完全には純粋にしきれていない試料では、可能な分析は限られている。しかし、測定できた質量分析と紫外可視分光分析からミヤコグサ・ブランチングファクターの構造の一部が判明した。それはブテノライドと呼ばれる五員環ラクトン構造（五つの原子からなる不飽和環状エステル）であった。植物の根分泌物からこれまでに単離されている天然有機化合物の中で、この部分構造をもつものがあった。それがストリゴラクトンである。

アーバスキュラー菌根共生シグナル物質としてのストリゴラクトンの再発見

ストリゴラクトンは、根寄生植物の種子発芽刺激物質として単離されていたテルペノイドである。ストライガやオロバンキなどに代表される根寄生雑草は、主要作物の根に寄生して養水分を奪う。種子は適当な温度・水分条件下で休眠から醒めた後、宿主植物の根から分泌されるストリゴラクトンを感知して発芽する。その後、宿主の根内に侵入し、通導組織から養水分を奪って成長する。根寄生植物は光合成能を大きく欠いているため、アーバスキュラー菌根菌と同様に、その生存には植物への寄生が必須である。アフリカや中東、南アジア、ヨーロッパ、オーストラリアなどに分布する難防除性の強害雑草であり、農作物に甚大な被害を与えている。一九六六年に、アメリカのリサーチ・トライアングル・インスティテュートのクックらが、ワタの水耕液から二種類のストリゴラクトン（ストリゴールと酢酸ストリギル）をはじめて単離した。[*6] じつは、アメリカ合衆国にも一時、ストライガが侵入し、駆除に苦慮した経緯がある。その後、一九九二年に、ドイツのハイデルベルク大学のハウクとミュラーらがソルガムからソルゴラクトン、ササゲからアレクトロールをそれぞれ単離している。

天然から五番目に単離されたストリゴラクトンはオロバンコールである。一九九八年に、このストリゴラクトンを赤クローバーから単離したのは、日本の帝京大学の横田孝雄である。じつは、当時より日本はストリゴラクトン研究の聖地であった。竹松哲夫（宇都宮大学名誉教授）が創設した宇都宮大学・雑草科学研究センター（当時）において、竹内安智（宇都宮大学名誉教授）が日本ではじめて根寄生植物の研究を立ち上げた。その下で、米山弘一（宇都宮大学名誉教授）が、学外の森謙治（東京大学名誉教授）、杉本幸裕（鳥取大学乾燥地研究センター〈当時〉、現・神戸大学教授）そして前出の横田孝雄ら農芸化学者と共にストリゴラクトン研究に励んでいた。

私も先生方と同じ日本農芸化学会や植物化学調節学会に所属していたので、根寄生植物の寄生原因物質としてのストリゴラクトンの研究発表を拝聴していた。横田孝雄は、植物ホルモンの一つブラシノステロイドであるカスタステロンを単離同定するなど、世界屈指の天然物化学者であった。根から分泌される天然有機化合物を単離するということで、私は横田のオロバンコールの論文を精読し、研究法の参考にしていた。そのお陰で、自分が単離したミヤコグサ・ブランチングファクターがストリゴラクトンであることにすぐに気づいた。さらに幸いなことに、当時、杉本とミヤコグサを用いた研究を通して知り合いになれていたことから、杉本からストリゴールとソルゴラクトン、そして合成人工ストリゴラクトンであるGR24を分与してもらうことができた。これらを菌糸分岐試験法に供したところ、三つの化合物はすべて強く菌糸分岐を誘導した。この時点において、アーバスキュラー菌根共生における化学信号物質は、以前から根寄生植物の種子発芽刺激物質として知られていたストリゴラクトンであることが確定的になった。しかし、杉本からもらったサンプルと私の単離したミヤコグサ・ブランチングファクターをさまざまな条件で分析してみると一致しないことがわかった。すなわち、ミヤコグサ・ブランチングファクターはこれまでに発見されていない新規のストリゴラクトンであった。当時からストリゴラクトンはごく微量・不安定・高生物活性物質として有名であり、その単離と構造決定は天然有機化合物の中でももっとも難度が高かった。とんでもないものを取ってしまった。果たして、自分にミヤコグサ・ブランチングファクターの化学構造を決めることができるのだろうか……。

ブランチングファクターとしての新規ストリゴラクトン・5-デオキシストリゴールの同定

ミヤコグサ・ブランチングファクターの精製の終盤では、精製状況をチェックするために核磁気共鳴スペクトルを測定していた。それまでの分析データをいろいろと解析している時に、ふと、この核磁気共鳴スペクトルを大きく拡大すれば、ストリゴラクトンに由来するシグナルが見つけられるかもしれないと思った。そうしてスペクトルを思いっきり拡大し、混合物に由来する巨大なシグナルの中に、とても小さいけれども、はっきりとストリゴラクトンに由来するシグナルをいくつか見つけることができた（図7）。一九六六年にストリゴールが単離されて以降、その構造の面白さと根寄生雑草防除剤の開発を動機として、有機合成化学者によってストリゴラクトンとその誘導体が数多く合成され、論文が発表されていた。これら化学合成されたストリゴラクトンのスペクトルデータとミヤコグサ・ブランチングファクターの粗精製物で検出されたシグナルを比較していった。そうすると、一九九三年にドイツのルール大学のヴェルツェルらのグループが、ストリゴールの誘導体として合成した5-デオキシストリゴールとぴったり一致していた（図8）。

5-デオキシストリゴールはまだ天然から単離されておらず、天然物の合成誘導体でしかなかったが、水酸化によってストリゴールやオロバンコールに変換されうる構造であるため、天然に存在していてもおかしくないと思われた。そこで、5-デオキシストリゴールを自分で化学合成して、ミヤコグサ・ブランチングファクターと比較することにした。

合成した5-デオキシストリゴールをさまざまな条件で分析し、ミヤコグサ・ブランチングファクターと比較したところ、すべてのデータが一致した。菌糸分岐試験でも合成した5-デオキシストリゴールはペーパーディスク一枚あたりピコグラムオーダーで強く菌糸分岐を誘導した（図9）。こうして、ミヤコグサ・ブランチングファクターは、新規ストリゴラクトンである5-デオキシストリゴールであることが明らかになった。しかし、ミヤコグサから単離した5-デオキシストリゴールにはわずかではあるが不純物が含まれており、機器分析データにもそれに由来するシグナルが現れていた。これでは、論

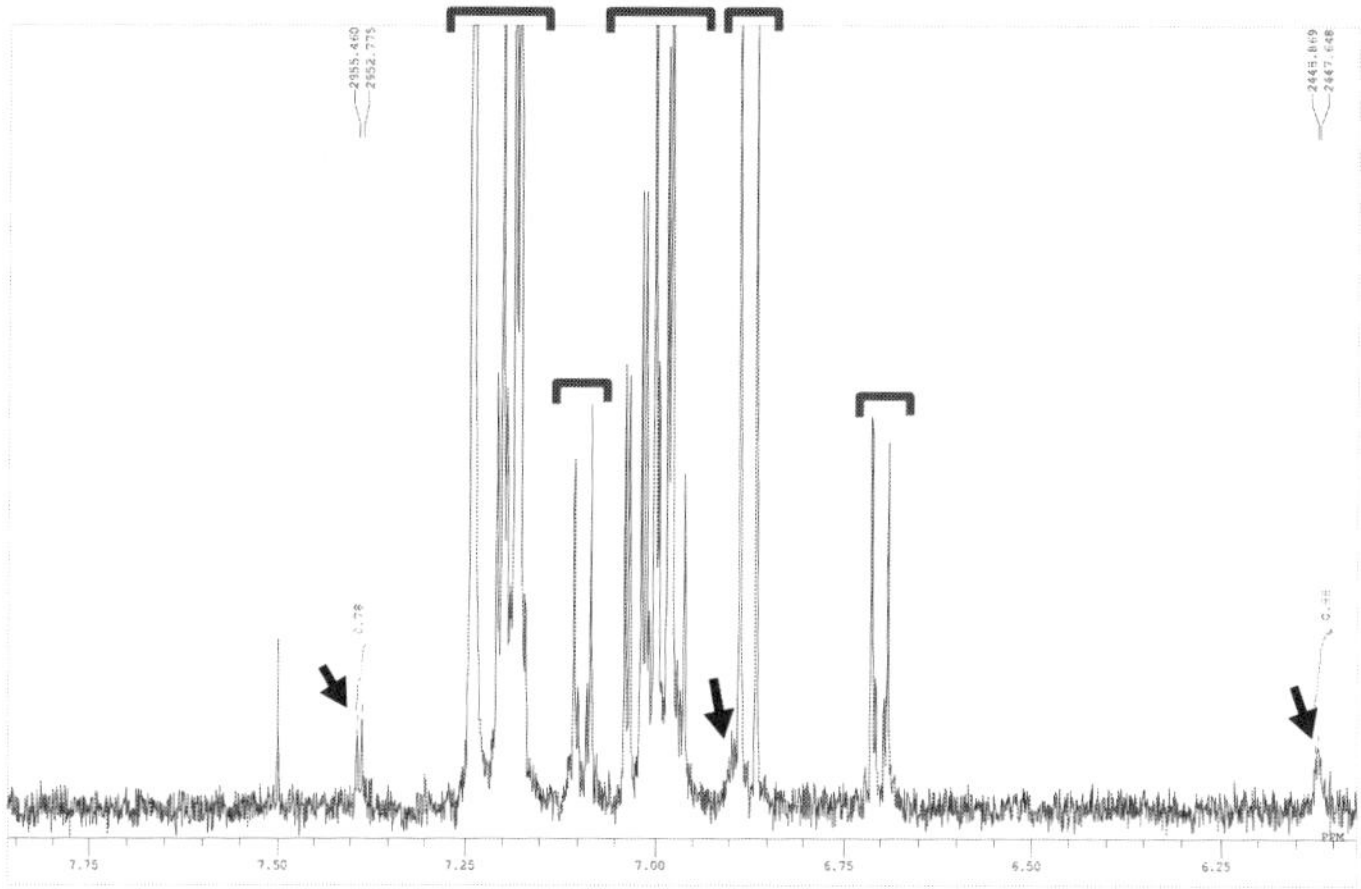

図7　最終工程の１つ前の精製工程後に測定した核磁気共鳴スペクトルで観測されていたストリゴラクトンに由来するシグナル

この精製段階でもストリゴラクトンの含量はわずかである。主要な混合物に由来する巨大なシグナル（中央の下向き角カッコ）と共に、ストリゴラクトンに由来する小さなシグナル（矢印）を見つけることができた。

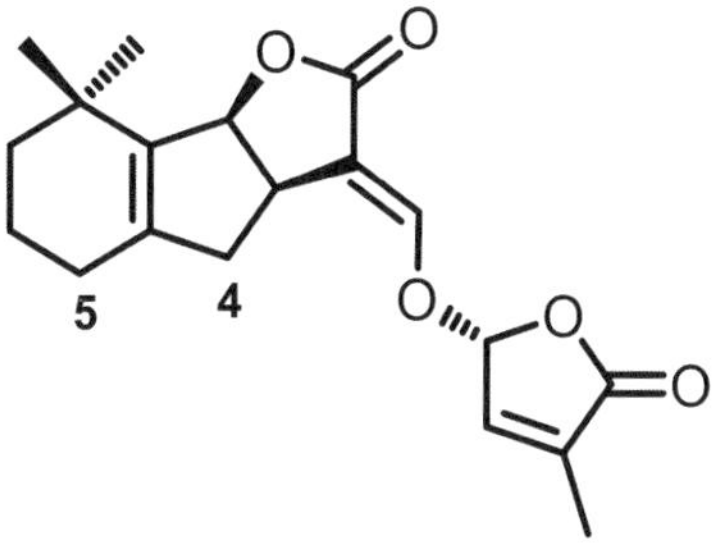

図8　ミヤコグサの「ブランチングファクター」であることが明らかになった5-デオキシストリゴール

ストリゴラクトンは連続した３つの環からなる部分と５員環ラクトン（5つの原子からなる不飽和環状エステル）が架橋した特徴的な構造をもつ。5-デオキシストリゴールの５位と４位にそれぞれ水酸基が置換したものがストリゴールとオロバンコールである（厳密にはオロバンコールでは２つの不斉炭素原子における立体配置が反転している）。

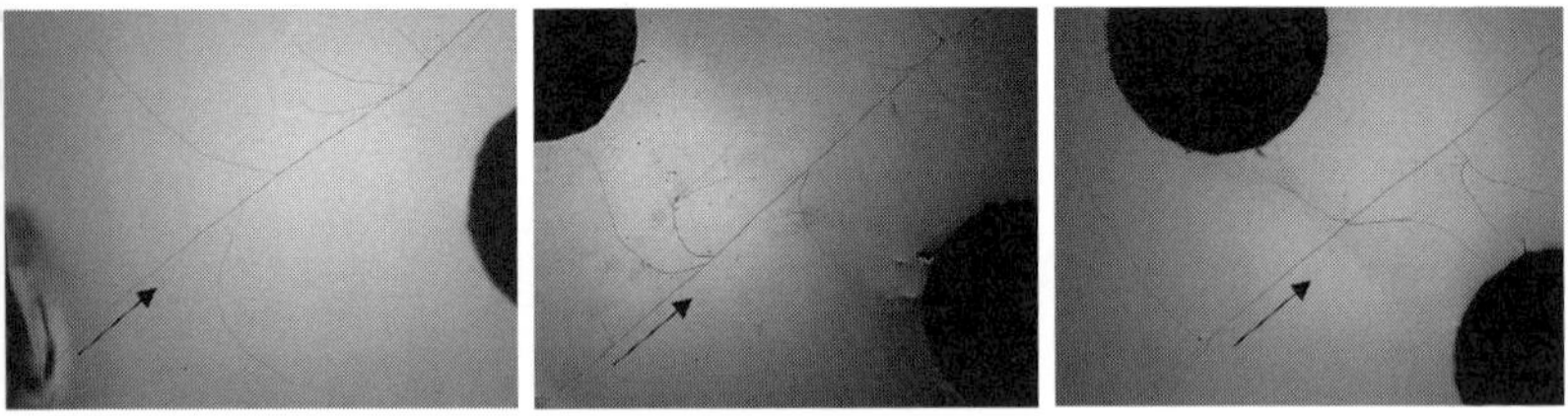

対照区
70% エタノール水溶液

天然 5- デオキシストリゴール
30 pg/ ディスク

合成 5- デオキシストリゴール
100 pg/ ディスク

図9　ミヤコグサから単離した天然の5- デオキシストリゴールと化学的に合成した5- デオキシストリゴールによる菌糸分岐誘導

天然の5- デオキシストリゴールの菌糸分岐を誘導する最小量は、ディスク1枚あたり3 pgであった。

文提出用の最終データとしてはまったく不完全である。そこで、ミヤコグサから完全に純粋な5－デオキシストリゴールを単離し、疑いなく構造を証明できる美しい機器分析データを取得すべく、また仕切り直すことにした。

どうしたら5－デオキシストリゴールをきれいに単離できるだろうか。ここで、ストリゴラクトンのはじめての単離例であるワタの根分泌物からのストリゴールの精製法について、一九六六年に発表された論文をじっくり読み込んだ。ほぼ四〇年も前に単離に成功しているのであるから、何か特別な手法を使っているかもしれない。

ところが、私との違いは、水耕液からの根分泌物の回収に、私はポリスチレン樹脂を、クックらは活性炭を使っていることぐらいだった。その後一九九〇年代に行われたソルゴラクトン、アレクトロール、オロバンコールの単離ではポリスチレン樹脂が使用されていたので、私は単純により最近の方法に倣ったのだった。確かに、昔から活性炭は優れた吸着材としてよく使われてきた。しかし、有機物を吸着する力が強すぎるため、近年

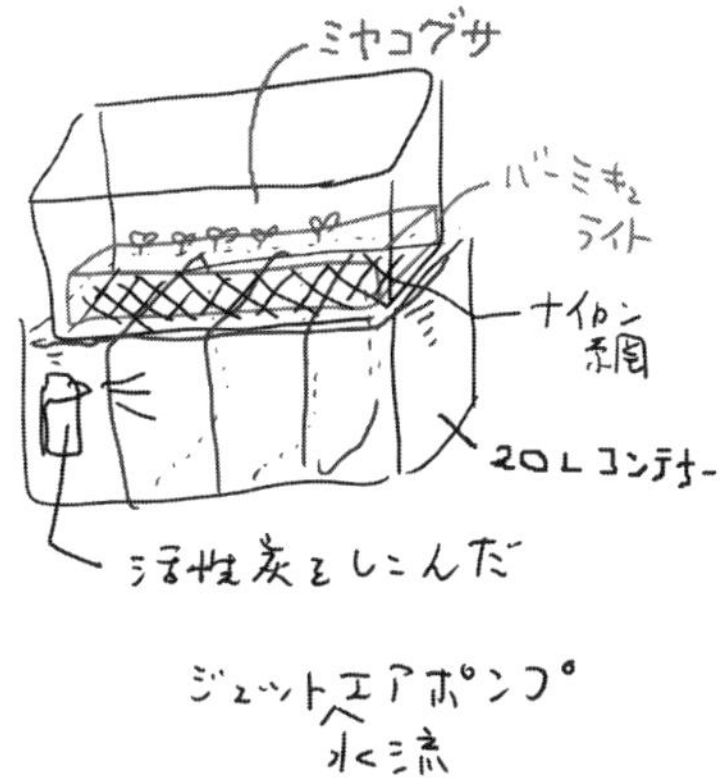

図10　活性炭を吸着剤としたストリゴラクトンの連続循環採取法を考案した時のポンチ絵
絵に書きながら考えると実験のアイデアをうまく形にできることが多い。うまくいくかどうかは別にして……。

では特別な用途以外あまり使われなくなっていた。四〇年も前で、まだ優れたポリスチレン樹脂がなかったので活性炭を使わざるを得なかったのだろうとも考えたのだが、とにかく何かを根本的に変えないとうまくいく可能性さえ見出せない。

そこで、活性炭を詰めたナイロンメッシュのバッグを、水耕液を循環させるのに使用していた水流ポンプの吸水部にセットし、水耕液から連続的に分泌物を採取できるようにしてみた（**図10**）。

採取開始から数日後、活性炭に吸着した物質を回収し、高速液体クロマトグラフィーで分析してみたところ、驚いたことにまだ一回もクロマトグラフィー精製していないというのに5-デオキシストリゴールのピークがいきなりはっきりと現れた。ポリスチレン樹脂を使った場合は、夾雑物《きょうざつ》の山のようなピークに埋もれて、5-デオキシストリゴールのピークはまったく見えない。活性炭は水耕液からストリゴラクトンを回収するのに、きわめて優れた吸着材であったわけである。この活性炭を用いた連続循環回収法を用いると、わずか二回のクロマトグラフィー精製で、完全に純粋な5-デオキシストリゴールを単離でき、その結果、美しいきれいな機器分析データを取得できるようになった。

こうして、六番目の天然ストリゴラクトンとなる5-デオキシストリゴールは、アーバスキュラー菌根共生における共生シグナル物質・ブランチングファクターとして同定された。私と共にブランチングファクターの単離に挑んでいた松崎謙一も修士課程に進学して研究を続け、最終的に、ニンジンから一つ、ソルガムから二つの新規ストリゴラクトンを単離した。しかし、単離できたのが極微量であったこと、また、それらの構造が複雑すぎたことから、当時の技術では化学構造を決定することはできなかった。やはり、ストリゴラクトンは難しいと痛感した出来事だった。

根寄生植物に寄生されてしまうのに、なぜ、植物はストリゴラクトンを根から分泌しているのだろう？ワタからストリゴールが単離されて以来、根寄生植物研究者はずっとこの疑問をもち続けてきた。ストリゴラクトンは、四億年以上も前の太古に植物が陸上に進出した時に、アーバスキュラー菌根菌に自分の居場所を知らせるためにつくり出した化学信号物質であると考えられる。進化の歴史のずっと後に登場した根寄生植物はそれを傍受することで、寄主となる植物の場所を突き止めて寄生を成功させてきたのであろう（図11）。

この成果はネイチャー誌に掲載されるのにふさわしいブレークスルーであり、発見であると思われた。二〇〇五年二月半ばにすべての実験が終了した後、論文を作成して投稿したところ、わずか一カ月で論文は受理され、二〇〇五年六月九日号に掲載された。[*7] 掲載号には解説記事が載り、さらに同じ週に発行

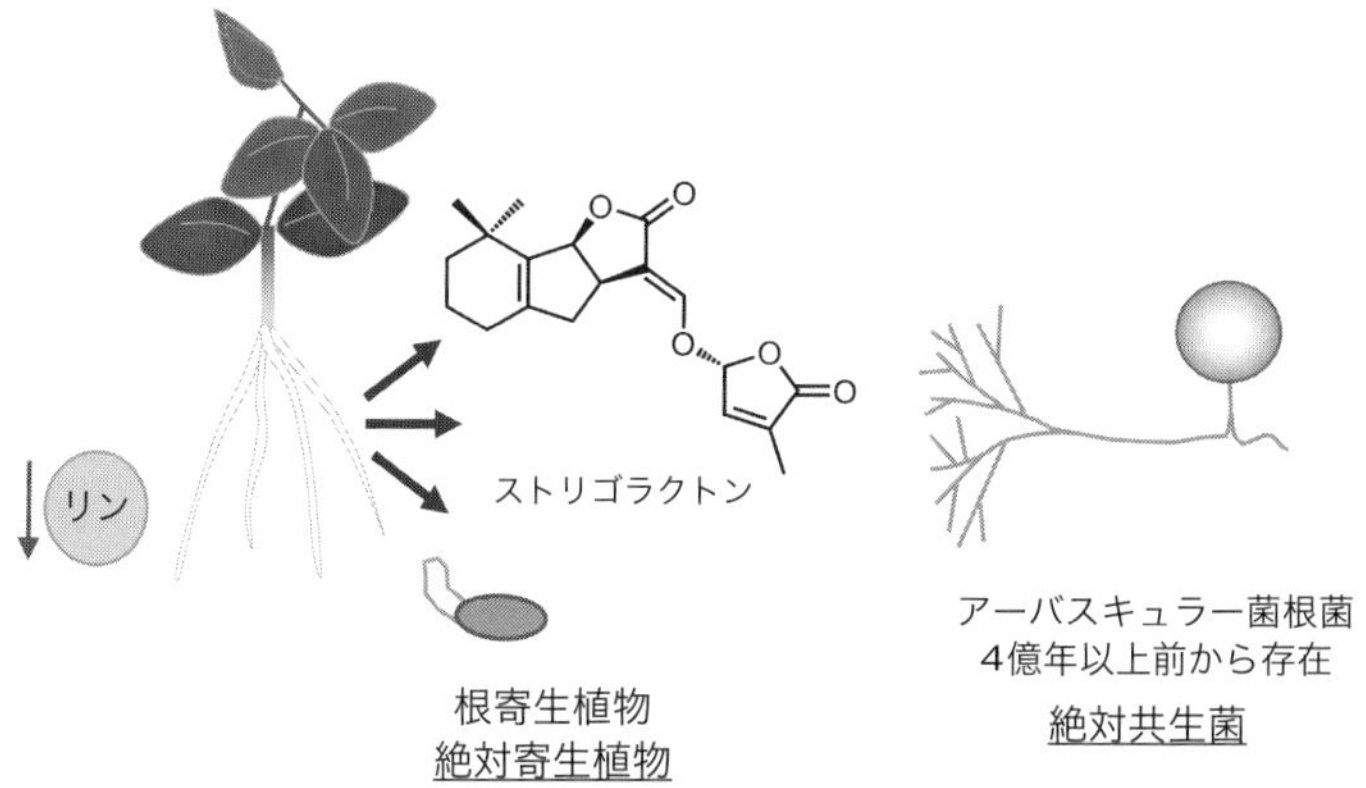

図 11　ストリゴラクトンを介した植物共生と寄生
ストリゴラクトンは、太古に植物がリン栄養の獲得が難しい陸上に進出した時に、アーバスキュラー菌根菌に自分の居場所を知らせるためにつくり出した化学信号物質である。進化の歴史のずっと後に登場した根寄生植物はそれを傍受することで、寄主となる植物の場所を突き止めて寄生に成功する。

されたサイエンス誌でも論文を紹介する記事が掲載された。私たちの競争相手であったベカードらのグループもブランチングファクターはストリゴラクトンであるという結論に達し、二〇〇六年に論文を発表した。[*8] 私が有機化学を専門としているのに対し、ベカードらは生物学に強い。この論文でベカードらは、ストリゴラクトンが、アーバスキュラー菌根菌の根への感染に必要な代謝系を強く活性化することを明らかにしている。

こうして、モッセらが「(菌糸分岐を誘導する)未知の刺激」と呼んだものはストリゴラクトンであること、そしてポーウェルが洞察した通り、ストリゴラクトンがアーバスキュラー菌根菌を感染できる状態へと変化させていることが明らかになった。

植物ホルモンとしてのストリゴラクトンの再々発見

二〇〇〇年に入り、宇都宮大学の米山らは、根分泌物中のストリゴラクトンをきわめて高感度に検出できる高速液体クロマトグラフィー／タンデム質量分析法を開発していた。その方法を用いて植物界におけるストリゴラクトンの分布について精査したところ、調べる限りすべてのアーバスキュラー菌根菌の宿主植物がストリゴラクトンを根から分泌していることがわかった。ところが、意外なことに非宿主であるアブラナ科のシロイヌナズナやマメ科のルピナスも、宿主植物よりかなり量は少ないもののストリゴラクトンを生産していることが明らかになった。アーバスキュラー菌根菌と共生しないのに、なぜストリゴラクトンをつくる必要があるのだろうか？

一九九〇年代半ばから、ペチュニアやエンドウ、シロイヌナズナ、イネで、地上部のシュート（葉をつける茎）が過剰に枝分かれする変異体が発見されていた。これら枝分かれ過剰突然変異体の解析から、シュートの枝分かれを制御する新規植物ホルモンの存在が示唆された。変異体には、カロテノイドを酸化的に開裂させる酵素（カロテノイド酸化開裂酵素）に変異をもつものが含まれていたことから、この植物ホルモンはカロテノイドから合成されると推定されていたが、その実体は不明であった。日本を含め世界の植物科学者たちが、この未知の新規植物ホルモンの解明を目指して激しく競争していた。

私たちがアーバスキュラー菌根共生シグナルがストリゴラクトンであることを発表したのと同じころ、

植物でのストリゴラクトンの合成について新たな進展があった。オランダのワーゲニンゲン大学のボウンメスターらのグループは、カロテノイド生合成阻害剤などを用いた実験により、ストリゴラクトンがカロテノイドから合成されることを明らかにした。これに加えて、ストリゴラクトンがアーバスキュラー菌根菌の宿主範囲を超えて、植物界に広く存在すること、また、根寄生植物だけでなく、多くの植物の種子発芽をストリゴラクトンが誘導すること、これらの事実は、ストリゴラクトンがシュート分岐制御ホルモンの有力な候補であることを示していた。

理化学研究所の山口信次郎（現・京都大学教授）らは、イネのカロテノイド酸化開裂酵素変異体では、主要なストリゴラクトンである4–デオキシオロバンコール（当時は、2'–エピ–5–デオキシストリゴールと呼んでいた）の生産量が顕著に低下していることを見出した。さらに、イネやシロイヌナズナの変異体にストリゴラクトンを投与すると、これらの変異体の過剰な枝分かれが抑制され、元の野生型と同様の正常な形態に回復することを示した。これらの結果から、ストリゴラクトンが枝分かれ抑制ホルモンであることが明らかとなった（厳密には、その生合成前駆体である可能性も含む）。こうして、ストリゴラクトンは、植物ホルモンとして地上部の形態を制御するとともに、地中でアーバスキュラー菌根菌や根寄生植物に対する化学信号物質として働くことが示された（図12）。この新規植物ホルモンとしてのストリゴラクトンの再々発見の論文は、ネイチャー誌の二〇〇八年九月一一日号に掲載された。*9 同号には、競争相手であった欧豪共同研究グループによる論文も掲載された。*10

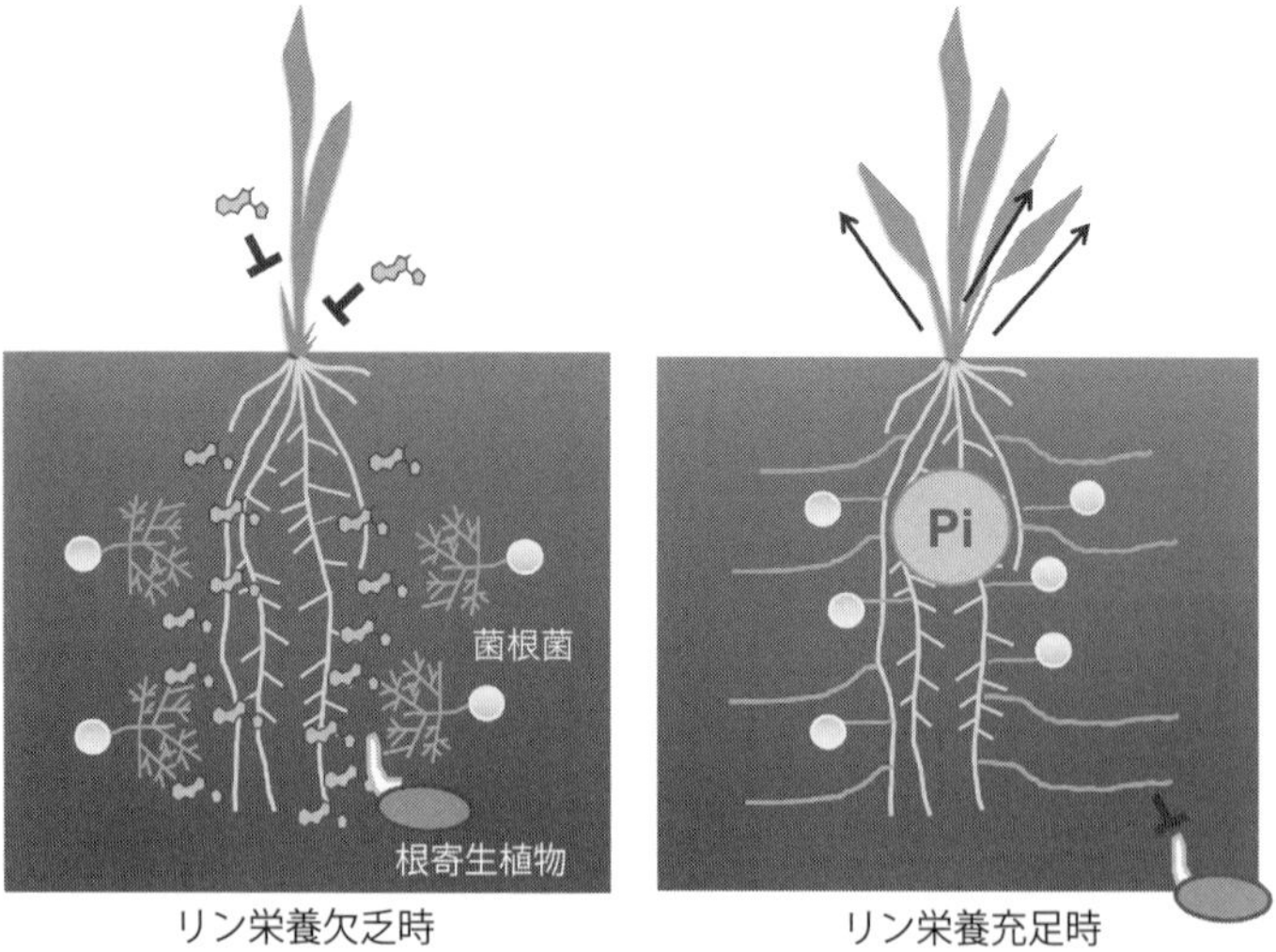

図12　ストリゴラクトンの植物ホルモンおよび化学信号物質としての働き
植物はリン栄養が十分でない時には、ストリゴラクトンを根から活発に分泌してアーバスキュラー菌根菌を呼び寄せると同時に、ひ弱に生育しないよう地上部の成長をストリゴラクトンのホルモン作用で抑える。共生によってリン栄養が十分に獲得できるようになると、ストリゴラクトンの生産を少なくして、地上部を旺盛に成長させる。菌根菌と共生した作物では根寄生植物の寄生が抑えられるという報告もある。

ストリゴラクトンの生物機能の起源

ストリゴラクトンはホルモンと化学信号物質の二面的な働きを担っている。では、生物の進化の歴史の中で、ストリゴラクトンはホルモンとして先に誕生したのであろうか、それとも化学信号物質として先に登場したのであろうか？

分子系統解析によると、アーバスキュラー菌根菌は、グロムス菌門という四億年以上前に発生した系統であることがわかっている。実際、四億年前のデボン紀の地層から発掘されたアグラオフィトンという前維管束植物の仮根の化石には樹枝状体様の菌糸が見られ、四億六〇〇〇万年前のオルドビス紀の地層からは植物との関係はわからないものの、アーバスキュラー菌根菌に類似する胞子の化石が発見されている。よって、約五億年前に誕生した原始陸上植物は、ストリゴラクトンをアーバスキュラー菌根菌に対する化学信号物質として使っていたと考えられる。では、この時、原始陸上植物においてもストリゴラクトンはホルモンとして機能していたのであろうか？

植物ホルモンとしてストリゴラクトンが再々発見された次の年に、イネを用いた研究においてストリゴラクトンホルモンの受容体が見つかった。それはDWARF14（D14）と名づけられた。その後、ホルモンの受容機構について研究が盛んに行われ、D14は種子植物にのみ存在し、進化的に古いコケ植物やシダ植物には存在しないことがわかった。ただし、これらの植物には、D14の祖先にあたるKAI2

と呼ばれる受容体が存在する。ＫＡＩ２もまたホルモン受容体として働いていると考えられているが、そのホルモンはまだ同定されていない。ＫＡＩ２は天然ストリゴラクトンを受容しない。現在の仮説では、ＫＡＩ２の遺伝子重複により種子植物においてＤ14受容体が生じたことで、ストリゴラクトンはホルモン機能を担うようになったと考えられている。よって、ストリゴラクトンはアーバスキュラー菌根共生における化学信号物質として誕生し、種子植物の出現以降にホルモンとしても働くようになったということになる。では、ストリゴラクトンはいつ誕生したのだろうか？

植物の進化の歴史は、アーバスキュラー菌根菌よりももっと古い。なんと水生植物であるシャジクモ類は、ストリゴラクトンを合成する酵素の相同遺伝子をもっている。さらに古い緑藻類にはそのような遺伝子は存在しないので、ストリゴラクトン合成の起源はシャジクモ類あたりになりそうである。ただし、シャジクモ類はアーバスキュラー菌根菌とは共生しないし、実際にストリゴラクトンを生産していたかどうかについてもはっきりとはわかっていない。シャジクモ類には前述のＫＡＩ２遺伝子も存在する。興味深いことに、ＫＡＩ２受容体が変異して機能しなくなった種子植物はアーバスキュラー菌根菌と共生できなくなる。ＫＡＩ２受容体とそれが受容する未知のホルモンもアーバスキュラー菌根共生に深く関わっているようである。ＫＡＩ２受容体の祖先は、バクテリアがもつＲｓｂＱと呼ばれる加水分解酵素だと考えられている。アーバスキュラー菌根共生を可能にした仕組みのルーツは一〇億年前ぐらいにまで遡れそうである。アーバスキュラー菌根共生に関わる未知の物質を解明する道のりはまだ続くようだ。

第6章

根粒共生から菌根共生を探る

齋藤勝晴

ダイズやクローバーなどのマメ科の植物は、窒素の少ない土壌においてもあおあおとして旺盛な生育を示す。これは、これらマメ科植物の根に、根粒と呼ばれるこぶのような器官が形成されており、その中に根粒菌というバクテリア（細菌）が共生して、窒素固定（大気中の窒素ガスをアンモニアへ変換する）を行っているからである（**図1**）。根粒菌は、根粒の中で固定した窒素を植物へ供給する一方で、植物から光合成産物である炭素化合物（リンゴ酸などの有機酸）をもらっている。土壌中で生息している根粒菌は、マメ科の植物の根から分泌されるフラボノイド化合物を検知すると、ノッドファクターと呼ばれる化学物質を合成して細胞外に分泌する。それを植物根が認識すると、根粒菌は植物の根の中に入っていくことができるようになる。それと並行して根では細胞が分裂肥大して根粒が形成される。根粒菌は植物細胞に取り込まれ、そこで窒素固定を行う。

ここまでの説明で、読者の皆さんは、これは植物と菌根菌の共生関係、特にアーバスキュラー菌根共生に似ていると気づくかもしれない。根粒共生はマメ科植物などの特定の植物種にのみ形成されるのに

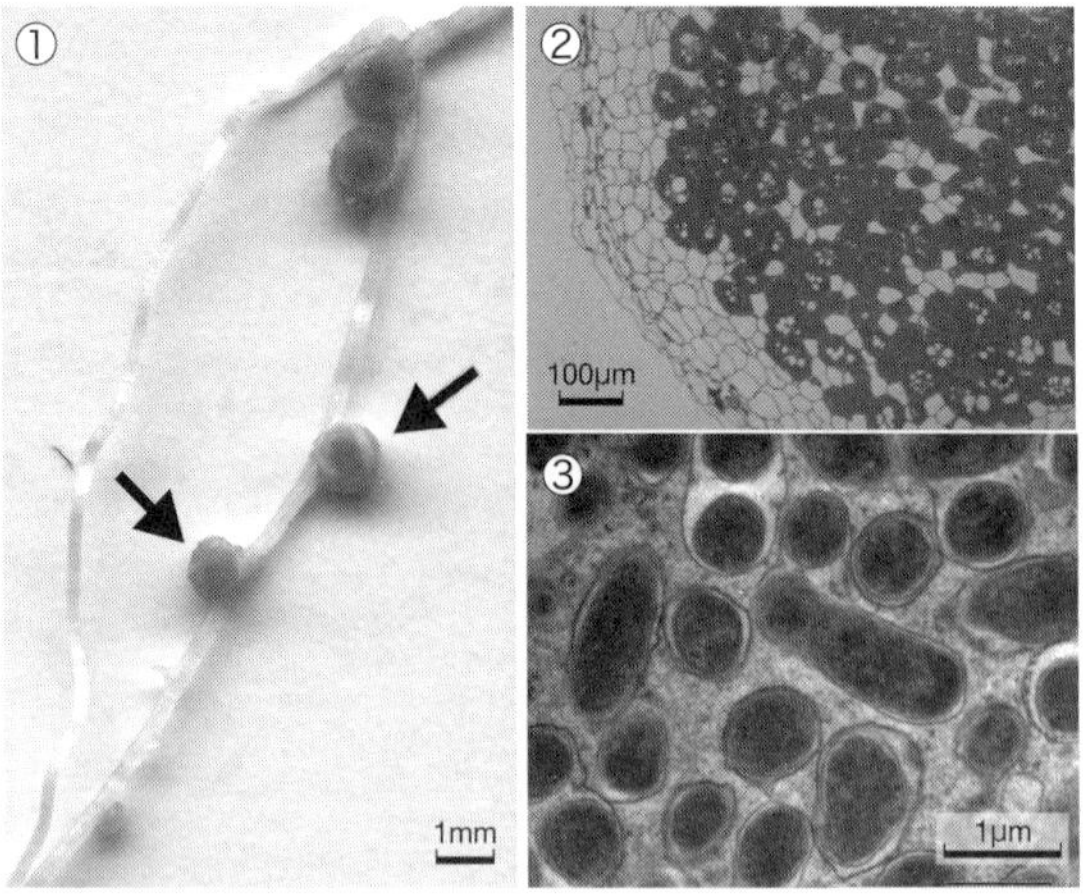

図1　ミヤコグサの根粒
① ミヤコグサの根と根粒（矢印）。
② 根粒の断面。青く染まった細胞（写真では黒）は根粒菌が感染した細胞。
③ 感染細胞の内部に共生している根粒菌（バクテロイド）の電子顕微鏡写真。

対して、アーバスキュラー菌根はアブラナ科などの一部の種類を除き幅広い植物種に形成されるという違いはあるが、根に共生して植物から光合成産物をもらって窒素やリンなどの養分を植物へ供給するという養分の受け渡しを行っている点、また植物の根から分泌される化学物質（アーバスキュラー菌根菌の場合はストリゴラクトン）を微生物が認識して共生が開始されるという点（第5章参照）で共通している（**図2**）。

マメ科植物は古くから土壌の肥沃度を高める植物として知られており、たとえば、我が国では稲を植える前の春先に水田にマメ科の野草であるレンゲをすき込んでいた。マメ科植物を植えることによる土壌肥沃度の高まりの要因が、根に共生する根粒菌による窒素固定作用であることがわかってきたのは一九世

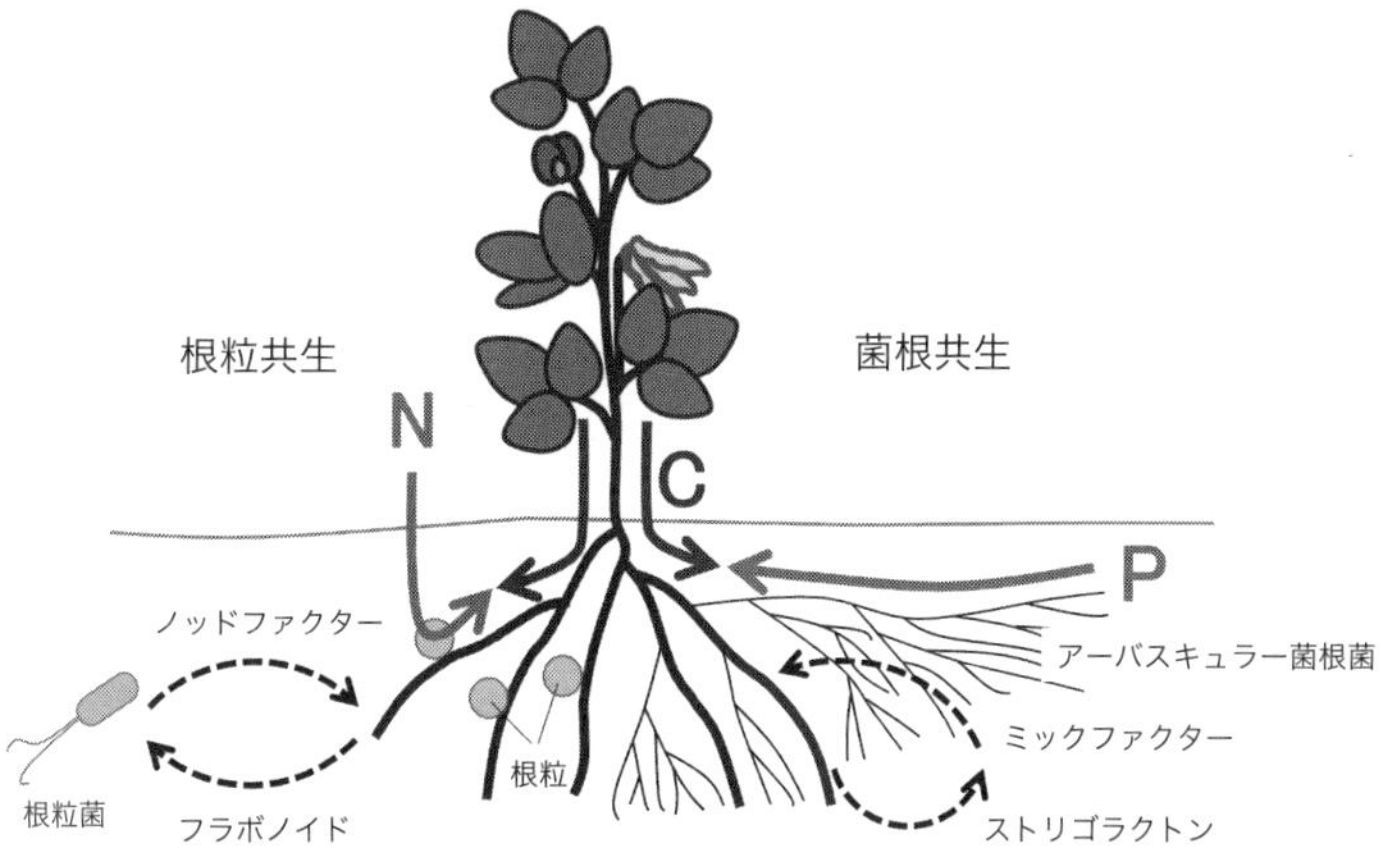

図2　マメ科植物における菌根共生と根粒共生
根粒共生では、植物から分泌されたフラボノイドを根粒菌が感知し、ノッドファクターを合成する。植物はノッドファクターを受容し、根粒菌を受け入れる遺伝的プログラムが開始する。菌根共生では、植物は植物ホルモンの一種であるストリゴラクトンを分泌し、アーバスキュラー菌根菌が活性化される。アーバスキュラー菌根菌はミックファクターを放出し、それを植物が受容すると菌根形成が始まる。

紀の終わりごろのことである。このような農業上きわめて重要な根粒共生については、古くから研究が進められてきた。二〇世紀末になって植物の分子生物学が発展し遺伝子解析が容易になってくると、根粒共生を遺伝子のレベルで理解しようとする研究が盛んになってきた。それらの研究では、共生の形成過程に異常があるマメ科植物の突然変異体を数多く単離し、その共生に関わる植物の遺伝子を特定することが行われてきた。

フランスの研究グループはエンドウにおいて正常に根粒形成が起こらない変異体を収集していたが、一九八九年、その中から、アーバスキュラー菌根菌が共生できないエンドウの変異体を見出した。[*1] この発見は、植物がアーバスキュラー菌根菌を受け入れるための遺伝子をもっていることを意味していた。その後、マメ科のモデル植物であるミヤコグサやタルウマゴヤシからも変異体が単離され、二〇〇二年以降、根粒菌、アーバスキュラー菌根菌という微生物と植物の共生に関わる植物の遺伝子が次々と明らかにされてきた。それらの研究から、根粒菌というバクテリアは、アーバスキュラー菌根菌と植物の間の共生の仕組みをうまく利用して根粒共生の仕組みを形づくっていることがわかってきたのである。本章では、根粒共生の研究と並行して明らかになってきたアーバスキュラー菌根共生の植物側の遺伝プログラムについて、筆者の研究などを紹介しながら解説する。

共生変異体の発見

アーバスキュラー菌根共生の分子遺伝学は根粒共生の研究をきっかけとして始まった。フランス国立農学研究所のデュッチらは、一九八〇年代後半にエンドウから多くの根粒共生変異体を単離していた。変異体の形質は英単語を短縮して示す。根粒の形成が欠損した変異体の場合、根粒の英語の nodule を短縮し、マイナスを付して、nod^- のように表す。菌根（mycorrhiza）形成ができない変異体ならば myc^- である。彼らは、根粒を形成しない変異体（nod^-）にアーバスキュラー菌根菌を接種してみたところ、多くの系統で菌根形成能が失われていること（myc^-）を発見した。[*1] これは、エンドウには根粒共生と菌根共生に共通する遺伝プログラムがあることを示す重要な発見であった。

共生変異体の単離に使われたエンドウは、自家受粉をする二倍体植物であるため、メンデルの法則の発見にも使われたように、遺伝学的な解析に適した植物である。しかし、エンドウのゲノムは約四五億塩基対と非常に大きく、ゲノム構造も複雑なため、原因遺伝子の同定には向いていなかった。そこで注目されたのが、マメ科のミヤコグサやタルウマゴヤシである。これらの植物は、遺伝学的な解析が可能な性質（二倍体、自殖性、短いライフサイクル〈二〜四カ月〉）を有しており、ゲノムサイズがエンドウの約一〇分の一と小さく、またアグロバクテリウムを用いた形質転換法が一九九二年に確立しており、マメ科のモデル植物として利用されるようになった。[*2] ミヤコグサとタルウマゴヤシの共生変異体が数多く単離されるようになり、二〇〇二年には nod⁻ myc⁻ の表現型を示す変異体の解析から、共生に必須な植物側の遺伝子である受容体キナーゼ遺伝子（後述）が、はじめて共生遺伝子として同定された。[*3][*4] これ以降、共生の分子遺伝学が大きく進展した。

共生変異体の単離

現在では、DNAの塩基配列を高速かつ大量に処理する次世代シーケンス技術を使って変異を容易に検出できるようになったが、二〇〇〇年代はシーケンス技術も限られており、原因遺伝子を遺伝学的に特定するには数年かかると言われていた。共生遺伝子の話題に入る前に、原因遺伝子をどのようにして特定するか紹介したい（**図3**）。遺伝学的に共生遺伝子を見つけるには、まず変異体を単離する必要がある。突然変異の誘発には、エチルメタンスルホン酸（EMS）による化学変異原処理やイオンビーム

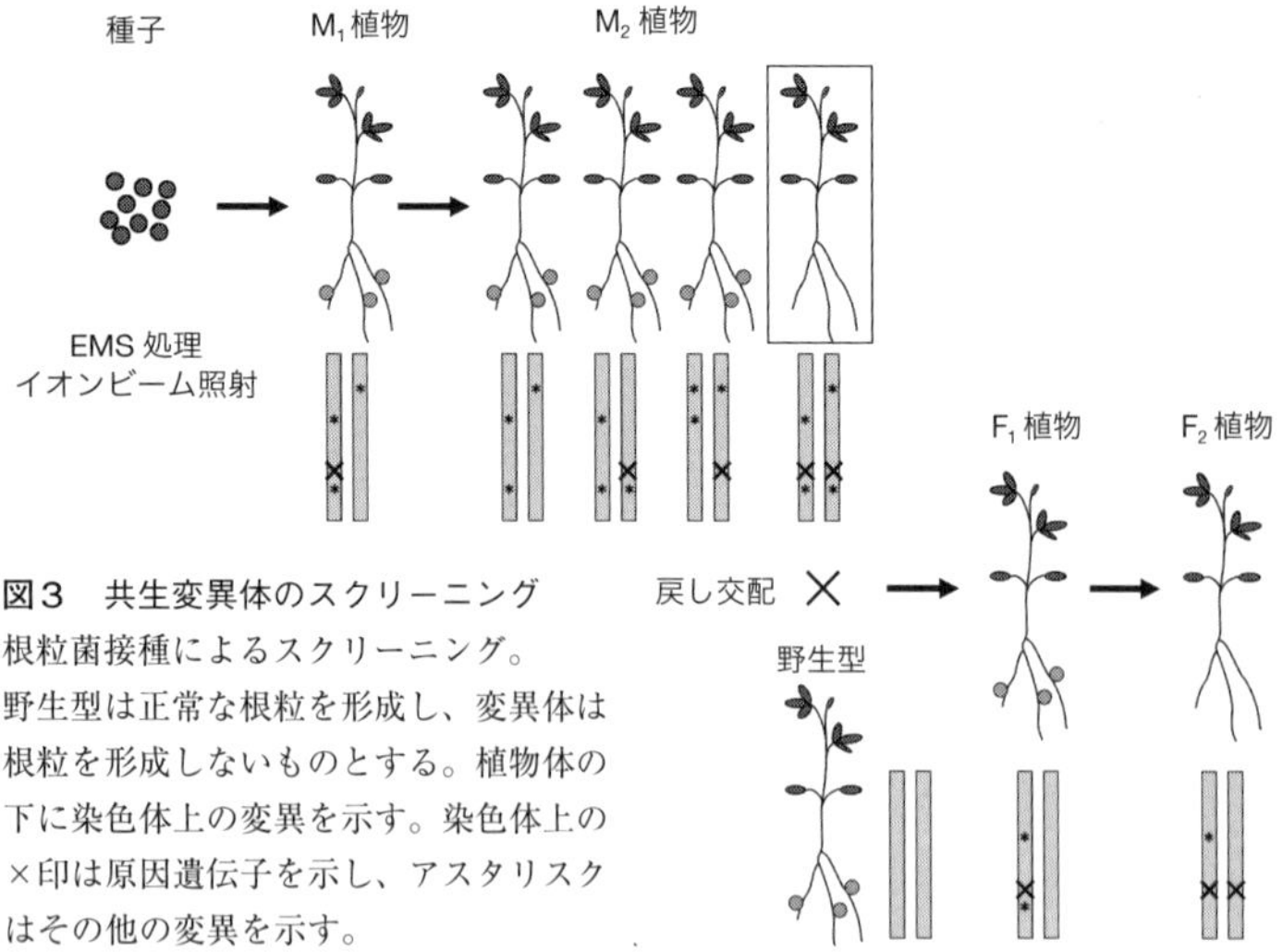

図3　共生変異体のスクリーニング
根粒菌接種によるスクリーニング。野生型は正常な根粒を形成し、変異体は根粒を形成しないものとする。植物体の下に染色体上の変異を示す。染色体上の×印は原因遺伝子を示し、アスタリスクはその他の変異を示す。

照射などが用いられてきた。EMS処理では、DNAのさまざまな部位がアルキル化され、特にグアニンがアルキル化されるとDNA複製の際にチミンと誤対合する頻度が高くなり、G：CからA：Tへ塩基置換が起こる。イオンビーム照射では、DNAに塩基損傷や一本鎖切断、二本鎖切断が生じる。通常はDNA損傷修復機構で修復されるが、修復エラーが起こると塩基置換や数塩基の欠失・挿入が起こり、場合によっては染色体間での転座や逆位などの大規模な変異も起こる。二倍体の植物の場合、突然変異は相同染色体の一方の遺伝子座に生じるのがほとんどであり、突然変異誘発後の植物（M_1植物）はヘテロ接合体と見なすことができる。そのため、突然変異の形質が潜性遺伝（劣性遺伝）する場合には、この段階で形質の観察から変異体を見つけるのは難しい。ミヤコグサやタルウマゴヤシなどの自家受粉する植物では、変異遺伝子のホモ接合体は次世代の植物（M_2植物）で現れる。なるべく多くのM_1個体から種子を採ることで、さまざまなDNA部位に突然変異が入ったM_2植物を得ることができる。M_2植物の形質を調べて異常が観察されれば、その個体は変異体候補となる。ゲノムDNAにはランダムに多数の突然変異が含まれるため、戻し交配（突然変異誘発に用いた植物と同じ系統との交配）を数回行うことで不要な変異を除去し、形質が後代に遺伝するかどうかも確認して変異体系統を確立する。

これまで菌根・根粒共生の突然変異体の単離のため、世界中で膨大な数のM_2植物がスクリーニングされてきた。スクリーニングとは多数のサンプルを調べて目標の性質をもっている個体を探し出すことである。たとえば、根粒共生に関する変異体の探索では、各研究機関で数万個体のM_2植物をスクリーニングし、その中から根粒ができない個体や根粒の発達が止まってしまう個体、小さく青黒い根粒ができ窒素固定活性能を失った個体、根粒が異常に多い個体などが見つかってきた。アーバスキュラー菌根菌が共生できない突然変異体（myc^-）は、そのほとんどが根粒共生変異体の中から見つかってきたものである。菌根を観察して突然変異体をスクリーニングすることも考えられるが、これは非常に大変である。根粒は肉眼で簡単に観察できるが、菌根は根を染色して顕微鏡で観察しないとわからない。しかも、接種菌の調製の問題もある。根粒菌であれば、液体培地に植菌して一日ほどの培養で必要な菌体量を得ることができる。しかし、アーバスキュラー菌根菌の場合は、植物との共培養で増殖させる必要があり、接種に必要な量を調達するのに時間や労力、コストがかかる。とはいっても、菌根共生に特異的な突然変異体（nod^+ myc^-）を得るのは、菌根共生の独自性を明らかにする上で重要である。当時、畜産草地研究所（現・農研機構畜産研究部門）に所属していた大友量と小島知子はハイスループットな菌根菌染色法を開発し、大変な労力をかけて約二万個体のミヤコグサM_2集団をスクリーニングした。最終的に数年の歳月をかけて菌根特異的共生変異体を三系統単離した。[*5] 一系統は既知の*str*変異体であり〈潜性〈劣勢〉の対立遺伝子は小文字で示す〉、樹枝状体形成に異常が見られる変異体であった。*STR*遺伝子は菌根特異的ABCトランスポーターをコードしており、脂質の排出に関与すると考えられている。残りの二系統については、現在も原因遺伝子の同定が進められており、今後の進展が期待される。

マップベースクローニング——共生遺伝子を探す

共生の突然変異体が得られると、次は遺伝地図をもとに原因遺伝子の位置を特定することになる。この方法をマップベースクローニングやポジショナルクローニング、染色体歩行と言う。ここでは一例として、私が*sym85*変異体の原因遺伝子を同定した研究を取り上げる。*sym85*変異体は、基礎生物学研究所の川口正代司が東京大学の駒場キャンパスで助手（現在の助教）をしていた時にEMS処理したミヤコグサから単離したものであり、菌根共生と根粒共生の両方が破綻した表現型（nod^- myc^-）を示す（図4）。私が川口のもとでポスドク（博士研究員）として*sym85*遺伝子のクローニング（単離）を始めたのは二〇〇四年であるが、それまでにミヤコグサコンソーシアム（川口をはじめ、国内外の根粒共生やマメ科植物育種、ゲノムサイエンスの研究者が中心となりミヤコグサのモデル植物としての基盤整備を

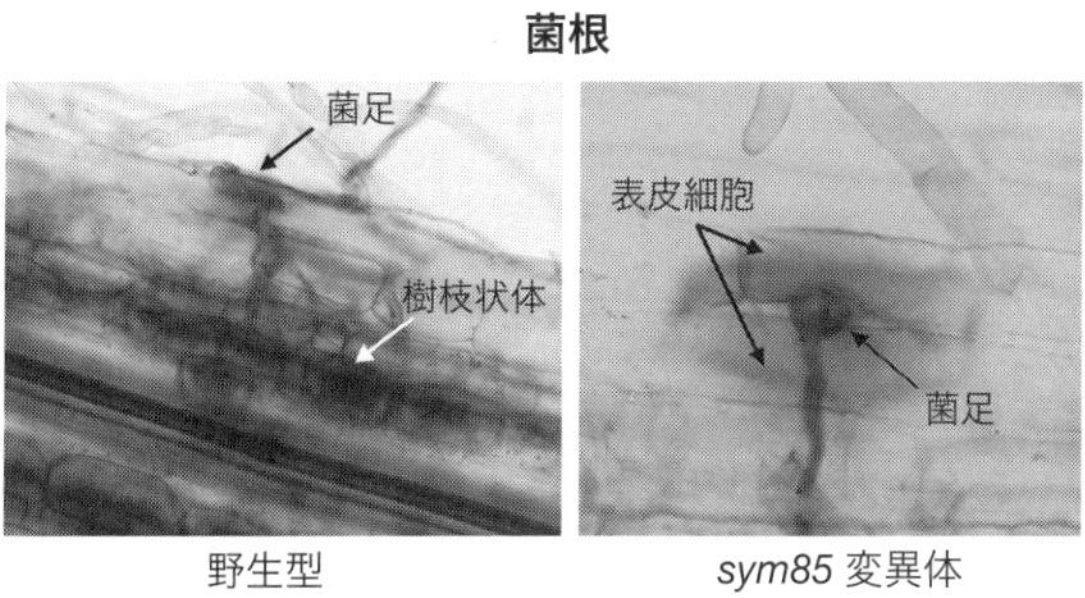

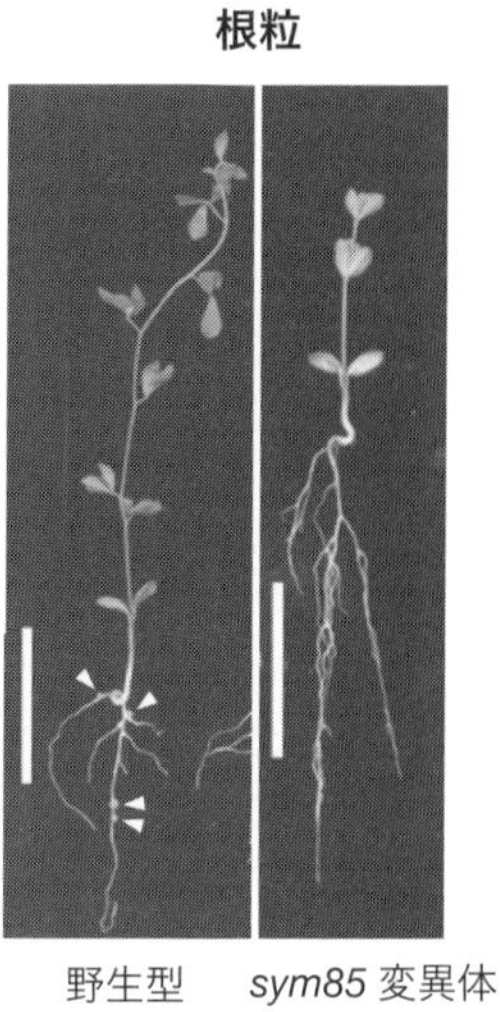

図4　*sym85* 変異体の菌根と根粒の表現型
野生型の菌根では、表皮にアーバスキュラー菌根菌の菌足が形成され、そこから根内部に侵入し、樹枝状体を形成する。変異体では表皮細胞の間に菌足を形成するが、そこで侵入が停止する。根粒共生では、野生型は根に根粒（▷）を形成するが、変異体では根粒が観察されず、個体サイズも小さい。

推進）によってゲノムプロジェクトや高密度遺伝地図の作製が進行しており、原因遺伝子の同定に必要な研究基盤は整いつつあった。

　ミヤコグサの遺伝地図は、岐阜県と沖縄県宮古島で採取されたGifu（B-129）株とMiyakojima（MG-20）株をかけ合わせたF_2集団を使ってつくられた。株の異なる両親をこのように交配することで、F_1の減数分裂時にキメラ染色体が生じ、F_2集団ではさまざまなタイプのキメラ染色体をもった個体ができる（**図5**）。Gifu株とMiyakojima株の間の多型を識別するDNAマーカー（染色体の特定の位置の目印となるDNA配列）をいくつも用意し、F_2植物を何個体も解析すると、各DNAマーカーが染色体上のどの位置にあるかがわかる。たとえば、二つのDNAマーカーでF_2集団を解析し、両方のDNAマーカーとも、どの個体もGifu株の配列だった場合、そのDNAマーカーの間では組み換えが起こらないほど、D

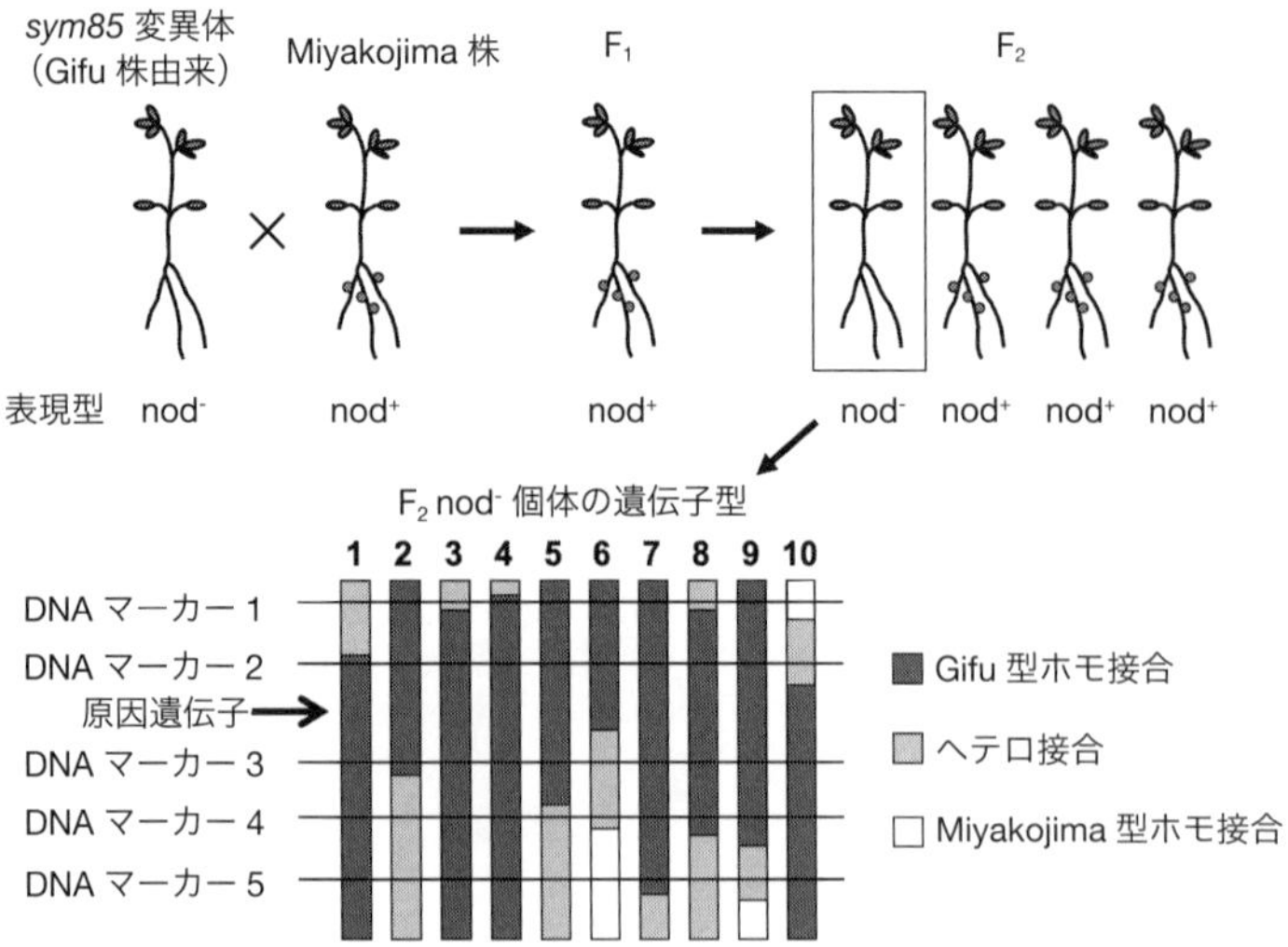

図5　*sym85* 変異体の原因遺伝子の同定

sym85 変異体は myc^- nod^- の表現型を示す。表現型の解析が容易な根粒形成を指標に原因遺伝子の同定を行った。この例では、nod^- を示す 10 個の F_2 個体を用いて、5 種類の DNA マーカーで原因遺伝子を絞り込んでいる。*sym85* 変異体は Gifu 株を変異原処理して得られたものであるため、原因遺伝子は Gifu 株に由来する染色体上にある。Gifu 型の遺伝子型は DNA マーカー 2 と 3 の間に集中しているため、この領域に原因遺伝子が存在する。

NAマーカー間の距離は近いと言える。一方で、DNAマーカー間で違う系統の配列が頻繁に検出されれば、DNAマーカーは染色体上で離れた位置関係にある。ミヤコグサでは、かずさDNA研究所が中心となり一〇〇〇以上のDNAマーカーからなる高密度遺伝地図が作製されていた。DNAマーカーの大部分は、マイクロサテライトマーカーと呼ばれるくり返し配列の数の違いを識別するものである。PCR法で増幅し、電気泳動で容易に多型を識別できるため、*sym85* 変異体の原因遺伝子のクローニングにとても役立った。

川口は *sym85* 変異体の原因遺伝子を同定するため、当初は *sym85* 変異体（Gifu 株由来）とMiyakojima 株とを交配させF_2集団で解析を進めた（**図5**）。原因遺伝子の大まかな位置を特定するため、F_2植物に根粒菌を接種して数十個体の nod$^-$植物を選抜してから、染色体全体をカバーする少数のDNAマーカーを使って原因遺伝子の絞り込みを行った。*sym85* 変異体はもともと Gifu 株を変異原処理して単離されたものなので、原因遺伝子は必ず Gifu 株由来の染色体上にある。そのため、高頻度に Gifu 株の配列が検出されるDNAマーカーが、原因遺伝子に近いマーカーと言える。そのような解析によって、原因遺伝子は Gifu 株と Miyakojima 株との間で染色体の転座が起こっている領域にあることがわかった（**図6**）。この領域は組み換えの頻度がきわめて低く、残念ながら原因遺伝子を絞り込むことはできなかった。そこで川口は、染色体の構造が Gifu 株に似ているパキスタン由来のミヤコグサ *Lotus burttii* B-303 株を交配相手として、再度F_2集団を作製した。約六〇〇個体のF_2集団に対して、DNAマーカーで原因遺伝子を絞り込んだ。筆者は、この解析から川口グループのプロジェクトに参加した。幸

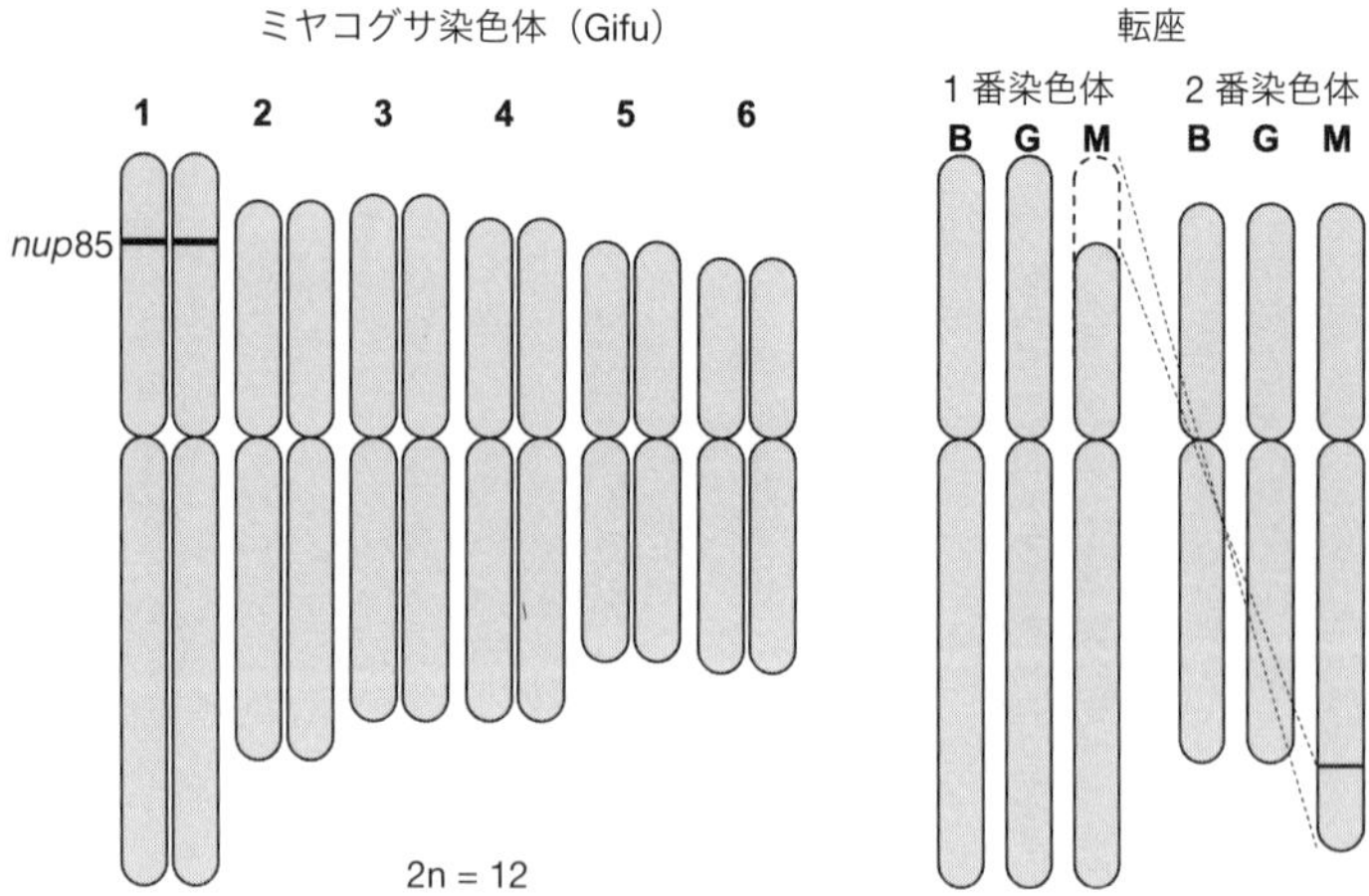

図6　ミヤコグサの染色体構造

ミヤコグサは6対の染色体をもつ。*sym85* 変異体の原因遺伝子 *nup85* は Gifu 株（G）の1番染色体の短腕に存在する。Miyakojima 株（M）では、*nup85* 遺伝子付近に染色体の転座が生じている。*Lotus burttii* B-303 株（B）の染色体構造は Gifu 株に似ていると考えられる。

いなことに半年ほどで原因遺伝子を約○・五センチモルガン（染色体の上での遺伝子間の距離を表す単位）の範囲に絞り込めた。粗い見積もりではあったが、あと数十遺伝子のところまで近づいたと思われた。

生物の遺伝子全部を解読するゲノムプロジェクトでは、膨大な塩基配列のデータを解読するために、ゲノムDNAを細かく分断してある程度の長さのゲノムクローンを多数作製する。それらゲノムクローンの塩基配列を順々に解読し、DNAマーカーなどを目印に、クローンをつなげて染色体を再構成するという地道な作業が必要である。そのために膨大な時間と労力がかかる。現在では高速シーケンス技術が開発され、さまざまな生物種のゲノムデータがデータベースに蓄積されているので、ゲノム解析は

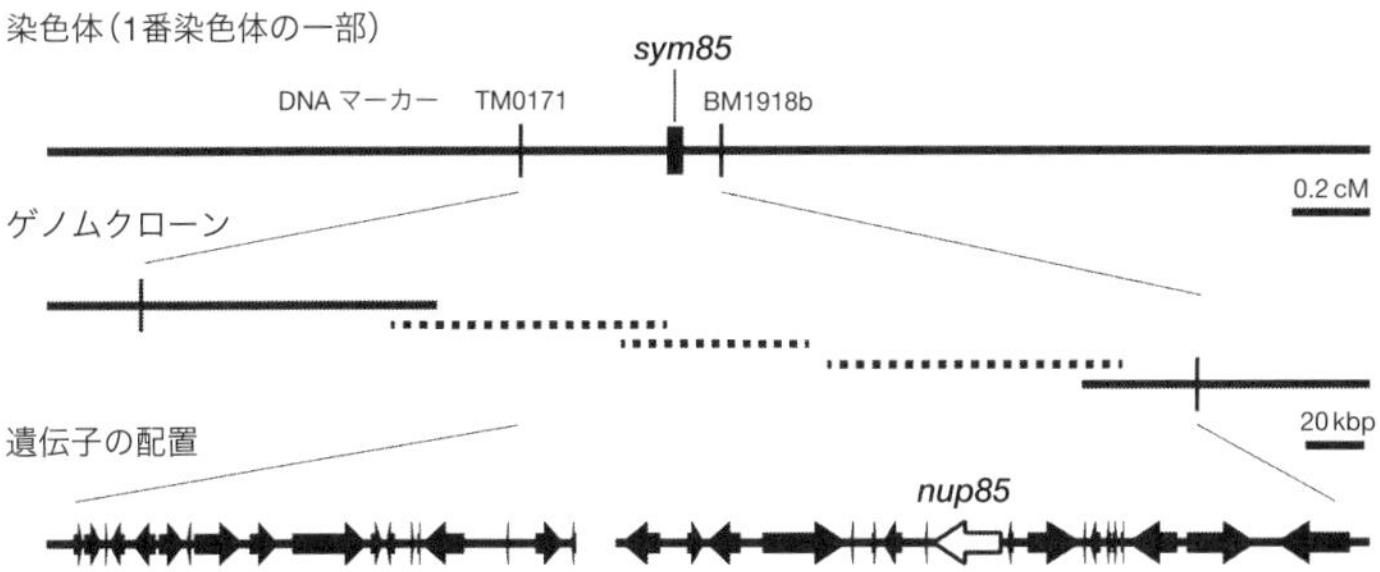

図7　*sym85* 変異体の遺伝子同定

DNA マーカーを使い、*sym85* 変異体の原因遺伝子を 1 番染色体上の約 0.5 cM の範囲に絞り込むことができた。しかし、この領域にはゲノム情報の空白地帯であるギャップ領域があったため、この領域をカバーするゲノムクローン（破線）の塩基配列を決定した。この領域には数十個の遺伝子（矢印）がコードされており、その中の *NUP85* 遺伝子に変異が確認された。Saito *et al.* 2007 の図を改変。

ずいぶんと楽になった。当時はまだゲノムプロジェクトの途中段階であり、しかも、原因遺伝子がある領域はゲノム情報の空白地帯、いわゆるギャップ領域であり、すぐには原因遺伝子にたどりつけなかった（**図7**）[*7]。そこで、当時かずさDNA研究所にいた佐藤修正に依頼し、ギャップ領域をカバーする一つのゲノムクローンのスクリーニングと塩基配列の決定を行ってもらった。その情報をもとに、新たなDNAマーカーを設計して原因遺伝子を絞り込んでいった。ゲノムクローンにはだいたい十数個の遺伝子がコードされていたので、それらしい遺伝子に目星をつけて変異がないか、変異体の塩基配列を確認していった。約半年後、三番目のゲノムクローンを解析したところで、ようやくGからAへの一塩基置換を発見した。この変異は核膜孔複合体を構成するヌクレオポリン*NUP85*遺伝子にあった。

　植物の細胞が共生菌によって刺激を受けた後、その刺激がシグナルとして細胞膜上の受容体から核にまで伝わり、核において共生に関わる遺伝子の発現制御が起こる（図8）。この時、核内でカルシウムスパイキングと呼ばれるカルシウムイオン濃度の周期的な変化が観察される。このカルシウムスパイキングは菌根と根粒の形成に必須の細胞内現象である。ヌクレオポリンは、核膜孔複合体を形成するタンパク質の一つで、核膜孔複合体は数十個のタンパク質からなる巨大なタンパク質複合体である。ヌクレオポリン NUP85、NUP133 などのタンパク質はカルシウムスパイキングの発生に必要であり、*sym85* 変異体では、ここに変異が生じたために根粒や菌根の形成が阻害されたのである。ただ、これらのタンパク質が共生に関わるカルシウムスパイキングの発生にどのように関与しているのか、そのメカニズムはまだわかっていない。

さて、変異がようやく見つかりうれしいと思う半面、やはりそうだったかという思いもあった。なぜなら、デンマークのスタウガルドのグループが、ヌクレオポリン *NUP133* 遺伝子を同定しているということを川口から聞いていたので、三番目のゲノムクローンの遺伝子リストにヌクレオポリン遺伝子があるのを見た時に、原因遺伝子はこれだなと思った。今まで同定されていない新しいタイプの遺伝子を期待していたので、正直がっかりした。ただ、データは十分に取れていたので、植物分野の主要雑誌に掲載されるのを目指して気持ちを切り替えていった。その後、スタウガルドのグループは二〇〇六年に *NUP133* 遺伝子の論文を米国科学アカデミー紀要（*PNAS* 誌）で発表した。*6 我々は、相補実験という重要な実験が残っていたので、*sym85* 変異体に野生型 *NUP85* 遺伝子を導入して正常な根粒ができることを確認し、*nup85* 遺伝子が原因遺伝子であることを証明した。これらをまとめて二〇〇七年に

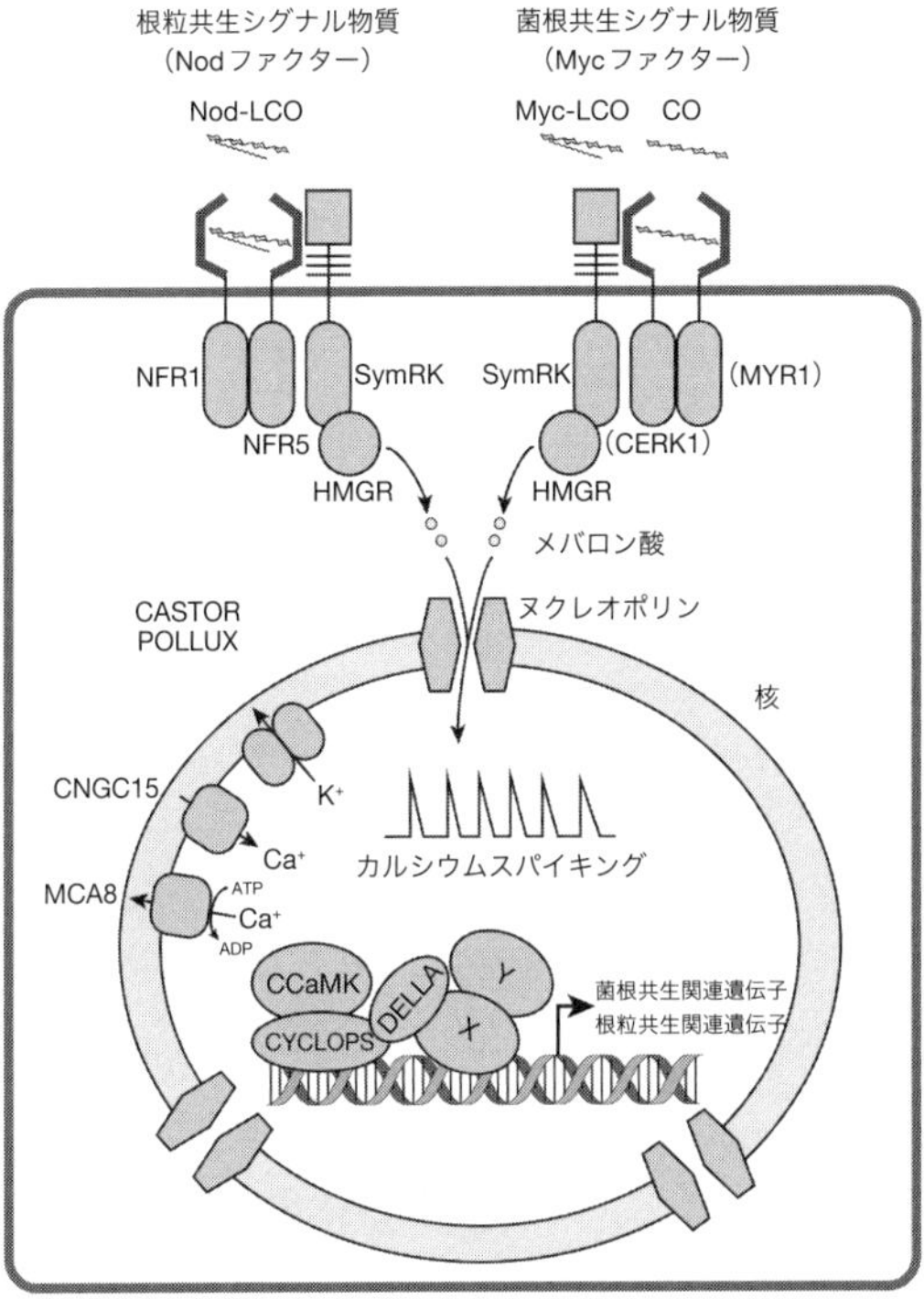

図8　共通共生シグナル伝達経路

ミヤコグサの知見をもとに作成。ミックファクターの受容に関わるMYR1とCERK1はイネの知見による。

アーバスキュラー菌根菌から放出されたキトオリゴ糖（CO）やリポキトオリゴ糖（LCO）などのミックファクターが植物の細胞膜上に存在する受容体に結合する。共生のシグナルはSymRK受容体と相互作用する3-ヒドロキシ-3-メチルグルタリル-CoA（HMGR）に伝わり、セカンドメッセンジャーであるメバロン酸が生成される。メバロン酸は核内のカルシウムスパイキングを誘導する。核膜孔を構成するヌクレオポリンもカルシウムスパイキングの誘導に関与する。カルシウムスパイキングは核膜上のイオンチャネルやポンプの協調によって発生し、下流で機能するカルシウム－カルモジュリン依存性キナーゼCCaMKを活性化する。CCaMKは各種の転写調節因子と複合体を形成し、共生関連遺伝子の発現を制御する。タンパク質X、Yは既知または未知の転写因子。

植物科学分野で著名なジャーナルであるプラント・セル誌に発表することができた。[*7]

二つのマメ科モデル植物と共生遺伝子の同定

二〇〇〇年以降、ミヤコグサとタルウマゴヤシで全ゲノム解読の激しい競争になった。ミヤコグサでは日本のかずさDNA研究所が解読を行い、二〇〇八年に全ゲノム配列を決定して報告した。[*8] タルウマゴヤシのゲノム解読は米仏英の合同チームによって行われ、二〇一一年に公表された。[*9] ミヤコグサとタルウマゴヤシの国際競争は根粒形成遺伝子のクローニングにも現れた。ミヤコグサとタルウマゴヤシの双方の研究者が同じ遺伝子を追って競争になったり、同じ植物を対象とする研究者同士ですら、解析が進んでいくと同じ遺伝子に行き当たってしまうこともあった。二〇〇二年に nod⁻ myc⁻変異体の原因遺伝子がはじめて同定されたが、この時はミヤコグサとタルウマゴヤシの論文が、ネイチャー誌に back to back（ページが連続した二つの論文）で掲載されることになった。[*3*4] ミヤコグサとタルウマゴヤシのどちらかで先に原因遺伝子が報告されてしまうと、よっぽど新しい知見を加えない限り、もう一方の植物で論文を出すのは難しくなってしまうため、ほぼ同時期に投稿されたこれらの論文を編集部が同一の号に続けて掲載したのである。競争や共同研究によって次々と重要な遺伝子の研究がサイエンス誌やネイチャー誌などで報告され、共生分野からインパクトのある研究が発信される刺激的な時代だった。

ミヤコグサの共生変異体は、日本の川口グループのほか、ドイツのパルニスケのグループ、デンマークのスタウガルドのグループ、カナダのシュチグロウスキーのグループなどが独自のスクリーニングで多くの変異体のデータを所有している。各グループは情報交換し、どの変異体をどのグループが主導して解析するか、どのように共同研究を行うか決めていた。*sym85* 変異体に関しては、ラフマッピングやアレリズム検定（変異体同士を交配しF_1世代の表現型から対立遺伝子かどうか調べる方法）でパルニスケ・グループの *sym24* 変異体とシュチグロウスキー・グループの B46-D 変異体の原因遺伝子が対立遺伝子であることがわかっていた。そのため、原因遺伝子の絞り込みが進んでいた川口グループがこの研究を主導した。しかし、原因遺伝子を絞り込んでいくと、当時大阪大学に在籍していた林誠のグループが解析を進めていた *sym73* 変異体と同じ遺伝子座である可能性が出てきた。*sym73* 変異体は川口が単離した共生変異体であるが、*sym85* 変異体とは異なる表現型（nod^- myc^+）を示すため、独立して解析が進められていた。たまたま筆者の解析が先行していたため、川口グループが中心となって成果をまとめることができたが、逆の立場になっていた可能性もある。競争の激しい研究分野では、論文として発表できるかどうか紙一重の場合が多い。

共通共生シグナル伝達経路——カルシウムスパイキングによって共生関連遺伝子が活性化される

二〇〇二年以降、nod^- myc^- 共生変異体の原因遺伝子が次々と同定され、マメ科植物には根粒菌とアーバスキュラー菌根菌を受け入れるための共通のシグナル伝達経路があることが明らかとなった[*10]（図

8)。この経路は現在、共通共生シグナル伝達経路と呼ばれている。さらに、これらの発見をもとに、イネなどのマメ科以外の植物を調べると、同様のシグナル伝達系が菌根を形成する植物に保存されていることがわかってきた。

アーバスキュラー菌根菌と根粒菌とでは、共生菌から分泌されるシグナル分子の種類（リポキトオリゴ糖、キチンオリゴマー、細胞多糖など）や構造が異なる。リポキトオリゴ糖のように共通するシグナル分子もあるが、それぞれの共生菌で分子の構造が違っている。そのため、これらのシグナル分子を感知する植物の受容体も異なる。しかし、シグナル受容後、どちらの共生でも刺激の一部は共通共生シグナル伝達経路を通って核まで伝わる。共通共生シグナル伝達経路の入り口となるのは、二〇〇二年に共生に必須な植物側の遺伝子としてはじめて同定された遺伝子 *SymRK* である[3][4]。*SymRK* は細胞膜に存在する受容体キナーゼ※であり、リポキトオリゴ糖やキチンオリゴマーを感知した受容体と相互作用し、刺激が細胞内部に伝わると考えられている。

※――タンパク質をリン酸化する酵素。細胞内のシグナル伝達を担う。

細胞内部では、メバロン酸あるいはその誘導体がセカンドメッセンジャーとして働き、核内でのカルシウムスパイキングの発生を誘導する。カルシウムスパイキングとは、カルシウムイオン濃度の周期的な変化のことである。通常、カルシウムイオンは小胞体やそれとつながった核周囲腔（核膜の内膜と外膜に挟まれたスペース）に蓄積し、細胞質や核内のカルシウムイオン濃度は非常に低いレベルに維持されている。細胞が共生シグナルを受け取ると、数分後に核周囲腔から核内にカルシウムイオンが一過的に流れ込み、その直後にカルシウムイオンは核周囲腔に取り込まれていく。このカルシウムイオンの周期的な流出入は、核膜に存在するカルシウムチャネル（CNGC15）とカルシウムポンプ（MCA8）、カリウムチャネル（CASTOR、POLLUX）の協調的な働きで制御されている（カッコ内はタンパク質の名前）。

ミヤコグサでは、核膜孔複合体を形成するヌクレオポリンNUP85、NUP133、NENAもカルシウムスパイキングの発生に必要である。核膜孔複合体は数十個のタンパク質からなる巨大なタンパク質複合体である。NUP85、NUP133、NENAは核膜孔複合体のコアを形成するタンパク質であるが、これらに変異が生じると、共生に関わるカルシウムスパイキングがうまく働かず、根粒や菌根の共生が抑制される。先に説明したように、私たちが同定した*Sym85*遺伝子はヌクレオポリンNUP85をコードするものである。

核内でカルシウムスパイキングが発生すると、カルシウム－カルモジュリン依存性キナーゼ（CCaMK）がカルシウムと結合し活性化する（図8）。活性化したCCaMKは下流で働くタンパク質をリン酸化する。疑似的に活性化したCCaMK遺伝子を作製してミヤコグサに導入すると、アーバスキュラー菌根菌や根粒菌を接種しなくても共生関連遺伝子のいくつかが発現し、共生に関わる細胞構造の変化や自発的な根粒の発生が起こる。このことからも、CCaMKは共生において中心的な役割を果たしていると考えられる。

CCaMKによって活性化されるタンパク質の一つが転写因子※のCYCLOPSである。CCaMKと

CYCLOPS は複合体を形成し、さらに DELLA タンパク質や他の転写因子と相互作用することで共生に関わる遺伝子の発現を調節する。菌根共生では、CCaMK-CYCLOPS-DELLA 複合体は未同定の転写因子と相互作用し、菌根特異的な一連の遺伝子の発現を誘導する。一方、根粒共生では、CCaMK-CYCLOPS-DELLA 複合体は別の転写因子と相互作用し、根粒共生に関わる一連の遺伝子の発現を誘導する。しかし、どのようにして各共生に特有の転写制御、つまりアーバスキュラー菌根菌のシグナルを受けて菌根形成に関わる遺伝子が、根粒菌のシグナルを受けて根粒形成に関わる遺伝子が発現していくのか、その違いがどのようなメカニズムによるのかは、じつはまだよくわかっていない。共通共生シグナル伝達経路とは別に、それぞれの共生に特異的なシグナル伝達経路が存在していて、共通共生シグナル伝達経路と相互作用することで、各共生に特有の遺伝子が発現するのかもしれない。

※——ゲノムＤＮＡの特定の部位に結合して遺伝子の発現を制御するタンパク質。

マメ科植物は根粒菌を受け入れるために菌根共生の仕組みを利用した

陸上植物の祖先は四億五〇〇〇万年前ごろに出現したと考えられている。アーバスキュラー菌根共生の起源は古く、化石の記録などから四億七〇〇〇万年前までにはすでにアーバスキュラー菌根菌は初期の陸上植物に共生していたことが確認されている。陸上植物の多様化と共に菌根共生が多くの植物に広がり、現在では陸上植物の種の七割以上がアーバスキュラー菌根を形成する。一方で、根粒共生は真正バ

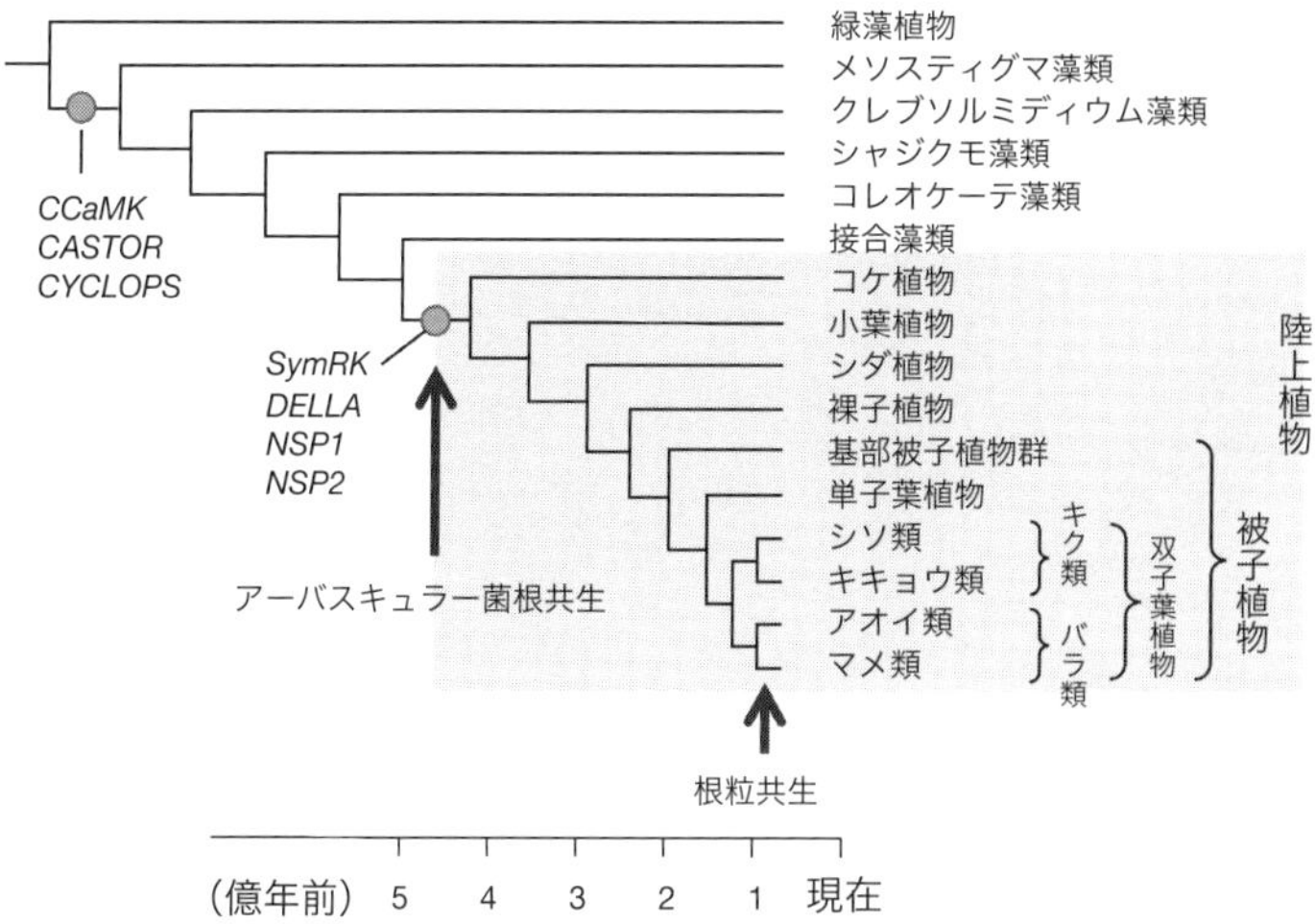

図9　緑色植物の系統関係と共通共生シグナル伝達経路遺伝子の獲得

共通共生シグナル伝達に関わる遺伝子の一部（CCaMK など）は緑藻類にも保存されている。アーバスキュラー菌根は初期の陸上植物の化石にも見られ、植物の多様化とともに多くの植物に菌根共生が広がったと考えられる。マメ科などマメ類の一部に見られる根粒共生は菌根共生の遺伝プログラムの一部を流用して進化した。Vigneron *et al.* 2018 の図を一部改変。主要な分類群のみ表示。

ラ類I（マメ類）のマメ目やブナ目、バラ目、ウリ目の一部に見られることから、その起源は約一億年前と推定されている。根粒共生は、菌根共生のために備わっていた共生菌受け入れの初期シグナル伝達の一部を流用し、さらに別の生理現象の遺伝プログラムを流用したり、新たな遺伝子機能を獲得することで、進化してきたと考えられている（**図9**）[*11]。

共通共生シグナル伝達経路に関わるCCaMKなどのいくつかの遺伝子は、アーバスキュラー菌根を形成する陸上植物だけでなく、水生植物のシャジクモ藻類やアオミドロなどからなる接合藻類（陸上植物に一番近縁と考えられている藻類）ももっている[*11]。これらの藻類はアーバスキュラー菌根を形成しないので、植物の陸上進出とともにCCaMKなどの遺伝子が共生に利用されるようになったのかもしれない。

アーバスキュラー菌根共生に特有の遺伝プログラム

共通共生シグナル伝達経路は、おもに共生変異体の単離とその機能解析から明らかになってきた。その下流で機能する菌根独自の遺伝プログラムについては、変異体スクリーニングによる遺伝学に加えて、トランスクリプトーム解析（転写産物を網羅的に検出する）や逆遺伝学的解析によっても解明が進んでいる。逆遺伝学とは、トランスクリプトームなどの情報から菌根共生に関係すると予想される遺伝子を抽出し、その遺伝子を機能しなくすることで共生への影響を調べる研究アプローチである。ゲノム情報が充実し、ゲノム編集などの種々の遺伝子操作技術が利用できるようになった現在では、非常に有効な研究手法である。

菌根の形成過程では、根で数千の遺伝子の発現が活性化されたり抑制されたりする。菌根でどのように機能するかわからない遺伝子も多いが、発達した菌根では、転写制御やシグナル伝達、脂質代謝、養分輸送、膜交通、タンパク質合成、分泌タンパク質、細胞壁合成、植物ホルモン代謝に関わる遺伝子が活性化する。菌根が成熟すると根内には多くの樹枝状体が形成される。樹枝状体は、菌糸がくり返し分岐することで表面積が増大しており、養分交換に適した構造をとっている（図10）。

マメ科モデル植物のゲノムの解読に比べ、アーバスキュラー菌根菌のゲノム解読はなかなか進まなかった。ゲノム解読のためには精製された多量のDNAが必要であるが、絶対共生微生物であるアーバスキュラー菌根菌から多量のDNAを調製するのは困難であった。それでも、ようやく二〇一三年に国際研究チームによって代表的なアーバスキュラー菌根菌であるリゾファガス・イレギュラリス（*Rhizophagus irregularis*）のゲノムの概要が公表された。さらに、我が国の基礎生物学研究所のチームが二〇一八年に精密なゲノムデータを発表した。ゲノムデータから、アーバスキュラー菌根菌は長鎖脂肪酸を合成する酵素を失っていることが明らかになった。アーバスキュラー菌根菌の菌体内には多量の脂質が蓄積しているが、これまで植物からアーバスキュラー菌根菌に供給される炭素源はグルコースなどの単糖類だと考えられていた。脂質成分はこの糖類から合成されていると考えられていたので、この発見は驚きであった。アーバスキュラー菌根菌は脂肪酸を植物からの供給に頼っているのである（**図10**）。二〇一七年には、植物からアーバスキュラー菌根菌に脂肪酸もしくは *sn*2－モノアシルグリセロールが輸送されることが実証された。ただし、糖と脂肪酸がどのくらいの割合で供給されるのか、アーバスキュラー菌根菌がそれらの炭素源をどのように使い分けているかについては、まだよくわかっていない。一方、我が国の研究グループでは、アーバスキュラー菌根菌に脂肪酸の一種であるミリスチン酸やパルミトレイン酸を投与すると、非共生状態であっても増殖を開始することを発見し、脂肪酸がアーバスキュラー菌根菌の重要な炭素源やシグナルとなり、絶対共生であると言われていたアーバスキュラー菌根菌の非共生状態での培養技術につながる可能性が示されつつある[*12*13*14]（**図11**）。

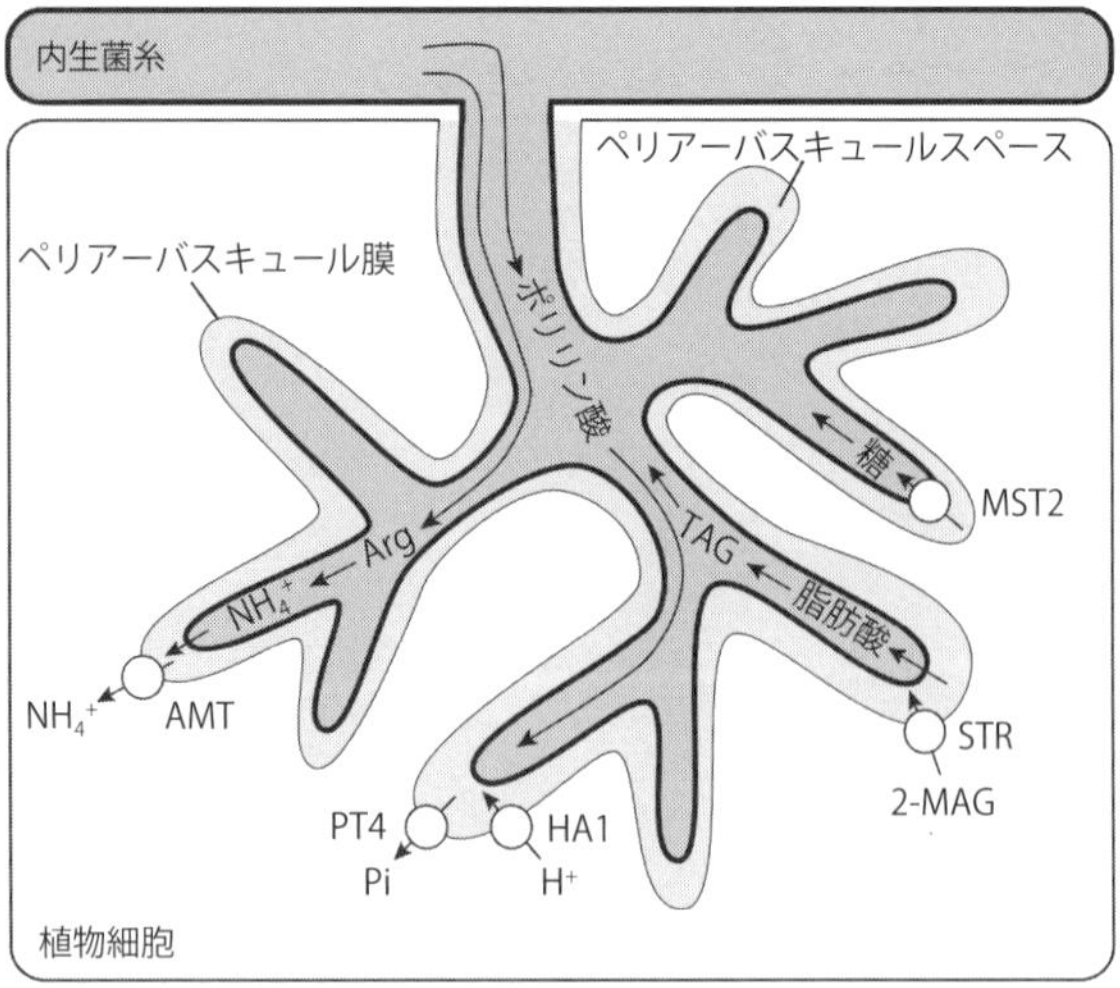

図10　樹枝状体における養分交換（模式図）

アーバスキュラー菌根菌が植物根内に形成する樹枝状体で養分交換が行われる。菌が土壌から吸収したリンや窒素は、ポリリン酸やアルギニンを経て植物へ供給される。一方、植物からは炭素化合物が脂肪酸や糖として供給される。

2-MAG：*sn*2-モノアシルグリセロール、AMT：アンモニウムトランスポーター、Arg：アルギニン、HA1：H^+-ATPアーゼ、MST2：モノサッカライドトランスポーター、Pi：無機リン酸、PT4：リン酸トランスポーター、STR：ABCトランスポーター、TAG：トリアシルグリセロール。

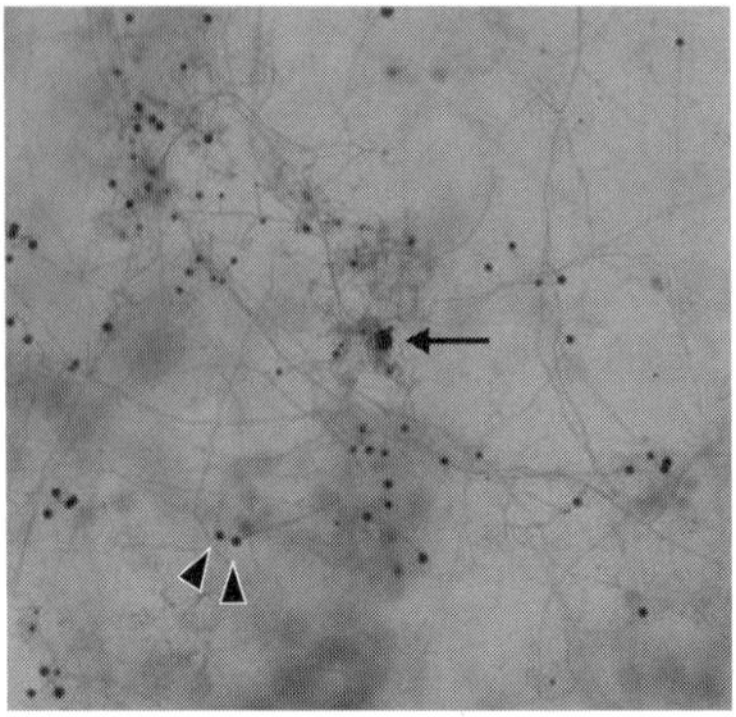

図11　アーバスキュラー菌根菌の非共生増殖

ミリスチン酸を含む培地にリゾファガス・イレギュラリスの親胞子を1胞子（矢印）接種し培養した。親胞子から菌糸が伸長し、次々と次世代胞子（►）を形成する。

今後の展望

アーバスキュラー菌根菌の根への侵入は、局所的に、しかも非同調的に起こる。そのため、菌根の形成プロセスを時空間的に理解するのは非常に難しい（第7章）。共生変異体の解析から共通共生シグナル伝達経路の存在が明らかになったが、この経路が活性化される細胞は根の中でもほんの一部であり、しかも菌糸がはじめに侵入する表皮細胞と樹枝状体ができる皮層細胞では、相互作用するシグナル伝達や下流で発現する遺伝子が異なると考えられる。これまでの手法だけでは、共生の遺伝プログラムの全容を解明するのに限界があり、今後、新たな変異体スクリーニング法や実験系の開発が必要になってくる。

菌根共生の基礎研究は農業へ応用される可能性がある。その一つは共生の分子育種（平たく言えば品種改良・開発のこと）である。作物の品種によっては、アーバスキュラー菌根菌の共生のしやすさや、共生で得られる栄養改善、耐乾性、耐病性の効果が違ってくる。一般的に、高い肥料反応性（施肥量の増加に応じて多収となること）を示す品種は、植物自身で養分を吸収する能力が高いため、共生への依存度が低いと考えられている。今後、減肥栽培や有機農業が普及し、それに適した品種が求められる場合、高い共生機能を有する作物品種の開発が必要になる。共生関連遺伝子の遺伝子型と共生機能や収量の関係についてはほとんどわかっておらず、今後、育種的にアーバスキュラー菌根菌の機能を活用する道が切り拓かれることを期待している。

共生の遺伝プログラムは、植物側の解析から理解が進んできた。一方、菌側に関してはあまり解析が進んでいない。その原因として、アーバスキュラー菌根菌の形質転換法が限られることや、絶対共生性のため純粋培養が困難なことが挙げられる。汎用性があり安定した形質転換法を確立するには、アーバスキュラー菌根菌を非共生状態で培養することが必要となるだろう。最近の研究によって、アーバスキュラー菌根菌に非共生状態で培養できる可能性が示されたことをすでに述べた。こうした培養技術を確立することで、分子遺伝学に利用できる形質転換法やアーバスキュラー菌根菌の共生変異体の作出も可能となり、菌根菌の側からも共生の理解が深まることを期待している。

第7章

菌根の働きを見る
——植物側から見てみると

小八重善裕

アーバスキュラー菌根は、さまざまな菌根の中でもっとも普遍的で、進化的にもっとも古い系統の共生である。

このアーバスキュラー菌根に、植物のリン酸などの養分の吸収を促進する働きがあることは、これまでの章で述べられてきた。アーバスキュラー菌根は、根の皮層で縦横無尽に広がる菌糸（内生菌糸）、根の中で菌糸が膨れて脂肪を大量にため込むベシクル（嚢状体）、土壌につくられる大小さまざま色とりどりの胞子などの特徴的な器官をもっている。アーバスキュラー菌根のもっとも重要な働きの一つは、土壌からのリン酸の吸収と植物への供給であるが、この働きは菌根菌と根の統合体である菌根の形態と深く関連している。

なかでも、菌糸が根の皮層細胞の中にまで感染してつくられるアーバスキュル（樹枝状体）が、植物と菌の養分交換を行うための場として重要である。ここで、菌糸は、細胞の中で二股の分岐をくり返し、その基部（トランク）は太く、先端がより細く枝分かれした、まさに樹のような構造を細胞いっぱいに

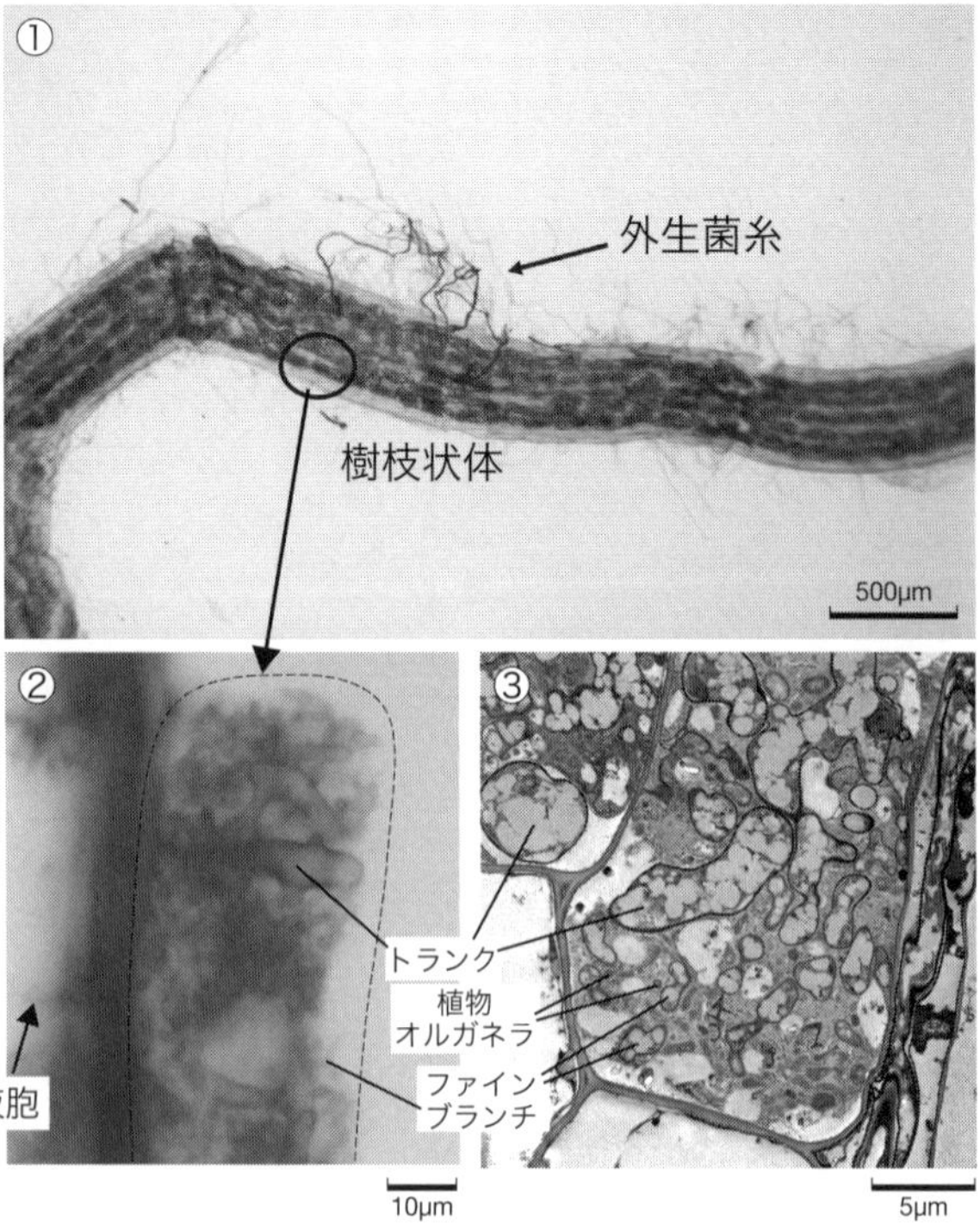

図1　アーバスキュラー菌根菌が感染した根のトリパンブルー染色

光学顕微鏡写真（①②）と透過電子顕微鏡写真（③）。①の写真のように根の内部は菌糸に満たされ、根からは外生菌糸が土壌に向けて伸びる。②の写真の樹枝状体（点線は細胞の輪郭）の周りの細胞や、③の写真の左下にある細胞は白いがこれは巨大液胞があるからである。（提供／①②：千徳毅〈株・アライヘルメット〉）

つくる。インクやトリパンブルーといった植物細胞よりもアーバスキュラー菌根菌（AM菌）が染まる試薬で染色することで、樹枝状体は光学顕微鏡でも容易に観察することができる。よく発達した菌根では、根の長さの八〇パーセント以上が菌糸でびっしり満たされることもめずらしくないが、電子顕微鏡でさらに高倍率で観察すると（図1）、樹枝状体の末端の枝（ファインブランチ）の太さは植物のミトコンドリアと同じくらい（一マイクロメートルくらい）と非常に細く、その周囲には植物の小胞体などのオルガネラ（細胞小器官）が集まり、何やら、植物との密接なやりとりがうかがえる。樹枝状体をもつ細胞からは、植物細胞の特徴である巨大液胞が消え去り、代わりに樹枝状体が細胞容積の大部分を占めるようになる。植物細胞の中が、ほとんど他者（アーバスキュラー菌根菌）の細胞で占められてしまうという事態にもかかわらず、そのことで植物細胞がストレスを受けているような様子は認められていない。

一方、根から土壌中へと伸びる菌糸（外生菌糸）は、土壌を目の細かいふるいにかけて同じように染色することで観察できる。その長さは、土壌一グラムあたり一〇メートルを超えることもある。その外生菌糸にはアーバスキュラー菌根菌の胞子が多数形成される。胞子は土壌中に長く生き残り、土の中へ植物の根が伸びてくると、そこへ胞子から発芽した菌糸が感染し、新たな菌根を形成することになる。

菌根の働きを分子から見る

菌根の働きを知るためには、アーバスキュラー菌根菌に感染していない植物と、感染している植物の生育や養分吸収の違いなどを比較する実験を行えばよい。通常、滅菌した土壌でアーバスキュラー菌根菌を接種した植物と接種していない植物を栽培し、アーバスキュラー菌根菌の有無による植物の生育への効果を調べるという実験が行われる。そして、多くの場合、植物の地上部のリン酸含量はアーバスキュラー菌根菌を接種することで上昇し、生育も促進される。さらに、放射性同位元素^{32}Pあるいは^{33}P(どちらも天然の土壌には含まれない)を土壌へ加え、菌根菌の菌糸を通って、植物へこれらの同位元素が移動していることを確かめることができる。このように、アーバスキュラー菌根菌が土壌中のリン酸を吸収して植物へ供給することは、すでに半世紀ほど前から数多くの研究によって明らかにされてきた。

しかし、アーバスキュラー菌根におけるリン酸吸収の生物学的なメカニズムがはっきりと明らかになってきたのは比較的最近で、遺伝子を使った分子生物学的研究が可能になってからである。酵母のリン酸トランスポーター(細胞膜に局在して細胞内にリン酸を取り込むタンパク質)の塩基配列に類似した遺伝子が、アーバスキュラー菌根菌(*Glomus versiforme*)の遺伝子ライブラリーからハリソンらによって一九九五年に単離された。彼女らはさらに、菌根を形成したマメ科モデル植物※のタルウマゴヤシ(*Medicago truncatula*)から類似の遺伝子を二〇〇二年に単離した。*1

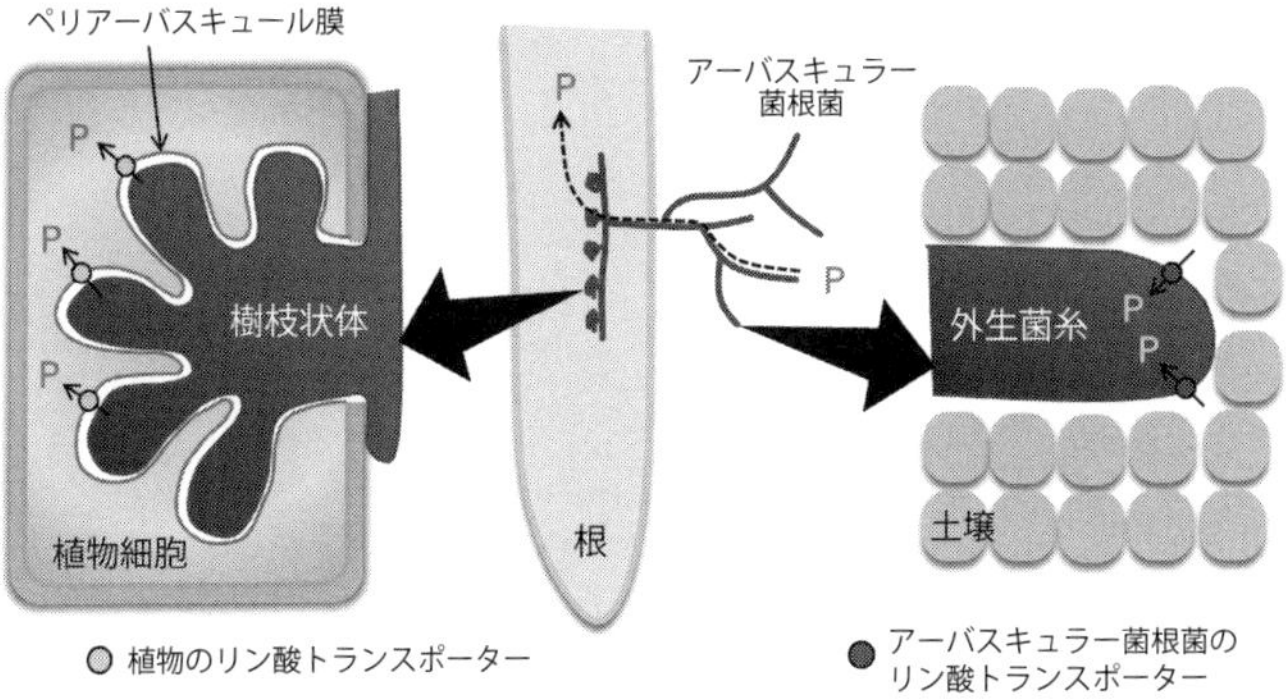

図2　菌根の内生菌糸と外生菌糸の模式図
土壌のリン酸が外生菌糸のリン酸トランスポーターで取り込まれ、菌糸を通じて根まで運ばれると、ペリアーバスキュール膜上のリン酸トランスポーターで、植物に取り込まれる。

※──実験が難しい植物の代わりに使う実験しやすい植物。小さい、栽培が容易、遺伝的解析が容易などの特性をもつ。

いずれの遺伝子も、細胞内にリン酸を運ぶ活性が確認された。アーバスキュラー菌根菌のリン酸トランスポーター遺伝子は、外生菌糸で強く発現誘導されており、タルウマゴヤシの菌根型リン酸トランスポーター遺伝子（*PT4*）は、アーバスキュラー菌根菌が感染した根で強く誘導されていた（**図2**）。これらのトランスポーターが、ほんとうにリン酸の取り込みに働いていることを証明するためには、そのリン酸の通り道となる膜の上に、それらのタンパク質が局在していることを示すデータが必要である。そのために、そのトランスポータータンパク質に特異的に結合する抗体を用い、その抗体を染色する方法や、このトランスポーター遺伝子に緑色蛍光タンパク質（GFP、Green Fluorescent Protein）遺伝子を結合させ、細胞で発現

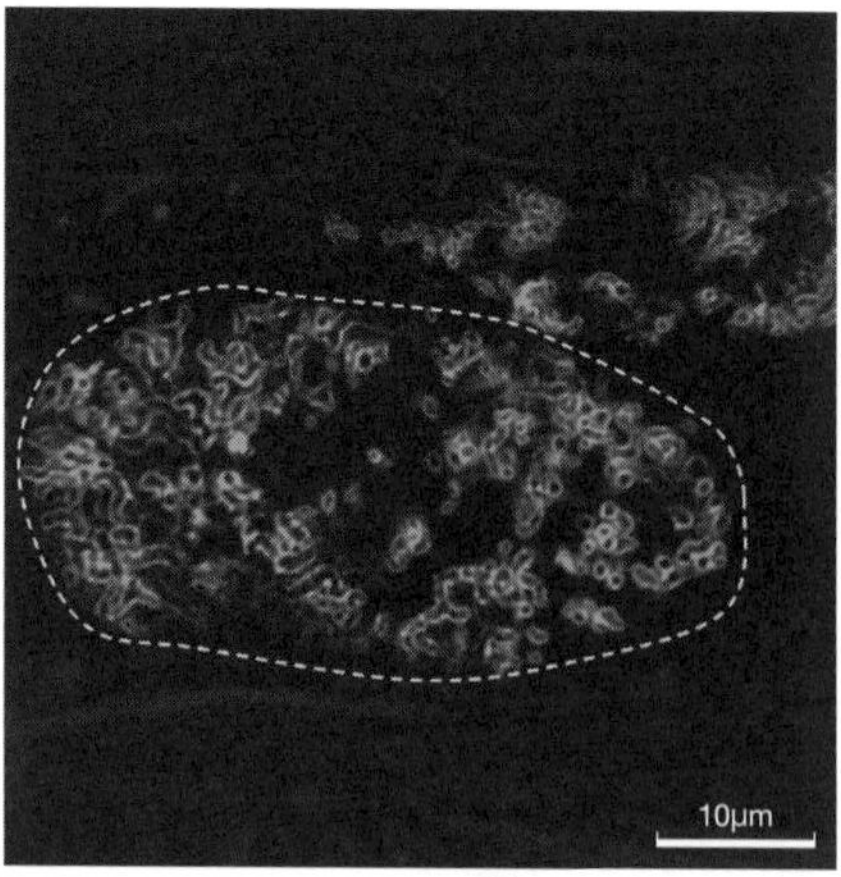

図3　アーバスキュラー菌根菌リゾファガス・イレギュラリスに感染したイネの皮層細胞の蛍光顕微鏡写真

このイネはリン酸トランスポーターPT11を緑色蛍光タンパク質（GFP）で標識してある。PT11-GFPは樹枝状体を包むペリアーバスキュール膜に特異的に局在しており、その部分が明るく見えている。樹枝状体を含む細胞を点線で示した。

させて緑色蛍光を観察する実験が行われた。タルウマゴヤシのPT4タンパク質は、根の中でも、植物とアーバスキュラー菌根菌が共生的に密接に相互作用する部分、つまり樹枝状体を包む植物の膜（ペリアーバスキュール膜）に、特異的に局在していた。そして、菌根型のリン酸トランスポーターは、イネ科などマメ科以外の植物にも保存されており、同じくペリアーバスキュール膜に特異的に局在していた（**図3・口絵9**）。したがって、菌根には、菌糸を通じてリン酸を運ぶルートがあることが示唆されたのである。しかしそれでも、発現が誘導されているだけではその機能がほんとうに意味のあるものであるかどうかはわからない。その分子のルートとは別のルート（メカニズム）で、リン酸吸収が促進されている可能性を排除できないからである。そのルートこそがまさに機能的であることを証明するためには、そのルートだけをなくしてしまって、どうなるかを調べればよい。そこで、タルウマゴヤシの*PT4*遺伝子の機能が失われた変異体の解析がなされた。*PT4*遺伝子の変異体では、樹枝状体が早期に崩壊するという表現型を示し、地上部のリン酸量も低下した。そして、樹枝状体の周りではアーバスキュラー菌根菌から運ばれたリン酸が細胞内に吸収されずにポリリン酸として蓄積していた（アーバスキュラー菌根菌はポリリン酸の形でリン酸を運ぶ）。したがって、菌糸で運ばれたリン酸が、樹枝状体でリン酸トランスポーターを通して積み下ろされるというこのルートこそが、菌根のリン酸吸収促進にとって決定的に重要であることがタルウマゴヤシで証明され[*2]、その後、イネやトウモロコシでも同じように証明された。

菌根のリン酸吸収は不安定？

タルウマゴヤシの菌根型リン酸トランスポーター*PT4*の発見は、一つの不思議な疑問を投げかけた。それは、菌根のリン酸吸収はいつも起こっているのか？ということである。なぜなら、タルウマゴヤシのＰＴ４タンパク質は、免疫細胞染色の結果、菌糸の枝分かれが未熟な樹枝状体には局在しておらず、よく発達した樹枝状体にはもちろん局在しているが、樹枝状体が崩壊すると局在は見られなくなること

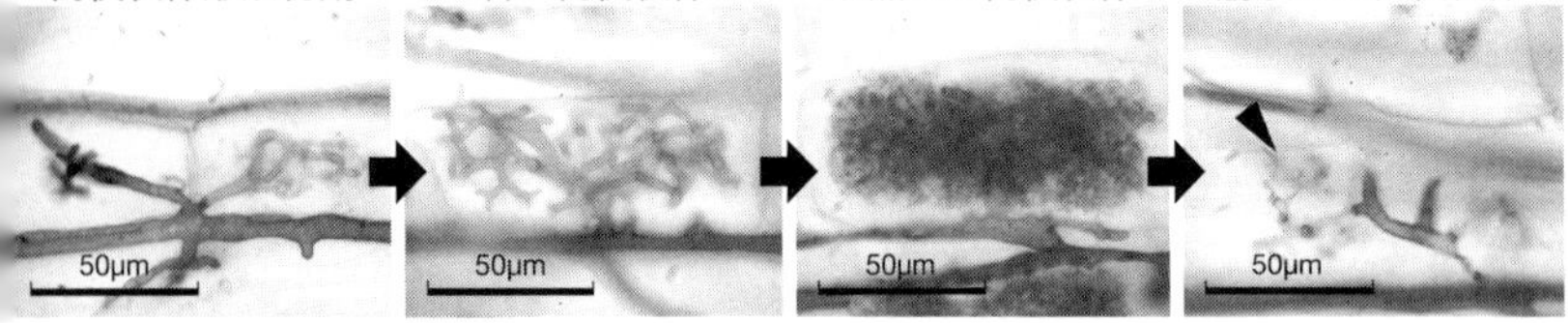

図4　樹枝状体のライフサイクル
根をトリパンブルーで染めると発達ステージの異なる樹枝状体が皮層細胞に入り乱れて観察される。初期にはトランクの太い菌糸が主であるが、次第にファインブランチが細胞内を占めるようになり、最終的にはトランクを残して崩壊したファインブランチの凝集塊（クランプ）（▶）が形成される。（提供／千徳毅〈株・アライヘルメット〉）

が示されていたからである。[*1] この「樹枝状体が崩壊する」という現象については、崩壊して凝集塊（クランプ）となった樹枝状体が、根には一定数見られることが古くからの顕微鏡観察で認められていた。根に最初の樹枝状体が形成されてから、次に崩壊した樹枝状体が観察されるまでの時間経過と、樹枝状体のサイズの変化を調べると、植物種によって違いはあるものの、樹枝状体は形成からおおむね一週間ほどで崩壊するというライフサイクルをもつことが示唆されていた（**図4**）。

このことは、樹枝状体の働きが構成的な（常につくられている）ものではなく、一時的なものである可能性を示唆している。しかし、タルウマゴヤシの*PT4*が単離されたのは、アーバスキュラー菌根共生の発達する仕組みを分子生物学的な手法で明らかにしようという「建設的」な研究が、まっ盛りの時代であった。当時、タルウマゴヤシやミヤコグサといったマメ科モデル植物の変異体の解析から、根粒と菌根の発達に同じ遺伝子が必要であることが発見され、どのような分子システムで菌根（真菌との共生）が発達するのか、どうして根粒（細菌との共生）と同じなのか、そのメカニズムの解明に、世界中が沸き立っていた(第6章)。そのころ、樹枝状体はどうして崩壊するのか?といった「後ろ向き」の研究には、多くの研究者はあまり関心を向けていなかった。

樹枝状体にはほんとうに寿命があるのか?

アーバスキュラー菌根菌との共生は植物が陸上に進出した約四億五〇〇〇万年前、コケの時代から途切れることなく続いてきたと考えられており、アブラナ科やヒユ科を除く、ほとんどの植物種が菌根を形成する。それゆえ、アーバスキュラー菌根菌との共生は植物のもっとも普遍的な共生関係とまで言われ、その関係性はきわめて親和性が高く、安定的である印象を受ける。マメ科の根粒共生は約一億年前に始まったと考えられるが、マメ科植物の根粒では、基本的に宿主の根が枯死するまでの間にバクテロイド(植物の根と共生した状態の根粒菌)が短期間で崩壊するということはない。もちろん、共生の進化の歴史の長さと、細胞内共生の安定性は関係なく、菌根共生の生理的意義が、他のそれとは異なるというだけのことかもしれない。リン酸吸収がそれほど重要な樹枝状体の機能なら、どうしてわざわざ崩壊させる必要があるだろうか? 一時期、植物が樹枝状体を消化して、そこに含まれるリン酸を吸収する(ランが菌根で菌の養分を得るように)という説も出されたが、それは先に述べたリン酸トランスポーター変異体の解析からも否定できる。

私が菌根の研究に取り組み始めた二〇〇八年ごろ、先に述べたように研究の中心は菌根の発達メカニズムに集まっており、その機能性についても多くの研究が世界中で進められていた。そして、発達メカニズムを利用あるいは強化することで、菌根の強化にもつながる、そして肥料の節減にもつながると、明るい展望が述べられていた。しかし、樹枝状体が発達した先に必ず崩壊が待っているのなら、発達を強化することにどんな意味があるのだろうか？　発達しないメカニズム（崩壊するメカニズム）だって、じつは発達と同じくらいに重要なのではないだろうか？　菌根研究者にとってバイブルのような書籍"Mycorrhizal symbiosis"（「菌根共生」、第三版）[*3]にも、しっかりと「樹枝状体の発達とターンオーバー」という項目が設けられている。その最後では「樹枝状体の寿命（ライフサイクル）がなぜ一週間程度と短いのかわからない」と締めくくられている。菌根共生では「発達」の仕組みに皆が熱狂しているが、じつは菌根の面白さは、この崩壊にこそあるのではないか？　そういった世間的には的外れなことを考えているうちに、自分もこのまま同じ研究をやっていても、的外れな結論しか導けないと思えてきた。そこで、何人かの菌根研究者にそういった疑問を投げかけてみたところ、「ほんとうに崩壊するのかどうかわからない（本にそういうことが書いてあるのはもちろん知っている）」「崩壊しない樹枝状体もあり、そういった安定した共生が重要なのではないか」「樹枝状体の崩壊は、サンプル調整時のアーティファクト（人為的に生じたエラー）かもしれない」といった、（ある意味）建設的な意見しかもらうことはできなかった。

そこでほんとうの菌根の発達のメカニズムを知るために、私がまずはっきりさせるべきことはただ一つ、「共生を阻害せずに、樹枝状体が必ず短時間で崩壊することを証明する」である。サリー・スミスとデビッド・リードの本に書かれている樹枝状体のライフサイクルの話だって、多数の破壊的な観察の積み重ねで推定されたことである。共生の崩壊がほんとうなのかを調べるのだから、そもそも非破壊的に実験を行う必要がある。私は当時、とある大きなプロジェクトで雇用されている任期つきのポスドク（博士研究員）であり、菌根の発達とは一見逆行する研究をやれるような立場ではなかった。当時私を雇用していたボス（畑信吾）は、「おもろいやないか。やるなとは言わんけども、絶対、そないなことでけへん」という大きな心で放っておいてくださり、ひとまず私はどうしたら非破壊的に、生きたままの菌根を観察（ライブイメージング）できるのかを、必死に（楽しく）考えたのである。

土の中を生きたまま見る——菌根ライブイメージングの開発

当時、シャーレに置いたタルウマゴヤシの菌根を薄いフィルムで覆い、アーバスキュラー菌根菌が根の表皮細胞へ侵入する様子を蛍光顕微鏡でライブイメージングする方法が注目を浴びていた。[*4] しかし、この方法では根の表面の表皮細胞への菌の侵入は追跡できるが、マメ科植物の根には強い自家蛍光（もともと蛍光を発する物質）があって、根の内部である皮層に形成される樹枝状体のイメージングは難しい。また、私の実験ではアーティファクトによる樹枝状体の崩壊ではないことを示すため、人工的な寒天培地やフィルムなどではなく、あくまで土を使うことを目標とした。しかし土耕で精密な顕微鏡観察を行うのは容易ではない。土は土埃が立つし、他の微生物もたくさん含まれるし、活発に光合成をする

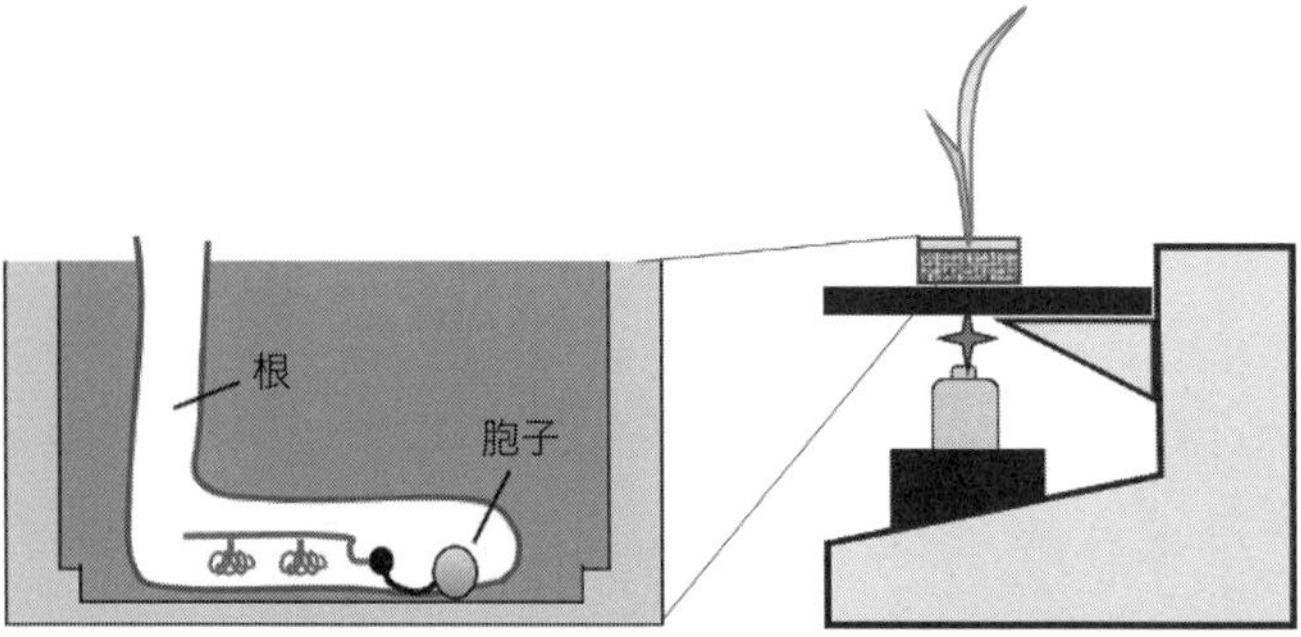

図5　菌根のライブイメージング

植物は、たくさんの水を要求する。顕微鏡でイメージングしながら、植物を安定に育てるのに一番苦心した。共焦点レーザー走査型顕微鏡のステージから水を盛大にこぼしてしまい、夜中、半泣きになりながら顕微鏡を中まで分解して掃除したこともある。そして、紆余曲折があったものの、以下のような方法でライブイメージングを成功させた（**図5**）。

①GFP（緑色蛍光タンパク質）でラベルした菌根型リン酸トランスポーター（PT11）を発現する組み換えイネを作製した。イネの根は自家蛍光が少ない。②底にカバーガラスが貼ってあるシャーレにアーバスキュラー菌根菌の接種資材を入れ、その上に土を入れ、PT11-GFPの組み換えイネを播種した。③根はシャーレの底でとぐろを巻きながらガラスの底に密着し、そこでアーバスキュラー菌根菌に感染した。試料を下側から観察する倒立型の顕微鏡で対象物をはっきりと観察するには、対象物がシャーレの底に密着していることが重要である。④倒立型の蛍光顕微鏡のステージにPT11-GFPのシャーレを置き、シャーレの底から、感染部位のGFP蛍光を観察した。撮影の間、イネの茎葉部には光を当て、光合成が

できるようにした。その結果、シャーレの底に伸びてきた根がアーバスキュラー菌根菌に感染し、根内に樹枝状体を形成する様子を非破壊的に連続して観察できるようになった。観察したすべての樹枝状体は、GFPの蛍光が認められてから二、三日のうちに崩壊し、その蛍光（PT11）も、樹枝状体の崩壊の始まりからわずか二〜五時間で消失していた。[*5] すなわち、樹枝状体で植物側のリン酸トランスポーターPT11が働いて、アーバスキュラー菌根菌からのリン酸を吸収するのはわずか二、三日しかないということになる。

樹枝状体が必ず崩壊するとなると、そこから生じる疑問は、菌根はどうやって発達するのか？ということである。よく発達した菌根では皮層細胞が樹枝状体だらけということもあるので、樹枝状体が崩壊した後の細胞がずっと空のままだとは考えにくい。そこで次に調べるべきことは、樹枝状体が崩壊した細胞は、またすぐに樹枝状体の形成を許すのか？である。短時間で崩壊したとしても、ただちに樹枝状体が再びできるなら、高い感染率ともつじつまが合う。もしそうなら、樹枝状体は見かけ上連続して存在しているのだから問題ない（なぜ崩壊するのかはさておき）。ところが、ライブイメージングで観察したPT11は、樹枝状体の崩壊に伴い蛍光を消失してしまうので、その後の細胞の様子を追跡するのは難しかった。そこで、樹枝状体の崩壊後もタンパク質が発現し、細胞の様子を映し出してくれる分子を探すことにした。植物の細胞は、樹枝状体が崩壊した後も無傷である。樹枝状体の崩壊後には、細胞内膜系の再編成が急ピッチで進み、巨大液胞が再びつくられる。そこで、細胞内の膜構築に関わると考えられる膜輸送関連の分子に注目し、イネの菌根の遺伝子発現情報から、それに該当する候補遺伝子を一

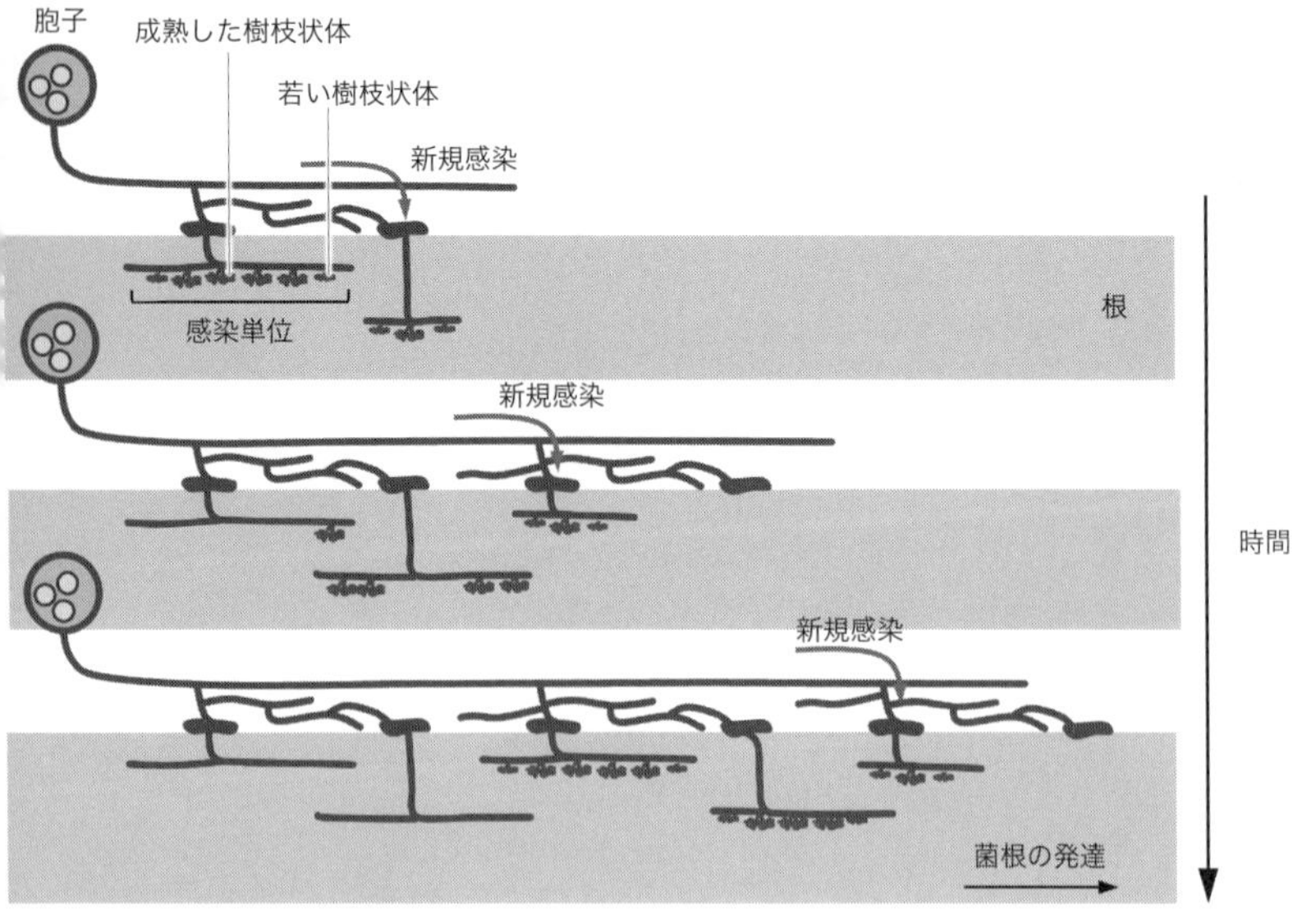

図6　菌根発達のモデル図
樹枝状体は一過的な構造であるため、AM 菌が根の同じ位置に感染し続けることは基本的にない。菌糸が根に感染すると、菌糸はその感染部位 1cm ほどの範囲に「感染単位」を形成する。感染単位の侵入口に近いほうから次々と樹枝状体がつくられるが、感染単位の形成も一過的である。菌根の発達は、感染していないきれいな根の領域に、次々と感染単位が形成されることで成り立っている。

つ見出した。これは*SCAMP*（Secretory Carrier Membrane Protein）遺伝子というもので、このタンパク質は動物、植物の細胞において膜分泌に関わる膜タンパク質であることが知られていた。このSCAMPについて、PT11と同じくGFPを発現する組み換えイネを作製し、樹枝状体が崩壊した後、その細胞内部がどのような運命をたどるのかを、ライブイメージングで調べることにした。[*6] 菌根をライブイメージングで五日間観察し、合計四六六個の樹枝状体の崩壊とその後の様子を調べたところ、樹枝状体が崩壊した細胞のうち、同細胞に再び樹枝状体が形成されたのは、わずかに三個であった（〇・六パーセント）。つまり、一度感染した細胞は、基本的に再感染を受けつけない。もう少し倍率を下げて、根全体の菌根の発達をイメージングしてみたところ、アーバスキュラー菌根菌は一度感染した細胞やその近くの細胞には感染しにくく、まだ感染していないきれいな細胞をもつ領域に、感染を拡大させていった（**図6**）。ただし、よく発達している菌根では、崩壊した樹枝状体を含む細胞に新しい樹枝状体が形成されていたり、樹枝状体が同時に二つ形成されていたりすることがあるので、条件によっては問題なく再感染するらしい。今回用いたのはイネの実生であり、光合成能力が低く、種子由来の自前のリン酸も多いため、菌根への栄養的依存度は高くない。光合成能力が高まり、アーバスキュラー菌根菌への炭素投資が増えれば、樹枝状体の崩壊と形成のサイクルが早まることで細胞が次々に感染し、広範囲にわたり菌根を形成することも可能になると考えられる。

アーバスキュラー菌根菌の不思議な特性として、他の菌類と比べると、その菌体が脂質に富んでいて、油っぽいということが挙げられる。[*7] 菌糸や胞子の中に、大量の脂質（トリアシルグリセロール）を中性

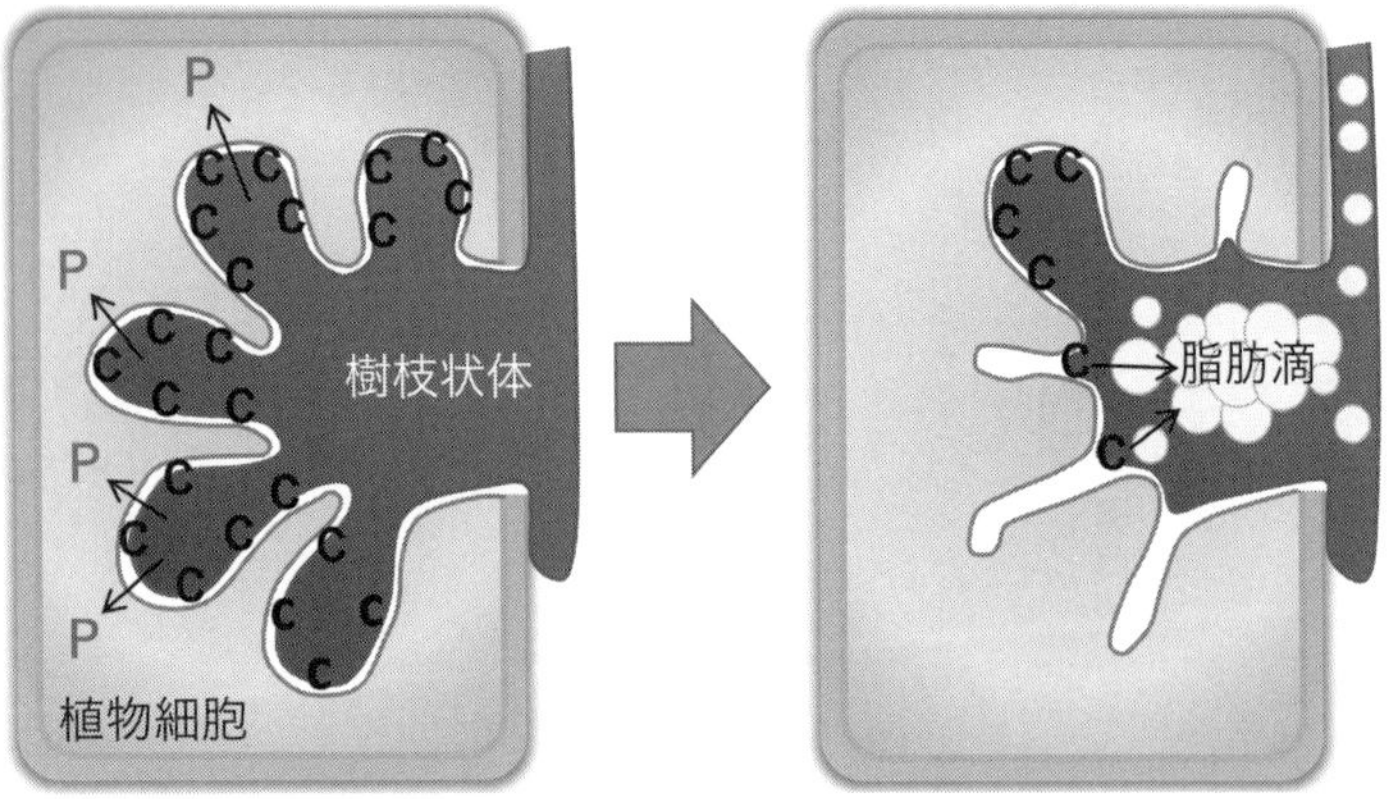

図7　樹枝状体の崩壊に伴う脂質の動態
脂質を蛍光標識できるナイルレッドで菌根を処理し、ライブイメージングすると、樹枝状体が崩壊する時に、脂質（脂肪滴）が樹枝状体の幹の部分（トランク）に出現することがわかった。樹枝状体の膜などの構成成分に蓄えられた脂質が、崩壊とともに植物の細胞内から菌糸の細胞に移る瞬間を捉えていると考えられる。

脂肪としてもつのである。通常、中性脂肪というのは、栄養生理的には貯蔵炭素である。種子の中に長期間蓄えたり、お腹の皮下脂肪になったりする。中性脂肪の合成にはエネルギーを消費し、その利用（β酸化）にもエネルギーを必要とする。つまり脂質を炭素源として使うには余分なエネルギーが必要で、贅沢なプロセスとも言えるのである。それにアーバスキュラー菌根菌は絶対共生菌であり、炭素源の供給をすべて宿主植物に頼っているので、そんなに贅沢が許されるとも思えない。なぜ油なのだろうか?

これまで述べてきたように、アーバスキュラー菌根菌は皮層細胞の中で樹枝状体として高度に枝分かれをする。樹枝状体もアーバスキュラー菌根菌の細胞の一部であるから、当然そこには細胞膜がある。細胞膜はリン脂質からなり、実に油っぽい。ところで樹枝状体が崩壊する時、そこに含まれる脂質は、どこに行くのだろうか？　文献を調べると、アーバスキュラー菌根菌が植物から得た炭素は、再び植物には戻らないことが示唆されていた。ということは、樹枝状体が崩壊する時に、樹枝状体の脂質（つまり植物から受け取った炭素）は、（植物から）アーバスキュラー菌根菌の所有物となっている。そのため、菌体が脂っぽくなるのではないだろうか？　この仮説を検証するため、菌根の生体膜などの脂質を、ナイルレッドという親油性の蛍光試薬で染色した。そしてライブイメージングを行い、アーバスキュラー菌根菌の根の中での脂質の動態を調べた。その結果、予想通り、樹枝状体が崩壊する時に、油滴が感染細胞の中に出現し、それは樹枝状体の根元の部分、トランクの内部に多く局在していた（図7）。おそらく、樹枝状体の崩壊と、植物からアーバスキュラー菌根菌への炭素供給には（つまり菌根の発達には）、何か重要な関連があるのだろう。しかしそこに関わる分子メカニズムはまだほとんど解明されていない。[*7] 細胞内共生のライフサイクルのダイナミクスをベースにしたさらなる研究が必要であろう。

なぜ菌根のリン酸吸収機能は断続的なのか？

樹枝状体がなぜ崩壊するのか、その理由は生物学的な意味でも、機能的な意味でもまだわからない。アーバスキュラー菌根菌と植物の両者がお互いに利益を得ている相利的な状況が続いているのであれば、樹枝状体を長く維持したほうが両者にとって有利な気もする。樹枝状体の寿命が数日と短いことが両者

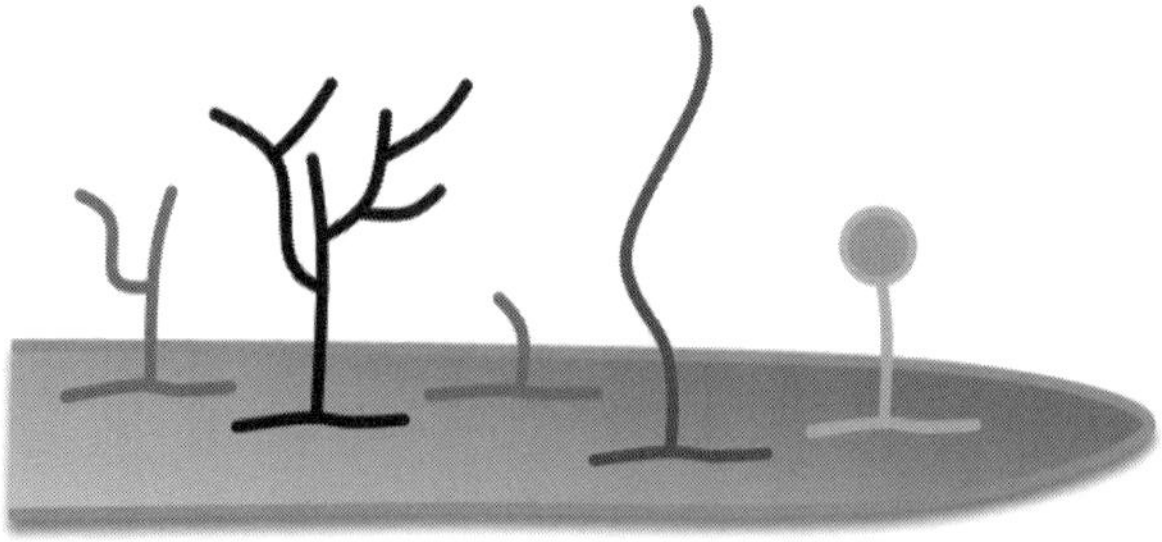

図8　菌根の多様性
樹枝状体の崩壊は、その時々で最適な菌根菌と共生することで菌根の多様な機能を担保しておくという植物側の戦略かもしれない。

にとって有利であるかどうかは、樹枝状体が崩壊しなくなるか、寿命が長くなる植物の変異体が見つかり、その表現型から樹枝状体の崩壊の必然性に結びつくような理論が導かれることが必要だろう。今のところそのような研究成果は得られていない。

なぜ菌根は一過的に形成されるのか、いろいろな仮説が考えられるだろうが、ここは想像をたくましくして、一つ、以下のような説を唱えてみたい。ここでもまた「おもろいやないか。そうかもしれへん。でもそないなのどうやって証明すんや」ときっと言われるだろうが、一度、不可能と思われていたことに挑戦してうまくいくと、もう何でもできるような気がするものである。研究者は単純でなければならない。

それは、植物が「菌根の多様な機能を担保するため」ではないだろうか（図8）。アーバスキュラー菌根菌のゲノムには、アクセサリー遺伝子（そのアーバスキュラー菌根菌の特性を反映するが必須ではない遺伝子。対して代謝などに必須の遺伝子をコア遺伝子と呼ぶ）が多く、菌によって多様な機能を有することが予想されている。植物とアーバスキュラー菌根菌の関係は、相手を選ぶのではなく、まずは何でも受け入れることが基本にある。もし樹枝状体が崩壊せずに、同じアーバスキュラー菌根菌が長期にわたり居座ることができるなら、望ましくないアーバスキュラー菌根菌や、ある機能のみに秀でたアーバスキュラー菌根菌が、根の中で優占してしまうことになるかもしれない。植物の養分要求度や生理状態は、植物の種類やその生育ステージによっても大きく変化し、また土壌養分の利用性も、天候や季節に影響されて大きく変化する。その時々で、多様なアーバスキュラー菌根菌の機能を菌根に反映させられるなら、共生期間には制限があり、その機能を継続して使用したいなら改めて継続し、もし別の機能が必要なら、そのための空きスペースはすぐに準備できるほうが都合がよい。それゆえ、アーバスキュラー菌根菌が根の細胞中に存在できる期間は、樹枝状体の寿命と連動して、数日に制限されているのではないだろうか。

イギリスの微生物学者・ヤングは、バクテリアをスマートフォンというハードウェアに例え、コア遺伝子をオペレーティングシステム（OS）に、そしてアクセサリー遺伝子をアプリに例えている。[*8] 植物がアーバスキュラー菌根菌の多様な機能を利用したいなら、いろいろなアプリがインストールできる共生システムで、随時アップデート・取捨選択しながら、その時々で最適なパフォーマンスを発揮できるオリジナル菌根にカスタマイズできるのが望ましい。そのためにはまず、土壌に制限なく使えるアプリ（アーバスキュラー菌根菌）がちらばっている必要がある。植物はまずは根にそれらをインストールしてみて、その生育環境に適応した、役立つ機能をもつものだけを増殖させればよいのである。そして、アーバスキュラー菌根菌は変化する外環境や、多様な植物との共生に対応するために、異質で変異に富むゲノムシステムを採用しているのかもしれない。[*9] 上記の仮説を検証するためには、多くの研究に使われてきた特定の種類のアーバスキュラー菌根菌だけではなく、自然界に生息するより多様なアーバスキュラー菌根菌を使った実験系で、さらにダイナミックな研究を行う必要がある。

第8章

ラン菌根の共生発芽を探る

久我ゆかり

植物細胞の中に菌根菌の菌糸が入り込んでいる構造の菌根を、内生菌根と言う（序章参照）。アーバスキュラー菌根の樹枝状体（アーバスキュル）、ラン菌根やエリコイド菌根のコイル状菌糸などは、植物の根の細胞の中に菌糸が複雑な構造体を形成する。「植物細胞の中の構造」という表現は、厳密には正しくない。根の細胞壁で囲まれた空間の中にある菌根菌の菌糸は、植物の細胞膜から続く膜で覆われているため、植物からみると菌糸は植物細胞の外側にある（**図1**）。言い換えると、菌糸は宿主の細胞壁を突き破り、宿主細胞膜と接するために細胞の中に侵入しているとも言える。植物の細胞膜から続く膜は、菌糸の表面に密着しているため、宿主の膜と菌糸の表面積はほぼ同じである。菌糸は細胞の外にある。ここに、菌根菌と植物が、なぜ生きたまま相互作用できるかの鍵がある。菌糸構造は細胞内いっぱいまで広がるが、電子顕微鏡で見ると、菌糸の細胞膜－菌糸の細胞壁－（物質）－宿主細胞膜－宿主細胞質と並んでおり、宿主細胞質には細胞小器官が存在している。すなわち、菌糸は生きている宿主細胞と共存している。[*1] 菌根共生の本質は、植物と菌根菌の間で起こる養分交換であるが、それは、この菌根

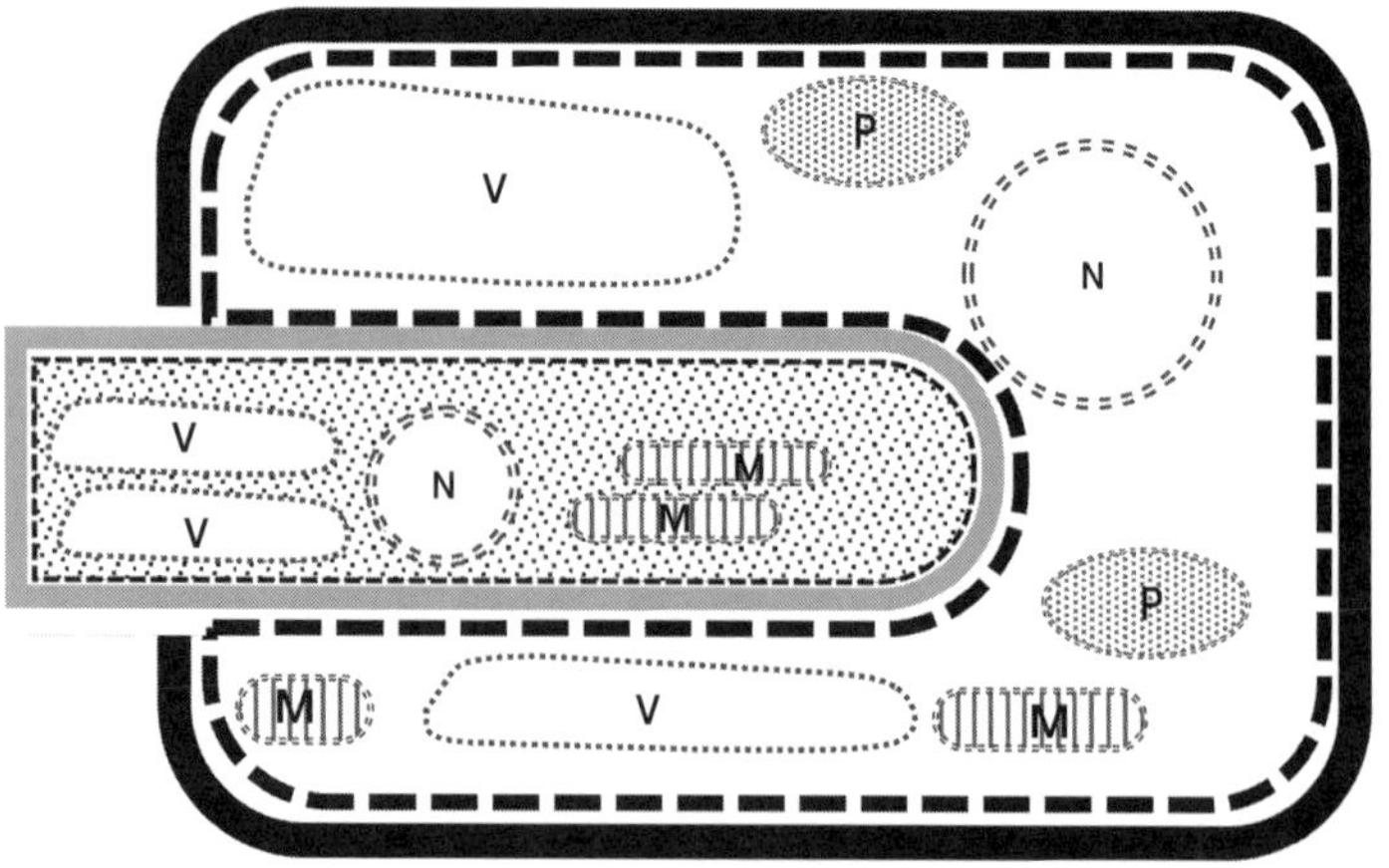

図1　内生菌根の模式図
ラン菌根の菌毬（コイル状菌糸)、アーバスキュラー菌根の樹枝状体・コイル状菌糸、ツツジ科菌根のコイル状菌糸などは、宿主の細胞膜由来の膜に囲まれている。したがって、正確には菌糸は植物細胞の外側にあり、植物細胞の完全性が保たれている。M：ミトコンドリア、N：核、P：色素体、V：液胞。

内の菌糸の細胞膜とそれを取り囲む植物の細胞膜や細胞壁を通して行われる。つまり、菌根共生を理解するためには、菌糸と植物の接触面で何が起こっているのかを明らかにしなければならない。

真核生物の細胞は、膜で囲まれ、機能が異なる核、小胞体、ゴルジ体、液胞、ミトコンドリア、葉緑体・アミロプラスト（色素体）など、細胞小器官と呼ばれる区画（オルガネラ）がある。それぞれの細胞小器官には特有の機能があり（代表的には、核は遺伝情報、ミトコンドリアは呼吸、葉緑体は炭酸固定、アミロプラストはデンプン貯蔵など）、連動しながら機能が発揮されている。また、多くの場合細胞小器官の機能は一つではなく、細胞のサイクルや、置かれた状況により変化する。たとえば、ミトコンドリア、葉緑体、小胞体は脂質合成にも関わっている。また色素体は一つの構造が、葉緑体やアミロプラストに変化する。菌根共生では、細胞膜の拡張、アミロプラストのデンプン粒の消失（原色素体に脱分化）という構造変化が内生菌根に共通して観察される。このように、内生菌根における共生菌と宿主植物の細胞間の相互作用を理解することは、ダイナミックな細胞内構造変化を伴う機能の変化を理解することであるとも言える。

細胞内部の大きな細胞小器官は光学顕微鏡で存在を確認できるが、それらの微細な構造観察には、電子顕微鏡による観察が必要である。細胞科学における電子顕微鏡利用のもっとも大きなデメリットは、空間分解能（電磁波の波長に依存）を上げるため電子線を使うため、真空中にサンプルを置かなければならないことにある。生物の体は七〇〜八〇パーセントが水分である。組織・細胞の中を見るためにはどうにかしてこの水を抜き、かつその場所を別の物（通常プラスチック樹脂）で置き換える必要がある。このプロセス（試料作製）の成否により、「イカ」を観察しているつもりでも、じつは「スルメ」を観察していたということになってしまう。また細胞内の代謝活性を知りたい場合には、対象分子（酵素、mRNAなど）の特徴（温度、pHなど）や、局在する場所（膜上、細胞質内など）などが試料作製の過程で変化しない、そもそも分子が失われない方法を選ばなければならない。細胞学における「観察」には、決定的な情報を得られる可能性があるが、目的に適した方法論の選択、手技の鍛錬とともに、用いる方法の特徴をよく理解しておくことが重要である。

本章では、ランの共生発芽時に何が起こっているかを、さまざまな顕微鏡観察技術を使って調べてきた筆者の研究について紹介する。

ランの共生発芽

ラン科植物の菌根の特徴の一つは、菌根菌が担子菌門に属し、この菌根型に特化したグループであることである。[*2] これらの菌類は、多くが土壌中で有機物を分解して生きている腐生菌であるが、植物への病原性を持つものもある。また、分離培養が可能である。以下の研究では、ラン科植物としてネジバナを、共生菌としてセラトバシディウム（*Ceratobasidium*）属菌を用いている（四〇年近く前に分離した当時は、北海道大学の生越明による分類体系である二核リゾクトニア属菌の菌糸融合群として同定）。[*3]

まず、ランの菌根がどのように発達するのか、ライフサイクルを説明する。[*2] すべてのラン科植物は、「ダストシード（ほこり種子）」と呼ばれる胚と種皮のみからなる非常に小さな種子を作る（**図2②・口絵10**）。種子は、発芽すると胚が分裂生長するプロトコームという組織を経て、葉と根を形成し、実生となる。自然界での胚の生長には、共生菌の感染とそれに続く菌からの養分供給が必要である。プロトコーム期の生長は、炭素を含むすべての養分が菌から供給されるため、養分授受の面から見ると、両者の関係は片利共生と言える。すなわち、宿主植物であるランは利益を得るが、共生菌側には利益がない。しかし、ほんとうに共生菌に利益がないかどうかはいまだよくわかっていない。

プロトコームが葉と根を発達させ、その後共生菌が根に感染して菌根となり、緑色の葉を形成する地

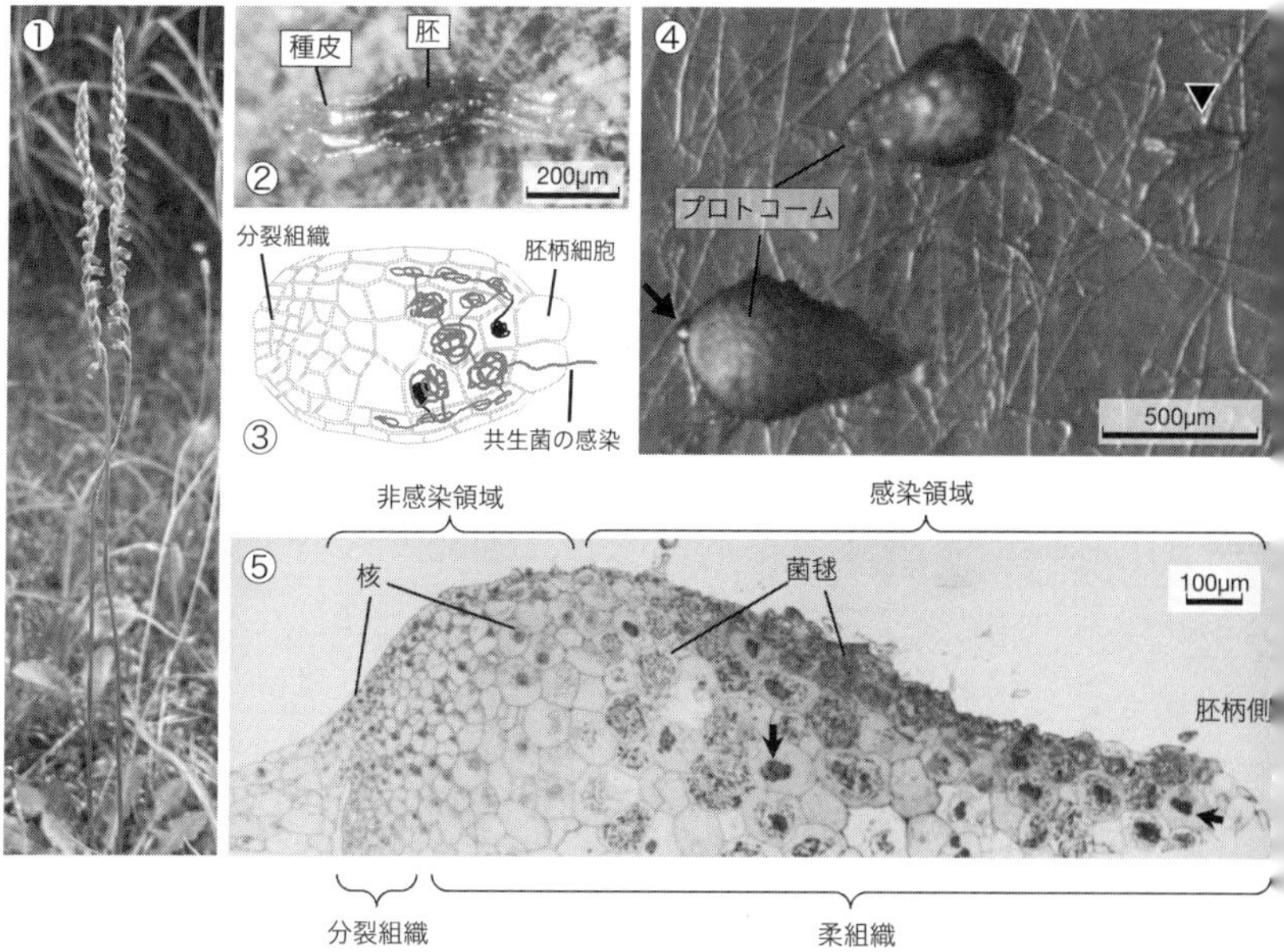

図2　ネジバナの共生発芽とプロトコーム（口絵 10）

①ネジバナ。

②ネジバナの種子。種子は胚と種皮のみからなる。菌糸は胚柄《はいへい》側の末端細胞から侵入し、コイル状の菌糸（菌毬《きんきゅう》）を皮層細胞に形成する。

③共生菌の感染は胚柄側の末端細胞から起こる。菌毬（灰色）と崩壊（黒）。感染→崩壊の過程はくり返される。

④生育中のプロトコーム。未発芽種子（►）、分裂組織に形成された葉原基（矢印）。

⑤トルイジンブルーオー染色した共生プロトコームの切片（半分）。菌糸は胚柄側の皮層細胞に侵入し、菌毬を形成する、菌毬は生長後崩壊し、菌糸の塊（矢印）になる。細胞間菌糸は存在しない。分裂組織および直下の皮層細胞は非感染。プロトコームが生長すると分裂組織から葉、その後根が形成される。

生ランでは植物の炭素化合物と菌の土壌起源の養分が交換され、相利共生の関係に移行すると考えられている。共生発芽に関わる菌を自然界から分離するにはトラップ法（野外播種試験法。種子をナイロンメッシュに入れて埋土）が用いられる（前書第4章）。菌根菌は根から分離されるが、通常複数種が関わっている。ここで、共生発芽能力は種子に接種する実験で調べられるが、菌根菌としての能力は無菌で育てたランが必要なため難しい。これらの二つのプロセスで分離される菌種には共通するものが多く、共生発芽で観察される共生構造と感染プロセスはほぼ同じであることから、菌根からの分離菌株の共生能力は、共生発芽試験で確認することが多い。

ランの発芽には共生菌とのバランスが大事

ラン科植物の共生発芽では、シンプルな質問に取り組んだ。果たして宿主の貯蔵物質である脂質は発芽に使われるのだろうか？[*4]

ラン科植物の種子から実生となるには胚の生長が必要であるが、そのために必要な養分を貯蔵している組織（胚乳）はない。一方、胚の細胞は脂質体（lipid body）で満たされている。共生発芽における共生菌への依存度を明らかにするため、宿主の脂質の利用の有無について発芽のプロセスに沿って明らかにしようとした。そこで、「脂質が発芽に利用されているならば、脂質分解に関わるグリオキシゾームがある」という仮説を立てた。植物細胞には一重膜に囲まれたマイクロボディーという細胞小器官があるが、脂質分解に関わるリンゴ酸合成酵素を有するものを機能的な名称としてグリオキシゾームと呼ぶ。共生プロトコームにおけるグリオキシゾームの存在の有無を、微細構造レベルで酵素活性を検出する酵素細胞化学で明らかにした。方法は、酵素活性による反応産物を重金属と反応させ、生じた沈殿の細胞内での局在を観察し、活性の有無と場所を明らかにするというものである。したがって、対象酵素の基質および重金属などを組織と反応させ、組織を電子顕微鏡用試料とし、その超薄切片[※]を電子顕微鏡で観察する。細胞の構造が観察できるとともに、金属の沈殿は電子線を通さないので黒い影（電子密度が高い）として観察される。

※——電子線を透過させるため約七〇ナノメートルの厚さに切った試料。通常生物試料はプラスチック樹脂に包埋し、ガラスナイフあるいはダイヤモンドナイフを用い、ウルトラミクロトームを用いて切削する。

もし、種子の脂肪が使われない場合は、発芽種子は菌糸から供給される養分のみに依存していることになる。しかし、実験の結果、感染直後の胚（生長初期のプロトコーム）の感染細胞および非感染細胞の双方にグリオキシゾームが存在し、脂肪分解が起きていたことから、種子の脂質も共生発芽の炭素源として利用されていることがわかった（図3）。

ラン科植物の種子発芽には共生菌は必ずしも必要ではなく、共生菌がなくても、ショ糖などの低分子の炭素化合物や窒素化合物などを加えた滅菌培地に播種すると胚は生長するが、これらの条件は自然界では起こり得ない。「発芽に必要な能力」は持っているが、自前の養分量があまりに少なく、通常、非感染のままでは光合成を行う実生になることはできない。一方、菌によって共生発芽をさせる場合には、

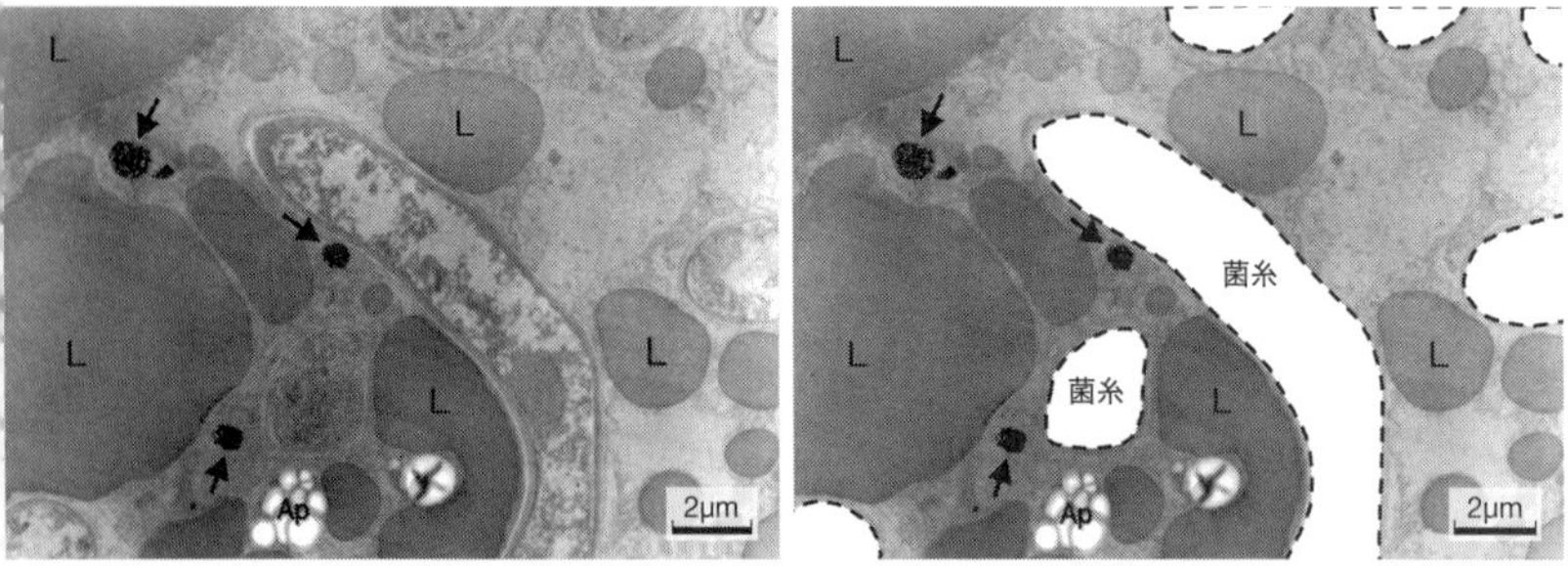

図3　ネジバナの共生プロトコームの酵素細胞化学

グリオキシゾームの指標酵素であるリンゴ酸シンターゼの酵素活性を示す重金属沈殿がみられるマイクロボディー。矢印：グリオキシゾーム、Ap：アミロプラスト、L：脂肪体。

○・三パーセントほどのオート麦寒天培地（OMA）など、低栄養かつ高分子炭素化合物であるなどの条件が必要である。これらの養分の濃度を上げる、あるいは低分子化合物の糖を加えると、共生発芽は起こらないか、菌に分解されてしまう。また養分が枯渇するとプロトコームの分解が起きる。これらのことは、共生発芽は共生菌と植物との間の養分を介した微妙な力関係（バランス）により成立する現象であることを示している。無菌発芽と共生発芽の条件を比べると、共生発芽は、栄養条件はかなり低いにもかかわらず、適した菌との組み合わせによるプロトコームの生長は速い。厳密な意味で生物学的に必須と言えなくても、さまざまな要因と変動がある環境での発芽と生存のために、この共生の仕組みは必須と言えるだろう。また、発芽・プロトコーム期以降も菌従属性を維持した進化からも、本共生の仕組みがいかにラン科植物にとって大きな利益を生む可能性があるか、推測される。

一つの細胞の細胞膜には機能の異なる領域がある

細胞は細胞外のさまざまな物質に対して応答する仕組みをもつ。サイクリックAMP（cAMP、3'-5'-アデノシン一リン酸）は、細胞の外の伝達物質が細胞膜上の受容体と結合したことを細胞内伝える細胞内シグナル伝達物質（セカンドメッセンジャー）のひとつであり、アデニル酸シクラーゼにより合成される。動物細胞で発見され、分化、シナプス伝達、ホルモン分泌などさまざまな過程に関与する重要な分子であり、一九七一年、cAMPホルモンの作用機作に関する研究でサザランド博士にノーベル生理学・医学賞が授与されている。原核生物でも情報伝達物質としての機能が知られているが、植物においては近年ようやくコケで遺伝子が報告されたが、いまだ未知な点は多い。当時（一九九〇年代）、植物組織（エンドウ、ハンノキ）においてアデニル酸シクラーゼの酵素細胞化学的研究が報告されていたため、ラン菌根共生において、この酵素活性があるのか、検出されるとしたらどこにあるのか調べた。[*5] その結果、菌毬《きんきゅう》（コイル状菌糸）がある宿主細胞の細胞膜に活性が見出されたが、興味深いことに、菌糸に接している宿主の細胞膜では活性が認められなかった。ラン科植物におけるアデニル酸シクラーゼの存在については現在もまだよくわかっていないが、この研究の結果は、植物のひと続きの細胞膜の中で、細胞壁に接している部分と、菌糸に接している部分で機能に違いがあることを示している。

同様の膜の中に機能の異なる領域が存在することは、ゲルフ大学のラリー・ピーターソンの研究室で行った宿主の微小管配列変化を観察した研究においても見られた[*6*7]。微小管は細胞骨格の成分の一つである。直径二五ナノメートルの管状の長い構造で、植物の分裂していない柔細胞[※1]では細胞膜の内側に配列し（表層微小管）、細胞壁の形成に関わっていると考えられている。共生プロトコームの微小管を免疫蛍光染色[※2]し、共焦点レーザー顕微鏡[※3]で観察した。その結果、菌糸が細胞内に侵入すると、微小管が菌糸の周囲に観察されるとともに、細胞膜の領域から消失した。その後、菌毬を形成している菌糸は崩壊し、塊となって残渣が細胞の中に残る。この最終段階で、微小管が崩壊した菌糸塊の周りと細胞膜領域に再び現れることを明らかにした（図４）。ラン科の共生では、一つの細胞で菌毬形成→崩壊を複数回くり返す。そのたびに、この微小管の配列に変化が起きた。微小管と膜は、膜に結合したタンパク質によってつながっていることから、微小管の位置が変わるということは、この膜タンパク質の膜内の位置が変化したと考えられる。

※1——柔組織を構成し活動している細胞で、一般的に細胞壁は薄い。

※2——細胞内のタンパク質（抗原）の局在を調べる方法。抗原に対して抗体（一次抗体）、次いで、その抗体タンパク質に対して蛍光色素を結合させた抗体（二次抗体）を処理し、蛍光シグナルを観察する。

※3——単色光のレーザーを光源に用い、ピンホールを通して焦点が合った蛍光シグナルのみを取り出し、焦点面を少しずつ変えて取得した画像を重ね合わせて３Ｄ化する。

細胞膜には糖やアミノ酸などの生体成分を輸送するタンパク質が埋め込まれている。また生体内のシグナル伝達の授受も膜で行われている。共生菌の菌糸に接している部分の細胞膜とラン自身の細胞壁に

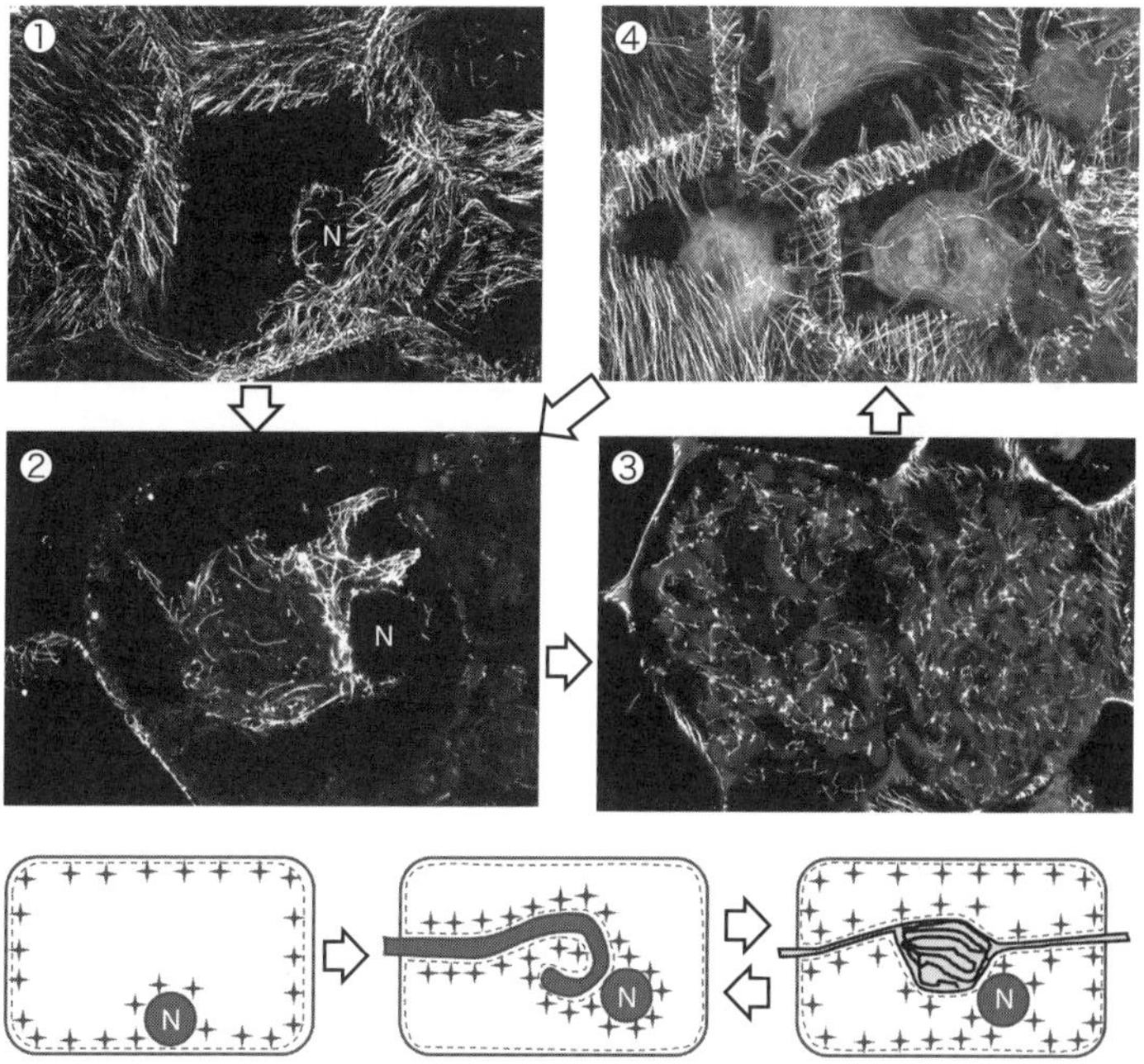

図4　ネジバナの共生プロトコームにおける宿主の微小管の配列変化
①非感染細胞。細胞膜領域と核の周囲に微小管が観察される。
②感染初期の菌毬と核。微小管が菌毬と核の周囲に存在するが、細胞膜にはない。
③発達した菌毬と菌糸周囲の微小管。
④崩壊した菌毬。微小管が細胞周囲と菌糸の塊上に観察される。
下段：非感染→菌毬形成→菌毬崩壊のプロセス。菌毬の形成と崩壊は同じ細胞の中でくり返される。＋は微小管の存在部位。

接している部分の細胞膜では、これらの物質輸送や情報伝達に関わる機能が分化していることが予想される。さらに、トリノ大学のパオラ・ボンファンテとの共同研究で行った植物の細胞壁成分であるセルロース、ペクチン、菌の細胞壁成分のグルカンの免疫染色では、宿主細胞膜との間の物質が、「生きている菌毬の菌糸」と「死んだ菌毬の塊」で異なることが示されている。[8][9] ここで紹介した観察結果は、菌子の感染サイクルに、宿主細胞が局所的に、また細胞全体がダイナミックに対応していることを示したものと言えよう。

共生菌からの養分供給を可視化する（SIMSイメージング）

菌根の機能の中心的課題は、養分の交換である。細胞膜の重要な機能は選別であり、必要なものを取り込み、不要なものを排出する。生物学分野における物質輸送研究の定石は、これら物質を選別する膜の出入り口のタンパク質（トランスポーター）について、その局在や遺伝子の存在と転写を調べることである。二〇〇八年、筆者は大友量、バオドン・チェンと共にアーバスキュラー菌根菌によるカドミウムの輸送を大型放射光施設（SPring-8《スプリングエイト》）のマイクロ蛍光X線解析を使い細胞小器官レベルで可視化する研究に取り組んでいた。[10] 放射光では大気中で植物全体をそのまま観察することができる。しかし菌根内部の構造を観察するため、あえて組織切片を用いる方法を用いた。組織で化学分析を行う時、構造が識別できることと対象物質が検出されることの両方を満たす必要がある。後者の可能性を上げるためには

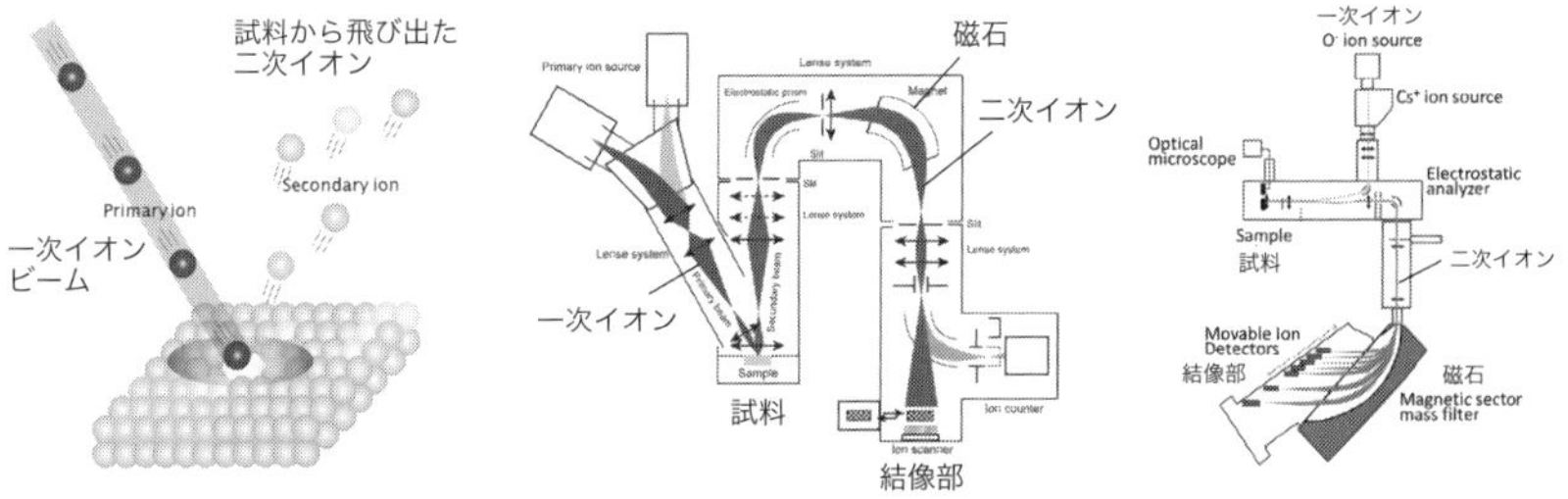

図5　二次イオン質量分析イメージング法
真空中で一次イオンビームを固体表面に当て、二次イオンをたたき出した後、磁力により質量の違いで分けた二次イオンを結像させる。中：投影型（同位体顕微鏡）、右：走査型。

物質量を確保する必要があり、厚切り切片を用いて検出に成功した。そのような中、二〇〇九年、北海道大学の圦本《ゆりもと》尚義が独自に開発し、おもに宇宙科学研究に用いていた二次イオン質量分析イメージング法（同位体顕微鏡）がふと目に留まった。放射光研究での経験と、機器の特徴である高い質量分解能と空間分解能から、安定同位体をトレーサーとし、解剖学的手法と二次イオン質量分析イメージング法を組み合わせれば、生体元素の動きを微細構造レベルで追うことができる、と思った。ただちに北海道大学の門をたたき、共同研究を始めることになった。当時生命科学の研究例は世界的にもわずかであり、生体二者間における物質輸送–交換に用いた例はなかった。

　二次イオン質量分析（SIMS）イメージング法は固体表面にビームを当て、出てきた二次イオンを質量の違いで分け、それぞれ結合させる分析法である（**図5**）。安定同位体比は地球上の岩石、水、生物組織などすべての物質でほぼ同じである（^{13}C／^{12}Cは一・一パーセント、^{15}N／^{14}Nは〇・三七パーセント）。そこで、安定同位体標識化合物（^{13}C–グルコース、^{15}N–硝酸など）をトレーサー

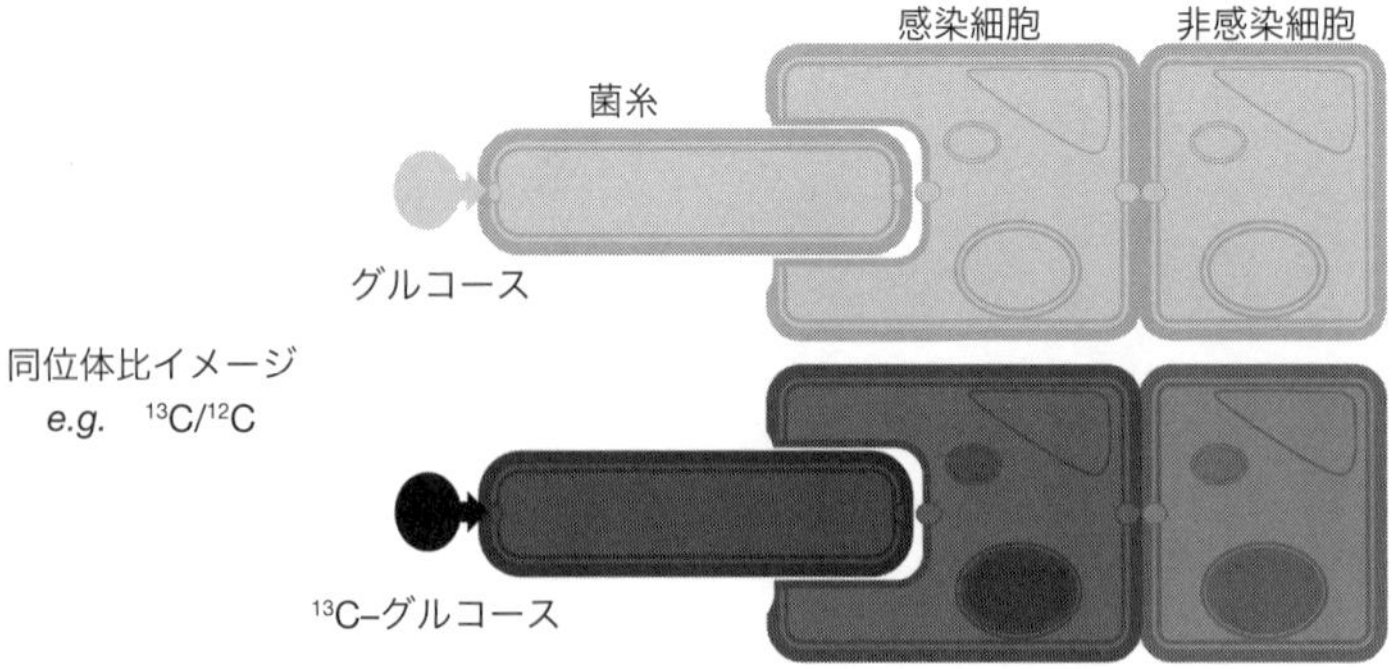

図6　同位体比イメージングによる菌根共生における物質の流れの可視化
地球上の同位体比（同位体：原子番号が同じであるが中性子の数が違うために質量が違う核種）は元素ごとにほぼ一定。（例：$^{13}C/^{12}C$ は約1%）
上：通常のサンプルを同位体比画像として観察した場合、すべての成分で同じ比率になる。
下：^{13}C の濃度を人工的に上げたグルコースを菌糸に与えた場合、$^{13}C/^{12}C$ の画像化により ^{13}C の受け渡しの有無および集積した場所がわかる。

として共生体の菌糸のみ、あるいは植物にのみ与え、共生組織を解剖学的手法で試料作製し、SIMSイメージング法で同位体の局在を調べた。同位体比とし、天然存在比より高ければそこには実験的に与えた同位体があり、これを手がかりに生体元素の動きが追跡できるはずである（図6）。このような研究で共生プロトコームが菌根共生における物質輸送のモデルとして優れている点は、必ず感染していて、比較的成長が速い上、小さい培養容器でよく、プロトコームから出ている菌糸はすべて感染組織につながっていることから、液状の（高価な）同位体試薬を少量使うだけで確実に標識することができることである。物質の流れの向きも予測できる。

ラン科植物の共生プロトコームでは、細胞への菌糸の侵入、菌毬の形成、発達、崩壊（消化）

のプロセスがくり返される（図4下段）。共生プロトコームの切片（図2⑤）を見ると、これらのさまざまなプロセスにある細胞を同時に観察することができ、これらから、時系列的な変化を推定することができる。

これまで、ラン菌根では菌からの宿主への養分輸送について、生きている菌糸から宿主側へ輸送されるのか、あるいは菌毬崩壊に伴って放出される養分を宿主が吸収するのか、どちらなのか長く議論されてきた。そこで、実際に炭素や窒素の動きを明らかにすることでこの問いに答えられるのではないかと考え、実験に取り組んだ[*11]。実験は、図7左上に示した実験システムを用い、共生プロトコームの菌糸に^{13}C-グルコース、^{15}N-硝酸アンモニウムを与えて培養後、共生プロトコームの厚切り切片を作成してSIMSイメージング法で^{13}C、^{15}Nが細胞内でどのように分布しているかを調べた。勤務地広島から遠い札幌で、かつ最新鋭の機器の利用機会は限られている。確実に測定を成功させたい。そのためには、試料作製と分析の戦略（標識化合物の種類や量、処理時間などの試料調整条件）が鍵である。SIMS測定に先立ち、感染、試料調整の良否による試料の選別と、分析箇所の選定のために全体像の記録を行った。研究室でぎりぎりまで試料調整に追われた。測定にあたっては、まず標識化合物である^{13}Cや^{15}Nが検出されるか確認するわけだが、そもそも世界で誰も見たことがないのである。一体どこにどう集積して見えるのか、まったく予測が立たない測定に共同研究者の坂本直哉（北海道大学准教授）と立ち向かうことになった。幸運なことに、共生発芽プロトコームを用いた研究では最初の挑戦からデータを得ることができた。しかしそれは生物学研究の幕開けでしかなく、菌毬の各ステージと非感染細胞について、与え

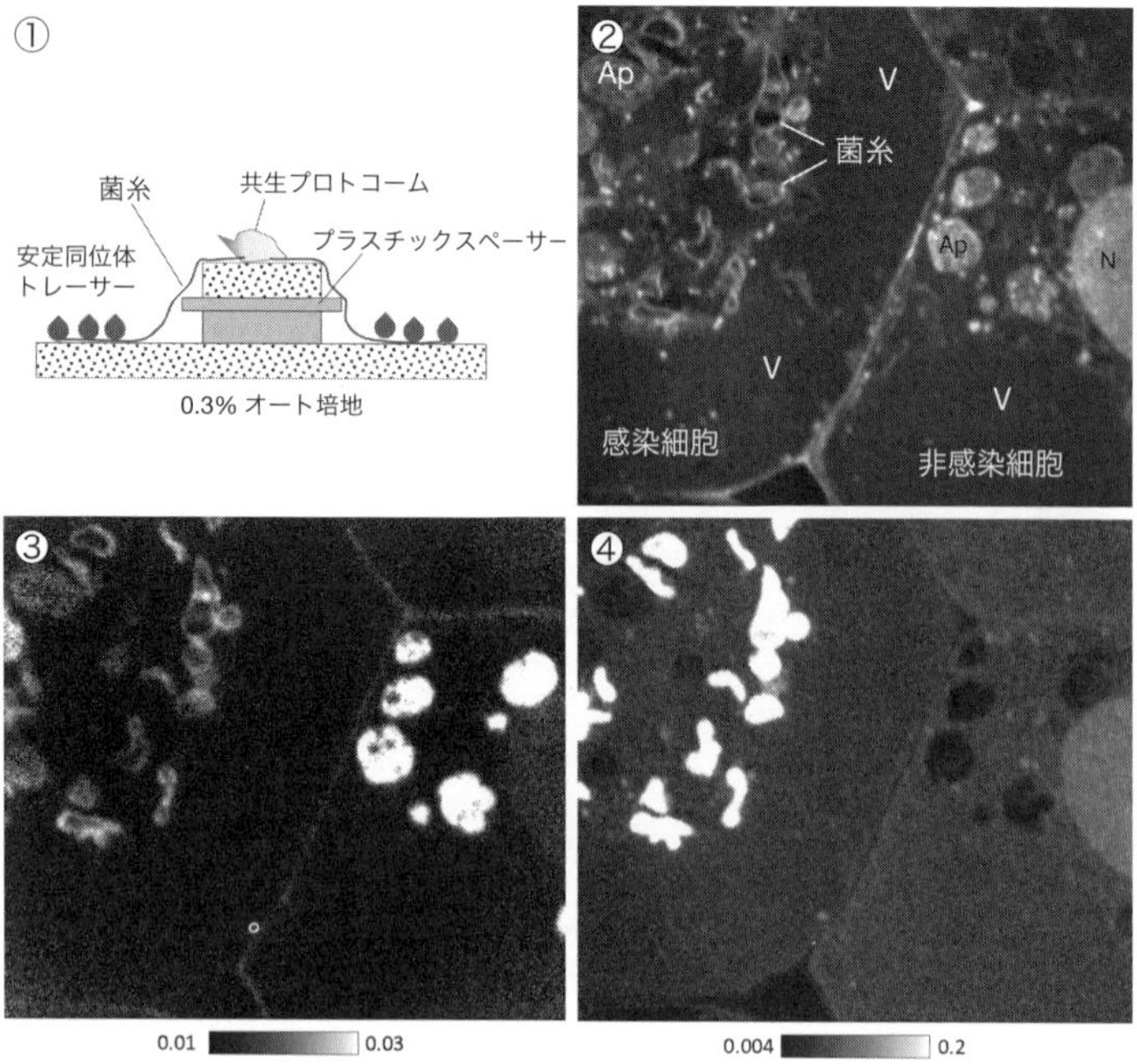

図7　安定同位体トレーサーを用いた共生プロトコームにおける物質輸送の可視化（口絵10）

①プラスチックスペーサーで隔てた0.3%オート培地の上に共生プロトコームを移植すると菌糸が伸びて下部の培地に伸びる。下部の培地に安定同位体トレーサー（^{13}C-グルコース、^{15}N-硝酸アンモニウム）を添加し、一定期間培養する。ラベルしたプロトコームを化学固定し、脱水後、樹脂包埋し、切片をシリコンウエハーに接着して ^{12}C、^{13}C、^{12}C^{14}N、および ^{12}C^{15}N をイメージングした。

② ^{12}C^{14}N 像。V: 液胞、N: 核、Ap: アミロプラスト。

③右上と同じ細胞の ^{13}C 同位体比（^{13}C/^{12}C）イメージ。（菌糸に与えた ^{13}C 標識グルコースが菌糸に吸収され、プロトコームに運ばれ、非感染細胞のアミロプラスト内のデンプン粒子および核に集積している。宿主細胞膜への集積は非感染細胞のみで感染細胞にはない。

④同じ細胞における ^{15}N 同位体比（^{12}C^{15}N/^{12}C^{14}N）イメージ。菌糸に与えた ^{15}N 標識硝酸アンモニウムが吸収され、共生プロトコームに運ばれ、感染細胞および非感染細胞のアミロプラスト以外の細胞質、核に集積している。

られた時間が許す限り測定を続けた（自動化が入るまでは徹夜も）。広島へ戻ると、膨大な数の画像データの整理・処理・解析が待っている。画像解析ソフトを駆使し、目的の構造から同位体比のデータを取り出し、同位体比間の関係の解析のため朝まで過ごした日は数えきれない。広い面積をカバーするために、後日、坂本が同位体顕微鏡にオート計測システムを導入する契機の一つとなった。またこの研究を通じて、組織を形成する細胞一つ一つが、元素の集積において異なることも見えてきた。

図7はそのような解析の一例である。②は、菌毬が形成された感染細胞（左）と隣接する非感染細胞（右）の写真である。③および④は、それぞれ標識試薬として用いたグルコース起源の^{13}Cと硝酸アンモニウム起源の^{15}Nの細胞内での局在で、分子種は不明である。黒色は天然同位体比で、白色に近づくほど同位体比が高く、菌毬も植物細胞も天然同位体比以上である。もともとこれらの試薬はプロトコームの外の菌糸のみに与えたものなので、両者とも感染菌糸にまで運ばれ、さらに宿主の細胞に供給されたことがわかる。さらに、非感染細胞に輸送されたグルコース由来の炭素は、アミロプラスト中のデンプン粒子に蓄積しているが、硝酸アンモニウム由来の窒素は、アミロプラストを除く細胞質や核に輸送されている。このような観察をくり返し、その結果、生きている菌糸からも養分の供給があるが、菌毬の崩壊のプロセスでより多くの養分が宿主植物側へ渡されることを明らかにすることができた。

アーバスキュラー菌根共生は両者に利益がある相利共生と考えられ、生きている細胞間での交換が重要と考えられているが、ラン型と同様、細胞内構造（樹枝状体やコイル状菌糸）は崩壊し、寿命は数日と報告されている（第7章）。ラン菌根の共生発芽では菌側の利益がよくわからず、菌毬消化の現象が注目されてきた。この研究は、生きている菌糸の関与とともに、ラン科共生における菌毬の消化現象の重要性を実際の元素の輸送から示すことができた。

形態学はもっとも古い生物学的手法論のひとつであるが、習得に、実験に、そしてデータ解析にも時間がかかり、そして時に膨大な情報処理に追われる。スピードと数を求められる現代の研究を取り巻く環境にそぐわない手法である。一方、これまで述べてきたように、細胞ごと、細胞内における膜の領域ごとに機能が異なることなどから、共生のメカニズムの解明には解剖学的視点が重要である。多くの疑問を一つの手法で解明することはできないが、一九六〇年代以前の生物学者が観察をもとに行った洞察は、現在多くの研究者が挑戦しているさまざまな「生物学的問い」の基盤を形づくった。さまざまなタイプの顕微鏡技術（バイオイメージング手法とも呼ばれる）が日々進歩している。共焦点レーザー顕微鏡、濡れた試料を観察する電子顕微鏡、特性・蛍光X線を用いた細胞組織の画像化、生細胞観察のための染色法、水を結晶化させない凍結法など、生命科学分野による「命を観る」挑戦が続いている。生物の観察は楽しく、細胞は美しい。多くの発見が待たれていることを、日々観察を重ねながら感じている。

第9章

菌根菌ではないけれど植物ときってもきれない関係のDSE

成澤才彦

菌根菌のコンタミだったDSE

菌根菌、特に外生菌根菌を研究するための王道の一つは、植物の根から菌根菌を分離し、実験室内で培養して、その菌学的な性質を調べることである。これまでの章で述べられてきたように、外生菌根が形成されている根は肉眼あるいは低倍率のルーペなどで認識できるので、その根を無菌水でよく洗った後に、その一部を寒天培地へ植えると、運がよければ、目的の菌根菌が培地上へ菌糸を伸ばしてくる。「運がよければ」と述べたのは、多くの場合、目的の菌根菌の生育は遅く、菌根菌以外のさまざまな菌類が培地上に増殖するのである。これらの菌類は、「コンタミ」として捨てられてきた。コンタミとはcontamination（汚染）のことで、微生物を扱う研究者仲間で「コンタミ」と言えば、それは雑菌による汚染のことである。これからご紹介するDSEは根部エンドファイト（根内生菌）の中の一群で、目的の菌根菌ではないとの判断で、菌根菌の分離の際にコンタミとして捨てられていた悲しい歴史をもつ菌類のグループである。

DSEとは、培地上で暗色（ダーク、Dark）のコロニーを形成し、菌糸に隔壁（セプタ、septa）を有する、根内に生息する菌（エンドファイト、endophyte）のことで、ダーク・セプテート・エンドファイト（Dark Septate Endophyte）の略である。DSEは、森林土壌、およびそこに自生している植物根部に生息している菌類で、培地上に暗色の分生子（無性世代の胞子）や菌糸などから構成されるコロニーを形成し、菌糸に隔壁（septa）がある菌類の総称として用いられたきた（**図1**）。先に述べたように外生菌根菌のコンタミとして分離されることが多いが、比較的生育が遅く、ほとんどが子嚢菌類に属している。

このDSEは根の表面や内部に生息しているが、通常、外生菌根の菌鞘やアーバスキュラー菌根の樹枝状体などのような菌根に特徴的な形態を示すことはない。菌糸が根の中に伸びているだけである（**図2**）。研究報告の多いDSEであるフィアロセファラ・フォルティニ（*Phialocephala fortinii*）がアスパラガスの根に定着している部分を観察すると、DSEがおもに表皮と皮層細胞に菌糸として存在しているのがわかる[*1]（**図3**）。植物は、このDSEの侵入に対して抵抗せず、受け入れて共存しており、菌根などの特別な構造物は形成しない。ただし、後述のように菌根を形成する種類もある（第3章）。このDSEについて、私がカナダでポスドク（博士研究員）として働いていた研究室のボスは、「失われた系統」（The Missing Lineages）で「得体が知れない」（enigmatic）と、二つの言葉遊びで表現していた。確

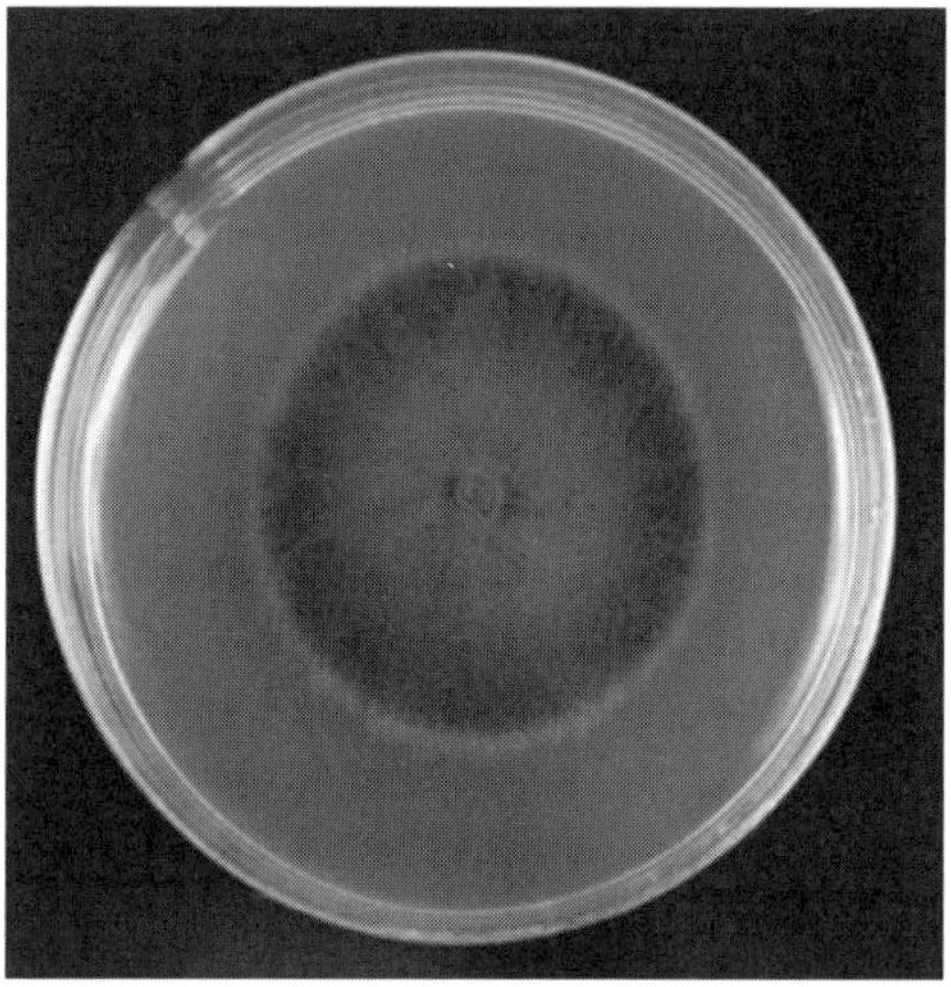

図1　培地上に形成されたDSEのコロニー
暗色の分生子（無性世代の胞子）や菌糸などから構成される。菌糸に隔壁（septa）がある。

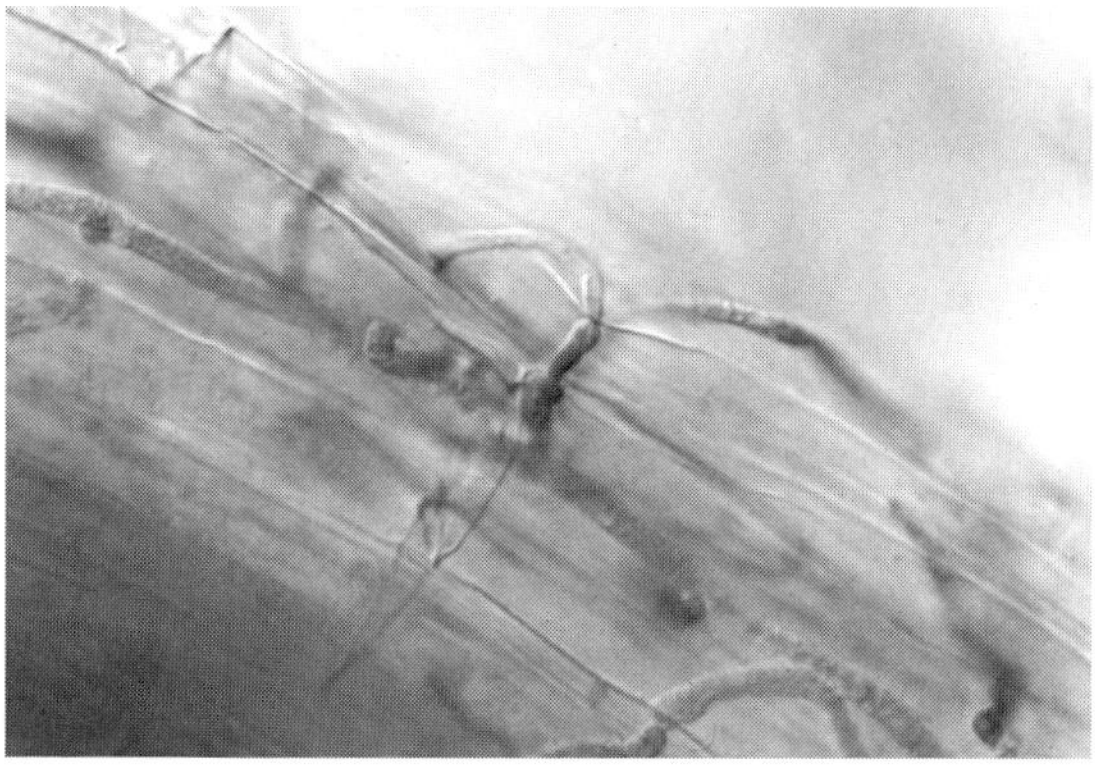

図2　DSEの代表的な種であるクラドフィアロフォーラ・ケトスピラの菌糸が侵入したハクサイの根の顕微鏡像
土壌中から根の細胞間隙や細胞内へ侵入し、おもに根の表皮と皮層細胞に菌糸として生息している。

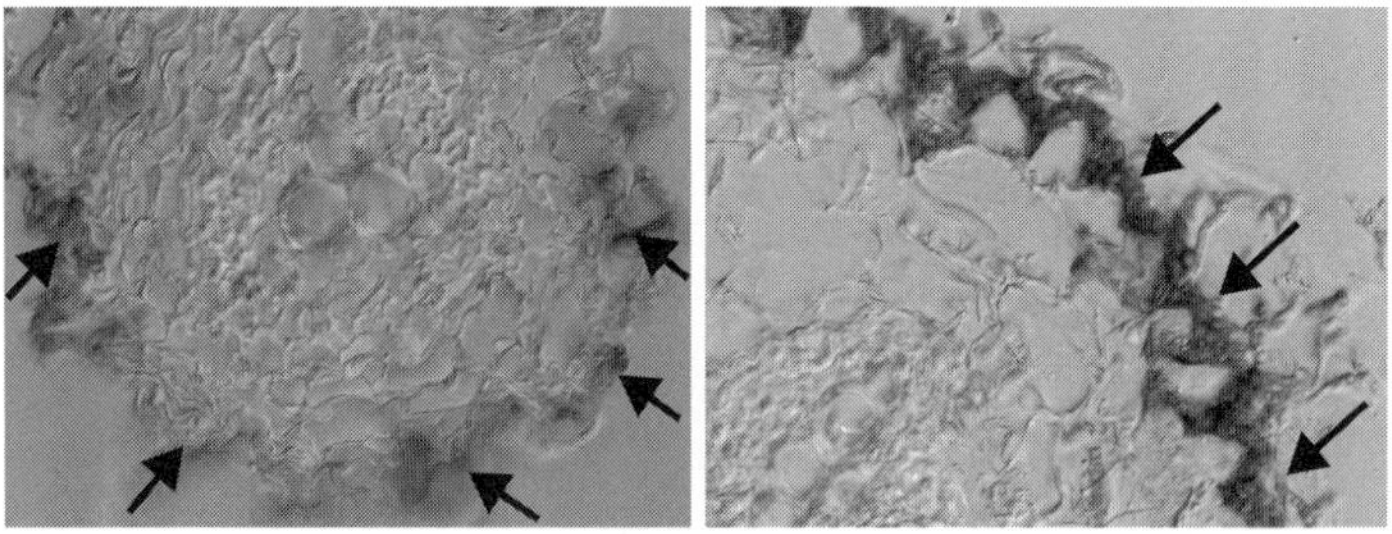

図3　DSEの一種であるフィアロセファラ・フォルティニのアスパラガスの根への定着の様子

根の切片とその拡大図（右）。茶褐色の部位（矢印、写真濃色部分）がフィアロセファラ・フォルティニの菌糸である。（原図提供／菊地聖永）

かに菌根菌に比べてDSEを対象とする研究者は多くなく、忘れ去られてしまいそうなグループである。研究もそれほど進んでいないため謎を秘めたグループでもあった。本章では、このDSEについて、これまでよくわかっていなかった生態や隠れた機能を紹介し、DSEの謎解きに挑戦する。

DSEって何？　どこに棲んでいる？

DSEは、冷涼、貧栄養の森林土壌の菌類の生態に関する研究の中で見出されてきた。特に、泥炭湿地などの土壌での研究が多い。泥炭地は、酸性・貧栄養・嫌気的と植物の生育には厳しい条件となっている。一般的に植物は弱酸性〜中性の土壌を好み、pHの低い酸性土壌では生育障害が発生する。低pHによるアルミニウムやマンガンの過剰、リン酸の欠乏、微量要素の不溶化などが原因だ。ところがこの強酸性の土壌でも比較的良好に生育できる植物が知られている。そして、これら植物の根部にはDSEが見出されていた。たとえば、高山帯に自生する樹

図4　酸性土壌環境におけるイチゴに対するDSEの接種効果
通常のイチゴ苗では生育できない土壌であっても、DSEの接種によってイチゴの生育が大きく改善された。（原図提供／Wiwiek Harsonowati）

木の根には、菌根菌ばかりでなく、DSEも定着していることが以前から知られている。そして、これらの植物根からDSEを分離、培養して、再び植物に接種すると、植物の生育が促進され、さらに植物体中のリン酸含有量が増加することも明らかになっている。

このようにDSEは泥炭地や森林に自生する樹木などの生育を支えているが、樹木ばかりでなく、たとえば、イチゴを使った生育試験を酸性土壌条件で行うとはっきりとした効果を得ることができる（図4）。左端が対照区、その右が2種類のDSEをそれぞれ接種した処理である。右端は、クラドフィアロフォーラ・ケトスピラ（*Cladophialophora chaetospira*）※という菌で、この菌の農業利用については後述する。このように対照区がほとんど生育できない厳しい酸性土壌環境でも、DSEが植物の生育を支え、さらにそれは自生する植物に限らないことがわかっている。土壌の酸性問題で困っている地域で、新しい農業や環境保護に貢献する可能性も秘めているのである。

※――以前はヘテロコニウム属とされていたが、最近の研究によってクラドフィアロフォーラ属に分類されることになった。

好き嫌いがない？　アブラナ科やヒユ科のアカザ亜科植物にまでも

菌根菌が熱帯多雨林から高緯度地方に至るまで世界中の地域において多様な植物と共生し、植物の生育を助けていることは、前書や本書の別の章でも述べられている。特に低温、貧栄養、乾燥など、植物にとって環境条件が悪い場所においては、ほとんどの植物が菌類との共生関係なしでは生育できないとまで考えられている。ところが、一部の種類の植物は菌根菌と共生しないことが知られている。アーバスキュラー菌根菌は幅広い分類群の植物、特にほとんどの草本類と共生することが知られているが、なぜかアブラナ科やアカザ亜科などの植物とは共生しない。そのため、これらの植物は、菌の助けなしで生育していると考えられていた。

しかし私たちの研究グループは、アーバスキュラー菌根菌と共生しないアブラナ科であるハクサイがDSEと共生関係にあることをはじめて明らかにした。このDSEは、前述のクラドフィアロフォーラ・ケトスピラであるが、土壌中からハクサイの根の細胞間隙や細胞内へ活発に侵入し、おもに表皮と皮層細胞に菌糸として存在していた（**図2**）。DSEは、土壌中の有機態窒素（アミノ酸やタンパク質）を吸収利用し、その窒素をハクサイへ供給して、その生育を改善した。一方、ハクサイが光合成でつくった糖類がDSEへ供給されていることを実験的に確かめた。[*2] つまり、DSEとハクサイは、窒素と糖類という養分の授受を通して共生関係にある。菌の助けを借りずに生育していると考えられていたアブラナ科の植物も、自然界ではDSEの助けを借りていることがあるようである。これらのことは、自然生態系でDSEがさまざまな植物の根部に生息し、菌根菌と同様に、植物から光合成産物を受け取る一方、土壌中の養分を植物へ供給するなどの重要な役割を担っていることを示している。

DSEは一種類、あるいは一菌株で、コケから樹木まで多種多様な植物種に定着できることもわかっている。上述のクラドフィアロフォーラ・ケトスピラも、ハクサイばかりでなく、さまざまな種類の植物根に内生することが確認されている。一般的には菌根様の構造を形成しないDSEであるが、ツツジ科植物の根には、エリコイド菌根で見られるコイル状菌糸の構造物を形成する（第3章）。また、フィアロセファラ・フォルティィニも、条件が整うと樹木の根に外生菌根を形成することが知られている。

では、これらの性質から、特に菌根菌とは共生できない植物との関係を例にして、農業などへの応用を考えてみよう。

DSEの農業への利用はハクサイの病害防除から始まった

もう二十数年前のことになるが、私が研究員として独り立ちするころに、アブラナ科植物であるハクサイの土壌病害に対して、化学農薬に頼らず微生物の力を利用して防除する、いわゆる生物防除の課題を担当することになった。農作物の土壌病害は連作によって生じ、難防除病害として知られている。一般的な方法として、土壌消毒剤が使用されているが、環境に対する意識の高まりもあり、このような土

図5　DSEによるハクサイ黄化病の抑制効果
育苗時にDSEの一種（*Meliniomyces variabilis*）を接種したハクサイ（右）に対し、無接種区（左）ではハクサイ黄化病の被害が著しい。

壌消毒剤に頼らない栽培技術が世界各国で研究されている。DSEなどの微生物利用が期待されている分野でもある。しかし、その当時、土壌病害の生物防除に利用されていた微生物は、おもに植物の根の近傍の土壌、すなわち根圏と呼ばれる部分に生息するものであった。植物の根圏は、植物の根と土壌との接点であり、変化しやすい複雑な環境であるため、植物と病原菌、さらには対象の有用微生物との相互作用の解明が困難であり、期待通りの病害抑制効果をあげることは難しかった。

そこで、DSEが根に内生する性質に着目した。植物根内に相互作用の場を移すことで、病原抑制作用が発現しやすくなることを期待したのである。予想通り、ハクサイ根こぶ病や黄化病などの病害を抑制することに成功した[*3]（**図5**）。顕微鏡でハクサイの根を観察すると、このDSEがハクサイ根内に侵入をくり返し、根の細胞間隙や細胞内に菌糸を伸ばし、定着部位を拡大していた。そのため、他の根圏微生物と比較して、ハクサイ根内、特に根端部に移動・定着する能力に優れ、植物の病害抵抗性を向上させ、病原菌の根内への侵入を防いでいることも明らかとなった。

ＤＳＥは植物を暑さから守る⁉

日本の平均気温は一〇〇年あたり約一・三度の割合で上昇しており、特に一九九〇年代以降、高温となる年が頻繁に認められている。熱帯夜や猛暑日が増えており、気候変動の影響を受けやすい農業では、高温による生育障害や品質低下などが問題となっている。そのため、今後のさらなる気温上昇に対する農業生産上の適応策は、持続可能な農業の実現に向けてきわめて重要である。

ここでは、テンサイを取り上げてみよう。テンサイは、ヒユ科アカザ亜科に属し、前述のようにアーバスキュラー菌根菌と共生しない非菌根性植物である。日本国内では北海道のみで栽培される製糖原料作物であり、国内で消費される砂糖の約三割はテンサイから製造されている。また、北海道ではコムギに次ぐ作付面積を占め、畑輪作体系を維持する上で欠かせない重要な作目である。これまでに病気に強い品種や多くの糖分を蓄積できる品種が育成され、安定した生産が可能となっている。しかし近年、特に夏季の高温による生育不良に関しては、問題解決に有効な新品種の開発には至っておらず、安定生産のためには、品種育成以外の新たなイノベーション技術が必要である。

じつは私たちは、ＤＳＥを用いて、暑さに弱いテンサイに高温耐性を付与することに成功した。その話題を紹介しよう。

まず、ＤＳＥによってテンサイに暑さへの抵抗性を付与することができるかどうかを調べるために、私たちの研究室に多数保存している菌株から無作為に一〇株選び、実験室でテンサイの種子にDSE菌株を接種し、テンサイにとって最適な温度である二三度と、高温によって生育抑制の症状が生じる三〇度において栽培した。その結果、二三度では一〇菌株のうち七菌株が対照区と比較して地上部乾燥重量を二倍以上に増加させた。一方、三〇度では、その七菌株中、ベロナオプシス・シンプレックス（*Veronaeopsis simplex*）が生育量を約二倍、ここでもまた登場するクラドフィアロフォーラ・ケトスピラは、なんと約三倍に増加させた（**図6**）。そこで、この二菌株を選び、実際の圃場《ほじょう》での試験で効果を確認することにした。

まずは、選んだ菌株を培養し、その後、その培養物をミキサーで粉砕することでDSE資材を作成した。これを市販の培養土に一〇パーセントの割合で混ぜ、その培土にテンサイの種を蒔き、苗を育てた。試験圃場は、テンサイの栽培適地ではない茨城町を選び、苗を移植して栽培試験を行った。その結果、対照区では約四〇パーセントが枯死する高温環境下で、なんと両DSE処理区では、ほぼ一〇〇パーセントが生存した（**図7**）。DSEは、温暖化が進む北海道でのテンサイの安定生産を可能にするだけでなく、温暖な地域でのテンサイ栽培を実現させる可能性を秘めていることが示された。DSEはなぜ、植物を暑さから守ることができるのか？　今まさに、メカニズム解明のための研究が始まったところである。

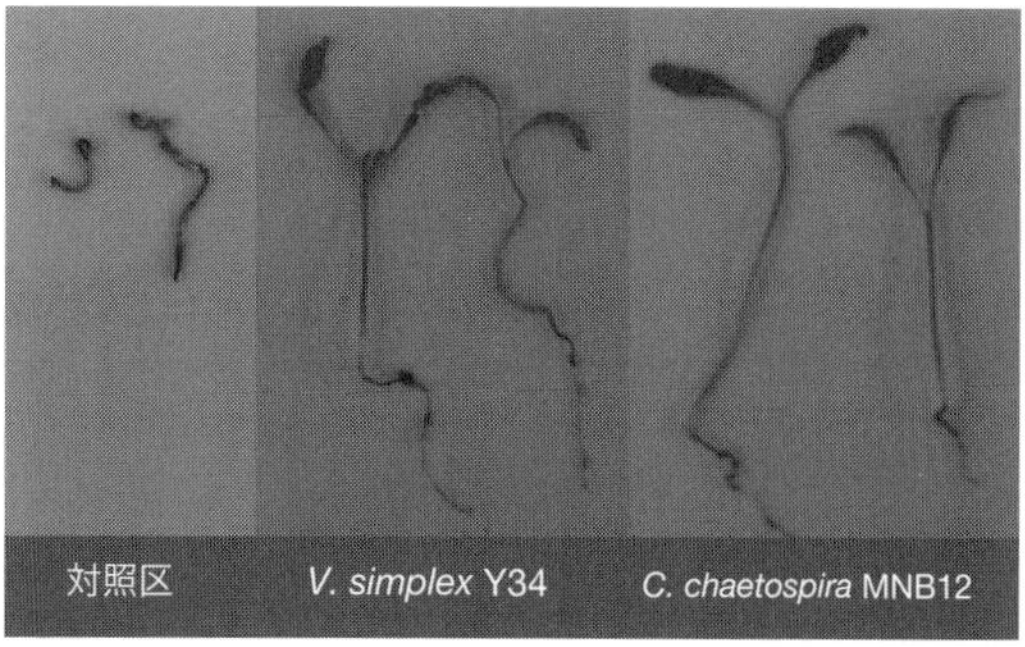

図6　テンサイへの DSE 接種効果
生育をよくする菌株を混ぜた育苗培土で育てた苗。（原図提供／濱田一輝）

図7　テンサイに対する DSE の効果
左が DSE 処理区、右が対照区。

DSEも土の中でひとりでは存在しない!?

さて、今まで述べてきたようにDSEは単独でも植物にプラスの効果を発揮するが、近年、圃場で安定した効果を得るためには、他の微生物との相互作用が重要な役割を果たしていることがわかってきた。

生物の共生関係は、今までも多くの生物で見つかっていて、お互いの生存や繁殖に不可欠でもある。最近では、DSEや菌根菌などの菌類と細菌も相互にさまざまな影響を及ぼし合っていると考えられるようになってきた。たとえば、ある種の細菌は、外生菌根菌の胞子発芽および菌糸伸長を促進したり、あるいは植物根の分岐促進や植物の細胞壁の分解などに関わることによって菌根菌との共生関係を促進することが報告されている。[*4]

先述のようにDSEの大部分は比較的冷涼な環境から見つかっているが、亜熱帯気候である屋久島で分離されたベロナオプシス・シンプレックスにユニークな性質があることがわかってきた。このベロナオプシス・シンプレックスにも、菌根菌の例と同様に複数種の細菌が菌糸の外側に付着するように増殖していることがわかってきた。また、これらの細菌を除去すると、植物への生育促進効果が減少することが報告されている。また一方で、それらの細菌をベロナオプシス・シンプレックスに外生させると植物根への定着率が向上することもわかってきた。[*5]

そこで、このベロナオプシス・シンプレックスの資材パック（不織布でDSE資材を包んだもの）を

図8　DSEと共存する微生物の効果
DSE資材パックをそれぞれ異なる栽培管理の圃場へ埋設し、その後、回収した資材を育苗培土へ混和し、トマトを栽培した。トマト有機栽培圃場にはDSEと共存してトマトの生育を促進する細菌が存在している。（原図提供／橋本実佳）

ダイズ慣行栽培圃場、トマト有機栽培圃場および水田に埋設し、その後埋設した資材パックを回収した。栽培環境が異なる圃場には、異なる微生物が棲んでいるはずである。この処理で期待したのは、たとえば、トマト資材には、トマト栽培圃場に棲んでいる微生物が、ダイズ資材には、ダイズ栽培圃場に棲んでいる微生物が、それぞれ資材パックに入り込み、DSEと共存することである。次に、これらの資材を前述のように市販の培養土に一〇パーセントの割合で混ぜ、育苗培土を作成し、そこにトマトの種を蒔き、育苗した。

その結果、期待通りにDSE単独の資材を用いた処理区（オリジナル）と比較して圃場から回収した区はいずれもトマトの生育を増加させた。特にトマト有機栽培圃場に埋設して回収した資材の植物生育はオリジナルと比較して約二倍となった（**図8**）。では、なぜこのようなことが起こったのかを検証してみよう！

図9　圃場に埋設したDSE資材パックから回収したベロナオプシス・シンプレックスの菌糸の蛍光顕微鏡写真
光って見える多数の点は菌糸に付着増殖する細菌。（原図提供／橋本実佳）

誰がDSEの働きを助けているのか？

さて、これら資材パック内からベロナオプシス・シンプレックスの菌糸を取り出し、蛍光顕微鏡下で観察したところ、細菌が菌糸表面に付着していることが確認された（図9）。トマト圃場の菌糸圏（菌糸の周辺領域のこと）では、窒素固定による植物への窒素源の供給、可給態の鉄分の供給、リンなどのミネラルの可溶化および植物ホルモンの合成や植物の生育促進に関わる根圏細菌が複数種認められた。この処理区での細菌は種類ももっとも多かった。また、ダイズ圃場の菌糸圏ではダイズと共生することで知られる根粒菌が存在していた。さらに、トマトとダイズの両方の処理区において共通する細菌種アグロバクテリウム・ピュウセンス（*Agrobacterium pusense*）も存在した。このアグロバクテリウム・ピュウセンスは、単独では植物内部に侵入できないが、DSEを介して内生することも確認された。一方で水田では、ダイズやトマトとはまったく異なる、水系に多く認められる細菌種が存在していた。以上より、ベロナオプシス・シンプレックスはその菌糸圏に、異なる環境の土壌由来の特徴的な細菌種を誘引できることが確認できた。この細菌叢の違いや多様性が、ベロナオプシス・シンプレックスの植物との共生や生育に影響を与える可能性がある。

よく考えれば当たり前のことかもしれないが、土の中では、植物とDSE、さらにはそれに関係する細菌は、それぞれ単独で生息しているのではなく、互いに影響を与え合いながら共に生きているはずである。これらのつながりを意識して、一つの系として捉え、その相互作用や生態を学び、理解することで、これまでは実用化が困難であったDSEを含む有用微生物の利用に新たな方向性を示すことができると思う。

近年、微生物を含む遺伝子を解析する技術が大きく発展し、植物と微生物のつながりが明らかになりつつある。まさに、微生物の働きやつながりから考える新しい農業が提案できるようになる未来がすぐそこまで来ている。

おわりに

以上、謎だったDSEの生態が少しだけわかるようになったのではないかと思う。本章では、代表的なDSE三種が取り上げられているが、前述のように、そのうち二種は、植物宿主によっては、外生菌根やエリコイド菌根様の菌根を形成することもわかっている。本章のタイトルは「菌根菌ではないけれど……」となっているが、以上の例が示すように、菌根菌とDSEの区別も明確というよりは「ゆるやか」であると思う。また、DSEは非菌根性の植物であるアブラナ科やアカザ亜科にも働きかけ、その生育を助けていることもわかってきた。これらの事実から、DSEは、いわゆる主役である菌根菌には及ばないが、主役が不在であるか十分に働かない時には、主役を務めることができるスーパーサブなのかもしれない。

一方、植物には菌根菌やDSEだけでなく、他の多くの微生物が関係しており、その微生物叢の構造はきわめて複雑である。北方や南方など、それぞれの地域や環境に最適な植物と微生物の組み合わせが存在することは、以前から多くの報告があるが、その全体像を示すまでには至っていない。しかし最近、その微生物叢の動態に特に強い影響を与える「リーダー」(コア微生物種)が提唱され、役割分担が次第にわかってきた。[*6] すなわち、北方から南方における幅広い地域で生態系の要となっている微生物種が明らかになってきたというわけだ。そして興味深いことに、なんとそのリストの上位には、主役であるはずの菌根菌ではなくDSEがいたのである。

スーパーサブかリーダーか？　やはり、謎の、得体の知れない存在からの脱却は少し先になりそうである。

コラム● Wood Wide Web（WWW）とグロマリン――菌根菌菌糸をめぐる話題

菌根菌の役割は、植物の根組織に形成される菌根における植物と菌の物質の授受と、菌根菌が土壌中へ伸ばした菌糸を通して土壌中の養分を吸収するという二つの局面に分けることができる。後者の土壌中の菌根菌の菌糸を巡って、Wood Wide Web（WWW）とグロマリンという、物語のように魅力的な話題がマスコミやSNSなどでしばしば取り上げられている。これら二つのトピックは、菌根菌を一般の方々に知ってもらうためにはとてもわかりやすい話題なのだが、科学的に見ると注意を払っていただきたい点があるので、本コラムではそのことを述べてみたい。

①植物と植物をつなぐ菌糸――Wood Wide Web

アーバスキュラー菌根菌は宿主特異性をほとんど欠いているので、同時に複数の植物種と共生関係をもつことがある。外生菌根菌は宿主特異性を示すけれども、その幅は広く、複数の樹種に同時に共生できる種類も多い。このことは異種の植物あるいは同種であっても別の個体の植物の間を菌根菌が菌糸でつないでいることを意味している。これは共通菌根ネットワーク（CMN、Common Mycorrhizal Network）と呼ばれている。自然界におけるCMNの役割の一端として、第1章では植生遷移におけるCMNの例が紹介されている。その他にも植生の多様性に及ぼす影響などのさまざまな視点からの研究が進められている。

そうした研究の中で、CMNを通して植物間で光合成産物が移動することが見出された。最初の観察は外生菌根菌によるもので実験室内での実験であった。[*1] フィールドでもそのような現象が起こっていることを発見したのは、カナダのスザンヌ・シマードらである。彼女らは、広葉樹であるアメリカシラカバと針葉樹であるベイマツ（ダグラスファー）とベイスギの三種類の苗を移植した試験フィールドで、樹種の間で光合成した炭素が、ある樹種から他の樹種へ地下部を通して移動するかどうかを放射性同位元素^{14}Cと安定同位体^{13}Cを用いて二年間にわたって調査した。

その結果、外生菌根菌が共生するアメリカシラカバとベイマツの間では炭素の移動が起こるが、アーバスキュラー菌根菌とは共生するが外生菌根菌とは共生しないベイスギとの間でそのような炭素移動はほとんど起こらないこと、さらに、炭素は光合成が活発な樹種から遮光などで光合成が抑えられた樹種へ移動することを発見した。この結果は、共通の外生菌根菌の菌糸でつながれた木々の間では、光合成の盛んな木がCMNを通して近くの光合成の弱い木を助けている可能性を示唆するものであった。この研究はネイチャー誌で発表され、大変な話題となった。[*2]

このように、菌根菌を通して森林の木々がつながっている様はインターネットの世界のようだということで、World Wide Webをもじって Wood Wide Web と呼ばれるようになった。

その後、CMNを介した植物間の炭素移動に関する数多くの研究が行われてきた。一方、シマードは著書『マザーツリー』[*3]や TED Talks[*4]を通して、森林の木々がCMNを通してコミュニケーションをとって全体として協力しているのである、というメッセージを発するようになり、それは広く一般に受け入れられるようになってきた。たとえば、二〇二二年末に放映されたNHKテレビの「超・進化論」でもそうしたアイデアが紹介された。またSF映画「アバター」では、舞台となる惑星の「魂の木」という植物が惑星中の生物とネットワークでつながっている、という設定になっているが、これはシマードらの研究成果に着想を得たものだそうである。

しかし、これらの研究成果の解釈は、必ずしも科学的に証明されたものではないとの指摘がなされた。アルバータ大学のジャスティン・カルストらは、詳細にこれまでの研究論文や報告書類を調べ、そのほとんどがCMN以外のメカニズムによる説明が可能か、あるいは検証が不十分であると述べている。[*5] たとえば、CMNを通した植物間の直接的な炭素移動ではなく、根や菌糸から一度土壌へ放出され、その炭素を別の植物個体が吸収利用する可能性など他のメカニズムの可能性がある、という。カルストらは、報道や市民向け雑誌での記事を詳細に調べ、仮説があたかも真実のようなストーリーとして一般市民に伝わっていることを危惧している。

こうした議論については、二〇二二年一一月のニューヨークタイムズ[*6]にも解説記事として掲載されている。

森の木々がCMNでつながれた一つのシステムのようにふるまうというシマードのアイデアは、ある意味ロマンティックで非常に魅力的ではあるが、私自身も違和感を覚えた。というのは、彼女らの見方は植物中心で、菌根菌の側からの視点が乏しいのである。菌根菌は決して植物の召使いではないし、炭素化合物を通過させる単なるパイプでもない。菌は土壌から吸収した無機養分を植物へ供給し、ある意味、その代価として植物から炭素化合物を獲得しているのである。その大事な炭素を、何の利益もないのに別の植物へ受け渡すだろうか。植物が菌根菌から炭素を獲得するのは、植物が菌に寄生して栄養を獲得する菌従属栄養植物（第4章）、あるいはランの共生発芽（第8章）の場合に限られている。CMNのほんとうの姿を明らかにするには、さらなる研究が必要であろう。

②土壌粒子に絡みつく菌糸――グロマリン

アーバスキュラー菌根菌の土壌物理構造への改善効果は古くから指摘されてきた。アーバスキュラー菌根菌の菌糸は土壌粒子に絡みつき、土壌の団粒構造（土壌の微細な粒子が集合体を形成して塊となる構造）の形成に貢献している（**図1**）。団粒構造の発達した土壌は水分と空気を適度に含んでおり、植物の生育に適している。

一九九六年、米国農務省農業研究局のサラ・ライトは、アーバスキュラー菌根菌の菌糸から糊のようなタンパク質が分泌され、それが土壌団粒形成に寄与していること、そしてそのタンパク質を、代表的アーバスキュラー菌根菌であるグロムス目（Glomales）にちなんでグロマリン（Glomalin）と呼ぶことを提案した。[*7] グロマリンは、土壌にクエン酸緩衝液を加え、オートクレーブ（殺菌のために用いる研究用圧力釜）をかけて抽出されるタンパク質で、アーバスキュラー菌根菌の菌体を抗原に作製したモノクローナル抗体の反応からも、その大半がアーバスキュラー菌根菌由来であるとされた。彼女の研究をきっかけに、グロマリンと土壌団粒の形成や土壌炭素の蓄積に関わる数多くの研究が行われてきた。[*8] 環境再生型農業[※]（リジェネラティブ農業）で著名なアメリカの農家ゲイブ・ブラウンが自身の農場での土壌改良の経験を著した『土を育てる』[*9]でも、菌根菌が分泌する糊のようなグロマリンが土壌団粒形成を助けることについて触れられている。

※——明確な定義はないが、不耕起栽培や被覆作物の導入などによって土壌の有機物を増やし、土壌への炭素貯留によって気候変動緩和に貢献すると考えられている農法。

二〇一一年に「グロマリンは菌根性でないタンパク質、脂質、腐植物質を含んでいる」という単刀直入のタイトルの論文が発表され、ライトらが開発した方法で測定したグロマリンの中には、菌根菌由来ではない有機物が含まれていることが明らかにされた。[*10] しかし、その後もグロマリンに関する論文は増え続け、グロマリンが提唱されてから四半世紀を経て、グロマリンについて批判的に検討した解説がメジャーな国際誌に発表されるようになった。[*11][*12]

環境再生型農業などにおいて、カバークロップ（被覆作物）と不耕起栽培によって土壌の炭

図1　ネギの根から土壌中に伸びるアーバスキュラー菌根菌の菌糸
菌糸が土壌粒子をからめて土壌団粒形成を促進している。

素蓄積を進めている農地では、土壌団粒が発達し、有機物に富む健全な土壌が形成される。こうした土壌ではアーバスキュラー菌根菌の菌糸ネットワークが発達し、アーバスキュラー菌根菌が土壌団粒の形成に重要な役割を果たしていることは間違いない。そして、ライトの方法で測定したグロマリンと呼ばれる有機物は土壌団粒の形成と密接な関係にある。しかし、グロマリンはアーバスキュラー菌根菌由来でない多くのタンパク質などの有機物、たとえば菌根菌の菌糸に付着増殖する細菌（第9章図9）などのさまざまな土壌微生物由来のタンパク質や腐植物質などを含んでいる。

私が、ここでグロマリンについて注意を喚起したいのは、化学的な実体が不明の「グロマリン」という用語が科学者のみならず広く市民の間で用いられ、アーバスキュラー菌根菌の機能の過大評価につながることを危惧しているのである。土壌団粒形成におけるアーバスキュラー菌根菌の役割を否定するわけではない。ちなみに、ライトの所属していた米国・農務省農業研究局から発表される最近の研究論文では、グロマリンという用語の代わりに、クエン酸オートクレーブ抽出タンパク（autoclaved citrate extractable protein）という用語が用いられている。この分析法で測定したタンパク質（あるいは窒素）の量が土壌団粒の安定性や土壌肥沃度の指標として有効であることは確認されている。[*13]

（齋藤雅典）

おわりに――菌根菌の農林業への利用

これまでの章で、菌根を対象に「どのように研究を進めてきたか」という視点からそれぞれの研究の成果を解説してもらった。一方、菌根菌の植物を生育促進する効果やストレス抵抗性を向上させる効果を農業・林業・環境保全などへ利用しようという動きについては、第9章を除いて、あまり触れられていない。そこで、おわりに、菌根菌の利用・応用についての現状について述べておきたい。

①アーバスキュラー菌根菌

農作物を含む広範な植物種に共生するアーバスキュラー菌根菌には、作物の生育改善やリン酸施肥量削減の効果が期待されている（序章、前書第1章）。一般的には、播種、育苗段階でアーバスキュラー菌根菌資材が接種される。国内外の多くのメーカーがさまざまな種類のアーバスキュラー菌根菌資材を販売している。ネギのように比較的栽培期間が長く、リン酸吸収力の弱い作物への効果が期待されている。一方で、水稲やアーバスキュラー菌根菌と共生しないアブラナ科・ヒユ科の野菜への効果は期待できない。我が国の農地では長年にわたって多量のリン酸肥料が施用され、土壌中の可給態リン酸（作物が吸収しやすいリン酸）濃度が高くなっている。そのため、アーバスキュラー菌根菌の共生が阻害され、接種効果が期待できない事例も少なくない。また、農地土壌にもともとアーバスキュラー菌根菌が生息しているので、これら土着のアーバスキュラー菌根菌と接種菌の競合によって効果が現れないこともある。[*1] 一方で、この土着のアーバスキュラー菌根菌を作付体系や栽培方法でうまく作物栽培に利用しようという技術開発が進められている（前書第1章）。

国内外でさまざまなアーバスキュラー菌根菌資材が販売されているが、諸外国の資材の中にはきわめて品質の悪い製品も含まれているようである。[*2] 一方、我が国においては、地力増進法という法律の中の政令指定土壌改良資材の一つとして認められており、アーバスキュラー菌根菌資材（政令ではVA菌根菌と呼ばれている）の品質保証がなされている。ヨーロッパでは、二〇一九年のEU肥料規則の改正によりバイオスティミュラントというカテゴリが設けられ、微生物を含むバイオスティミュラントとして菌根菌資材が認められている。菌根菌資材の普及のためには資材の品質評価が重要であり、国際共同研究チームにより評価のための枠組みが提案されている。[*3]

アーバスキュラー菌根菌は宿主である植物に共生しないと増殖できない特性のために、資材調製のためには、アーバスキュラー菌根菌を共生させた植物を栽培する必要がある。生産にコストがかかるため、アーバスキュラー菌根菌資材は比較的高価である。しかし、昨今の肥料価格の高騰、リン資源の有限性を考えると、アーバスキュラー菌根菌資材の有用性は高まっている。第6章で言及されているように、植物との共生に依存しないアーバスキュラー菌根菌の単独人工培養法に向けた技術開発も進められており、将来的には、より安価に資材化が可能となるのではないかと期待されている。

畑を耕さない不耕起栽培という農法がある。耕起することによってかえって土壌侵食を引き起こすことから開発された栽培法であるが、最近では環境再生型農業の重要技術の一つとして注目されている。耕起すると土壌中に広く伸長したアーバスキュラー菌根菌の菌糸が切断されてしまうために、菌根菌の働きが抑制される。不耕起栽培では、菌糸が切断されないために、菌根菌を介した養分吸収の働きが継続的に担保される。さらにコラム「WWWとグロマリン」で紹介したように土壌団粒の形成も促進される。

②外生菌根菌

樹木の生育にとって外生菌根菌は重要である。外生菌根菌は、アーバスキュラー菌根菌と違って人工培養できる種が多いため、培養した菌を接種資材として植林のための苗生産に利用できる。植林・育林の際に接種する技術開発が進められている。オーストラリア大陸ではヨーロッパから導入した樹木の生育が貧弱であった。これはオーストラリア大陸にヨーロッパ由来の樹種へ共生する外生菌根菌が生息していなかったためであり、ヨーロッパの土壌であらかじめ育苗して菌根菌を共生させた苗木を導入することによって健全な生育が可能となった。絶滅が危惧される希少な樹木種の保全と特定の種類の菌根菌の関係が明らかにされつつあり、その現場での保全技術の開発が研究されている（第1章）。

半乾燥地帯や土壌が劣化した地帯、あるいは津波で被災して修復が求められる海岸林など、菌根菌の種類や量が少ない地帯での植林事業では菌根菌接種の効果が期待される[*4]（前書第3章）。

一方、外生菌根菌は食用キノコの生産においても重要である。マツタケは、マツに共生する外生菌根菌であるマツタケ菌がつくる子実体（キノコ）であるが、マツタケ生産のためにはマツとの共生が必須であり、マツタケ生産のための森林管理技術の開発が進められている（前書第2章）。
　また、高級食材であるトリュフはナラやマツなどの樹に共生するセイヨウショウロ属の菌の地下に形成される子実体であり、マツタケ同様に人工培養はできていない。そのためトリュフを生じる林そのものの管理が重要とされている。国内においてもトリュフを形成する菌の存在が明らかになり、その利用が進められようとしている（第2章）。

③その他の菌根菌

　ツツジ科の植物は酸性土壌などの不良土壌に適応した種類が多い。こうした環境への適応には、エリコイド菌根が大きな役割を果たしている（第3章）。また、菌従属栄養植物の多くは保全を必要とする希少な種であり、それらの保全には菌根菌を含んだ総合的な環境保全が必要である（第4章、前書第6章）。ツツジ科果樹であるブルーベリーについてはエリコイド菌根菌による接種が試みられ、接種資材が国内外で市販されているようであるが、研究事例は少なくさらに研究が必要であろう。

　いずれの菌根菌も農林業や環境保全への貢献が期待されている。しかし、多様な微生物が生息する土壌環境へ目的の菌根菌を導入しても、なかなか期待通りの効果が表れないことが多い。また、外来の菌根菌を導入する場合には、導入した種の環境中での挙動について事前に十分な配慮が必要であろう。土壌中では多種多様な微生物がバランスをとって生息している。人間の都合で、菌根菌という有用な微生物だけを増やすのは容易なことではない。土壌とそこに生息する多様な微生物と調和した菌根菌利用法を探っていく必要がある。土壌に本来生息する菌根菌を上手に活用するという視点も重要である。さまざまな新しい技術が開発されつつあり、*5 今後の研究の進展を期待したい。

（齋藤雅典）

編集後記

前書『菌根の世界——菌と植物のきってもきれない関係』は幸いにして好評で、前書とはまた違った面から菌根の最新の研究を紹介するべく、本書を企画した。現在、研究の最前線で活躍中の皆さんに、お忙しい中、執筆してもらい、ようやく本書を刊行することができた。

前書が、菌根研究のリーダーとして国内外で活躍され、菌根・キノコ・炭などに関わる数多くの本を著されてきた小川真さんのお声がけでようやく出版にまで至ったことは、同書の編集後記に記した。その小川さんが、二〇二一年八月に逝去された。同書の結びとして「菌根共生の進化を考える」を寄稿していただいたが、その原稿をいただいて、わずか一年余りで逝去されることになるとは思ってもいなかった。心よりご冥福をお祈りしたい。

本書の企画段階から出版まで、辛抱強く私の作業を待っていただき、励ましていただいた築地書館・土井二郎さん、原稿のすみずみまで目を通して的確な指摘をしていただいた同社・髙橋芽衣さんには、心より感謝申し上げる。また、図版を提供していただいた多くの方々に感謝申し上げる。

（齋藤雅典）

＊9　ゲイブ・ブラウン（著），服部雄一郎（訳）2022．土を育てる――自然をよみがえらせる土壌革命．NHK出版，東京．288p.（Gabe Brown 2018. Dirt to Soil: One Family's Journey into Regenerative Agriculture. Chelsea Green Publishing Co.）

＊10　Gillespie, A. W. *et al*.2011. Glomalin-related soil protein contains non-mycorrhizal-related heat-stable proteins, lipids and humic materials. *Soil Biol. Biochem*. 43: 766-777.

＊11　Holátko, J. *et al*. 2021. Glomalin – Truths, myths, and the future of this elusive soil glycoprotein. *Soil Biol. Biochem*. 153: 108-116.

＊12　Irving, T. B. *et al*. 2021. A critical review of 25 years of glomalin research: a better mechanical understanding and robust quantification techniques are required. *New Phytol*. 232: 1572–1581

＊13　Sainju, U.M. *et al*. 2022. Autoclaved citrate-extractable protein as a soil health indicator relates to soil properties and crop production. *Nutr. Cycl. Agroecosyst*. 124: 315–333.

● おわりに：菌根菌の農林業への利用

＊1　Niwa R. *et al*. 2018. Dissection of niche competition between introduced and indigenous arbuscular mycorrhizal fungi with respect to soybean yield responses. *Sci Rep* 8, 7419.

＊2　Salomon, M. *et al*. 2022. Global evaluation of commercial arbuscular mycorrhizal inoculants under greenhouse and field conditions. *Applied Soil Ecology*, 169, 104225.

＊3　Salomon, M. *et al*. 2022. Establishing a quality management framework for commercial inoculants containing arbuscular mycorrhizal fungi. iScience, 25, 104636.Salomon, M. *et al*. 2022. Establishing a quality management framework for commercial inoculants containing arbuscular mycorrhizal fungi. *iScience*, 25, 104636.

＊4　小川真・伊藤武・栗栖敏浩 2012．海岸林再生マニュアル――炭と菌根を使ったマツの育苗・植林・管理．築地書館，東京．80p.

＊5　日本土壌協会 2022．土壌微生物の作物生育等への活用最前線　菌根菌（1）（2）．作物生産と土づくり，2022年6・7月号 p.2-29，2022年8・9月号 p.2-22.

●第9章
＊1　Surono and Narisawa, K. 2017. The dark septate endophytic fungus *Phialocephala fortinii* is a potential decomposer of soil organic compounds and a promoter of *Asparagus officinalis* growth. *Fungal Ecology* 28:1-10.
＊2　Usuki, F. and Narisawa, K. 2007. A mutualistic symbiosis between a dark, septate endophytic fungus, *Heteroconium chaetospira*, and a non-mycorrhizal plant, Chinese cabbage, with bi-directional nutrient transfer. *Mycologia* 99: 175-184.
＊3　成澤才彦 2011. エンドファイトの働きと使い方――作物を守る共生微生物．農文協，東京．117p.
＊4　高島勇介・太田寛行・成澤才彦 2015. 糸状菌、特にエンドファイトの諸形質を内生細菌がコントロールするのか？．土と微生物 69: 16-24.
＊5　Guo, Y. and Narisawa K. 2018. Fungus-bacterium Symbionts Promote Plant Health and Performance. *Microb. Environ*. 33:102-106.
＊6　Toju, H. *et al*. 2018. Core microbiomes for sustainable agroecosystems. *Nature Plants* 4: 247-257.

●コラム：Wood Wide Web（WWW）とグロマリン
＊1　Finlay, R. D. and Read, D. J. 1986. The structure and function of the vegetative mycelium of ectomycorrhizal plants. *New Phytol*. 103: 143–156.
＊2　Simard, S. W. *et al*. 1997. Net transfer of carbon between ectomycorrhizal tree species in the field. *Nature* 388: 579–582.
＊3　スザンヌ・シマード（著），三木 直子（訳）2023. マザーツリー――森に隠された「知性」をめぐる冒険．ダイヤモンド社，東京．576p.（Simard, S. 2022. Finding the Mother Tree: Discovering the Wisdom of the Forest . Knopf Doubleday Publishing Group）
＊4　スザンヌ・シマード：森で交わされる木々の会話（TED Talks）https://www.ted.com/talks/suzanne_simard_how_trees_talk_to_each_other?language=ja
＊5　Karst, J. *et al*. 2023. Positive citation bias and overinterpreted results lead to misinformation on common mycorrhizal networks in forests. *Nat. Ecol. Evol*. 7: 501–511.
＊6　The New York Times, 7-11-2022. Are Trees Talking Underground? For Scientists, It's in Dispute. https://www.nytimes.com/2022/11/07/science/trees-fungi-talking.html
＊7　Wright, S.F. and Upadhyaya, A. 1996. Extraction of an abundant and unusual protein from soil and comparison with hyphal protein of arbuscular mycorrhizal fungi. *Soil Sci*. 161: 575-585.
＊8　Rilling, M. C. *et al*. 1999. Rise in carbon dioxide changes soil structure. *Nature* 400: 628.

＊ 8　Young, J. P. W. 2016. Bacteria are smartphones and mobile genes are apps. *Trends microbiol.* 24: 931-932.

＊ 9　小八重善裕 2017. アーバスキュラー菌根菌の遺伝的異質性 . 日本土壌肥料学雑誌 , 88: 478-487.

●第 8 章

＊ 1　Uetake, Y., Kobayashi, K. and Ogoshi, A. 1992. Ultrastructural changes during the symbiotic development of *Spiranthes sinensis*（Orchidaceae）protocorms associated with binucleate *Rhizoctonia* anastomosis group C. *Mycol. Res.* 96: 199-209.

＊ 2　Peterson, R. L., Uetake, Y. and Zelmer, C. 1998. Fungal symbioses with orchid protocorms. *Symbiosis* 25: 29-55.

＊ 3　植竹ゆかり・小林喜六・生越明 1990.　ネジバナ種子の共生発芽における２核 *Rhizoctonia* AG-C の侵入と菌毬形成.　菌蕈研究所研究報告 28：307-316.

＊ 4　Uetake, Y., Ogoshi, A. and Ishizaka, N. 1993. Cytochemical localization of malate synthase activity in the symbiotic germination of *Spiranthes sinensis*（Orchidaceae）seeds. *Trans. Mycol. Soc. Japan* 34: 63-70.

＊ 5　Uetake, Y. and Ishizaka, N. 1996. Cytochemical localization of adenylate cyclase activity in the symbiotic protocorms of *Spiranthes sinensis. Mycol. Res.* 100: 105-112.

＊ 6　Uetake, Y., Farquhar, M. and Peterson, R.L. 1997. Changes in microtubule arrays in symbiotic orchid protocorms during fungal colonization and senescence. *New Phytol.* 135: 701-709.

＊ 7　Uetake, Y. and Peterson, R.L. 1998. Association between microtubules and symbiotic fungal hyphae in protocorm cells of the orchid species, *Spiranthes sinensis. New Phytol.* 140: 715-722.

＊ 8　Peterson, R. L. *et al.* 1996. The interface between fungal hyphae and orchid protocorm cells. *Can. J. Botany* 74: 1861-1870.

＊ 9　Peterson, R.L., Uetake, Y. and Armstrong, L.N. 2000. Interactions between fungi and plant cell cytoskeleton. In: Current advances in Mycorrhizae research（ed）G. K. Podila and D. D. Douds, Jr. APS Press, St. Paul, Minnesota. P157-178.

＊ 10　Nayuki, K. *et al.* 2014. Cellular imaging of cadmium in resin sections of arbuscular mycorrhizas using synchrotron micro X-ray fluorescence. *Microb. Environ.* 29: 60-66.

＊ 11　Kuga, Y. Sakamoto, N. and Yurimoto, H. 2014. Stable isotope cellular imaging reveals that both live and degenerating fungal pelotons transfer C and N to orchid protocorms. *New Phytol.* 202: 594-605.

＊7 Saito, K. *et al.* 2007. NUCLEOPORIN85 is required for calcium spiking, fungal and bacterial symbioses, and seed production in *Lotus japonicus*. *Plant Cell*, 19: 610-624.

＊8 Sato, S. *et al.* 2008. Genome structure of the legume, *Lotus japonicus*. *DNA Res*, 15: 227-239.

＊9 Young, N.D. *et al.* 2011. The *Medicago* genome provides insight into the evolution of rhizobial symbioses. *Nature*, 480: 520-524.

＊10 Parniske, M. 2008. Arbuscular mycorrhiza: the mother of plant root endosymbioses. *Nat. Rev. Microbiol*, 6: 763-775.

＊11 Vigneron, N. *et al.* 2018. What have we learnt from studying the evolution of the arbuscular mycorrhizal symbiosis? *Curr. Opin. Plant Biol*, 44: 49-56.

＊12 Kameoka, H. *et al.* 2019. Stimulation of asymbiotic sporulation in arbuscular mycorrhizal fungi by fatty acids. *Nat. Microbiol*, 4: 1654-1660.

＊13 Sugiura, Y. *et al.* 2020. Myristate can be used as a carbon and energy source for the asymbiotic growth of arbuscular mycorrhizal fungi. *PNAS*, 117: 25779-25788.

＊14 Tanaka, S. *et al.* 2022. Asymbiotic mass production of the arbuscular mycorrhizal fungus *Rhizophagus clarus*. *Commun. Biol*, 5: 43.

●第７章

＊1 Harrison, M. J., Dewbre, G. R. and Liu, J. 2002. A phosphate transporter from *Medicago truncatula* involved in the acquisition of phosphate released by arbuscular mycorrhizal fungi. *Plant Cell*, 14: 2413-2429.

＊2 Javot, H. *et al.* 2007. A *Medicago truncatula* phosphate transporter indispensable for the arbuscular mycorrhizal symbiosis. *PNAS*, 104: 1720-1725.

＊3 Smith, S.E. and Read, D. J. 2008. Mycorrhizal symbiosis. 3rd Ed., Academic Press, London. P.65-74.

＊4 Genre, A. *et al.* 2005. Arbuscular mycorrhizal fungi elicit a novel intracellular apparatus in *Medicago truncatula* root epidermal cells before infection. *Plant Cell*, 17: 3489-3499.

＊5 Kobae, Y. and Hata, S. 2010. Dynamics of periarbuscular membranes visualized with a fluorescent phosphate transporter in arbuscular mycorrhizal roots of rice. *Plant Cell Physiol*, 51: 341-353.

＊6 Kobae, Y., and Fujiwara, T. 2014. Earliest colonization events of *Rhizophagus irregularis* in rice roots occur preferentially in previously uncolonized cells. *Plant Cell Physiol.* 55: 1497-1510.

＊7 Montero, H. and Paszkowski, U. 2022. A simple and versatile fluorochrome-based procedure for imaging of lipids in arbuscule‐containing cells. *Plant J.* 112: 294-301.

root organ cultures. *Physiol. Plant Pathol.* 5: 215-223.（図 2 使用申請済）
＊2　Powell, C.L. 1976. Development of mycorrhizal infections from Endogone spores and infected root segments. *Trans. Br. Mycol. Soc.* 66: 439-445.
＊3　Giovannetti, M. *et al*. 1996. Analysis of factors involved in fungal recognition responses to host-derived signals by arbuscular mycorrhizal fungi. *New Phytol.* 133: 65-71.（図 3 使用申請済）
＊4　Nagahashi, G. and Douds, D.D. 2000. Partial separation of root exudate components and their effects upon the growth of germinated spores of AM fungi. *Mycol Res*. 104: 1453-1464.
＊5　Buee, M. *et al*. 2000. The pre-symbiotic growth of arbuscular mycorrhizal fungi is induced by a branching factor partially purified from plant root exudates. *Mol. Plant Microb. Interact*. 13: 693-698.
＊6　Cook, C.E. *et al*. 1966. Germination of witchweed（*Striga lutea* Lour.）: isolation and properties of a potent stimulant. *Science* 154: 1189-1190.
＊7　Akiyama, K., Matsuzaki, K. and Hayashi, H. 2005. Plant sesquiterpenes induce hyphal branching in arbuscular mycorrhizal fungi. *Nature* 435: 824-827.
＊8　Besserer, A. *et al*. 2006. Strigolactones stimulate arbuscular mycorrhizal fungi by activating mitochondria. *PLoS Biol* 4:e226.
＊9　Umehara, M. *et al*. 2008. Inhibition of shoot branching by new terpenoid plant hormones. *Nature* 455:195-200.
＊10　Gomez-Roldan, V. *et al*. 2008. Strigolactone inhibition of shoot branching. *Nature* 455:189-194.

●第 6 章

＊1　Duc, G. *et al*. 1989. First report of non-mycorrhizal plant mutants（myc-）obtained in pea（*Pisum sativum* L.）and fababean（*Vicia faba* L.）. *Plant Sci*. 60: 215-222.
＊2　Handberg, K. and Stougaard, J. 1992. *Lotus japonicus*, an autogamous, diploid legume species for classical and molecular genetics. *Plant J*. 2: 487-496.
＊3　Stracke, S. *et al*. 2002. A plant receptor-like kinase required for both bacterial and fungal symbiosis. *Nature* 417: 959-962.
＊4　Endre, G. *et al*. 2002. A receptor kinase gene regulating symbiotic nodule development. *Nature* 417: 962-966.
＊5　Kojima, T. *et al*. 2014. Isolation and phenotypic characterization of *Lotus japonicus* mutants specifically defective in arbuscular mycorrhizal formation. *Plant Cell Physiol*, 55: 928-941.
＊6　Kanamori, N. *et al*. 2006. A nucleoporin is required for induction of Ca2+ spiking in legume nodule development and essential for rhizobial and fungal symbiosis. *PNAS*, 103: 359-364.

＊11 Ogura-Tsujita, Y. *et al*. 2012. Shifts in mycorrhizal fungi during the evolution of autotrophy to mycoheterotrophy in *Cymbidium*（Orchidaceae）. *Am. J. Bot.* 99: 1158–1176.

＊12 Suetsugu, K., Haraguchi, T. F. and Tayasu, I. 2022. Novel mycorrhizal cheating in a green orchid: *Cremastra appendiculata* depends on carbon from deadwood through fungal associations. *New Phytol.* 235: 333–343.

＊13 Yagame, T. *et al*. 2021. Mycobiont diversity and first evidence of mixotrophy associated with Psathyrellaceae fungi in the chlorophyllous orchid *Cremastra variabilis*. *J. Plant Res.* 134: 1213–1224.

＊14 Bidartondo, M. I. 2005. The evolutionary ecology of myco-heterotrophy. *New Phytol.* 167: 335–352.

＊15 Suetsugu, K. *et al*. 2017. Comparison of green and albino individuals of the partially mycoheterotrophic orchid *Epipactis helleborine* on molecular identities of mycorrhizal fungi, nutritional modes and gene expression in mycorrhizal roots. *Mol. Ecol.* 26: 1652–1669.

＊16 Li, M.-H. *et al*. 2022. Genomes of leafy and leafless *Platanthera* orchids illuminate the evolution of mycoheterotrophy. *Nat. Plants* 8: 373–388.

＊17 Kiers, E. T. *et al*. 2011. Reciprocal rewards stabilize cooperation in the mycorrhizal symbiosis. *Science* 333: 880–882.

＊18 Cameron, D. D. *et al*. 2008. Giving and receiving: measuring the carbon cost of mycorrhizas in the green orchid, *Goodyera repens*. *New Phytol.* 180: 176–184.

＊19 Suetsugu, K. *et al*. 2018. *Thismia kobensis*（Burmanniaceae）, a new and presumably extinct species from Hyogo Prefecture, Japan. *Phytotaxa* 369: 121–125.

＊20 Suetsugu, K. *et al*., 2023. Rediscovery of the presumably extinct fairy lantern Thismia kobensis（Thismiaceae）in Hyogo Prefecture, Japan, with discussions on its taxonomy, evolutionary history, and conservation. *Phytotaxa* 585.

●コラム：宮沢賢治の「菌根」講義

＊1 宮沢賢治記念館 2021. 2022. 特別展 賢治の祈りその①、その②.

＊2 高村毅一・宮城一男 1984. 宮沢賢治科学の世界——教材絵図の研究．筑摩書房，東京．103p.

＊3 大工原銀太郎 1916. 土壌學講義（上巻）．裳華房，東京 .

＊4 Strasburger, E. 1903. A Text-book of Botany, 2nd ed., Macmillan. New York.

＊5 三好学 1911. 最新植物学講義（上巻）．東京富山房，東京.

＊6 畑山博 1996. 宮沢賢治幻の羅須地人協会授業，廣済堂出版，東京．250p.

●第５章

＊1 Mosse, B and Hepper, C. 1975. Vesicular-arbuscular mycorrhizal infections in

＊16 Baba, T. *et al*. 2018. Heterorhizy and fine root architecture of rabbiteye blueberry（*Vaccinium virgatum*）softwood-cuttings. *J. Plant Res*. 131: 271–284.

＊17 Baba, T. *et al*. 2021. *In vitro* inoculation effects and colonization pattern of *Leohumicola verrucosa, Oidiodendron maius*, and *Leptobacillium leptobactrum* on fibrous and pioneer roots of *Vaccinium oldhamii* hypocotyl cuttings. *Plant Root* 15:1–9.

＊18 Baba, T. and Hirose, D. 2021. Slow-growing fungi belonging to the unnamed lineage in Chaetothyriomycetidae form hyphal coils in vital ericaceous rhizodermal cells *in vitro. Fungal. Biol*, 125:1026-1035.

＊19 Baba, T. *et al*. 2021. Genetic variations and *in vitro* root-colonizing ability for an ericaceous host in *Sarcoleotia globosa*（Geoglossomycetes）. *Fungal Biol*. 125: 971–979.

＊20 Vierheilig, H. *et al*. 1998. Ink and vinegar, a simple staining technique for arbuscular-mycorrhizal fungi. *Appl. Environ. Microb*. 64:5004-5007.

●第４章

＊1 Leake, J. R. 1994. The biology of myco-heterotrophic（'saprophytic'）plants. *New Phytol*. 127: 171–216.

＊2 末次健司 2023.「植物」をやめた植物たち（「たくさんのふしぎ」９月号）. 福音館書店，東京.

＊3 Suetsugu, K., Kawakita, A. and Kato, M. 2008. Host range and selectivity of the hemiparasitic plant *Thesium chinense*（Santalaceae）. *Ann. Bot*. 102: 49–55.

＊4 Bidartondo, M. I. *et al*. 2004. Changing partners in the dark: isotopic and molecular evidence of ectomycorrhizal liaisons between forest orchids and trees. *Proc. R. Soc*. Lond. B Biol. Sci. 271: 1799–1806.

＊5 Suetsugu, K. 2013. *Gastrodia takeshimensis*（Orchidaceae）, a new mycoheterotrophic species from Japan. *Ann. Bot. Fenn*. 50: 375–378.

＊6 Suetsugu, K. 2018. Independent recruitment of a novel seed dispersal system by camel crickets in achlorophyllous plants. *New Phytol*. 217: 828–835.

＊7 Kusano, S. 1911. Preliminary note on *Gastrodia elata* and its mycorhiza. *Ann. Bot*. 25: 521–523.

＊8 Ogura-Tsujita, Y. *et al*. 2009. Evidence for novel and specialized mycorrhizal parasitism: The orchid *Gastrodia confusa* gains carbon from saprotrophic *Mycena*. *Proc. R. Soc*. B-Biol. Sci. 276: 761–767.

＊9 Suetsugu, K., Matsubayashi, J. and Tayasu, I. 2020. Some mycoheterotrophic orchids depend on carbon from dead wood: Novel evidence from a radiocarbon approach. *New Phytol*. 227: 1519–1529.

＊10 Thoen, E. *et al*. 2020. In vitro evidence of root colonization suggests ecological versatility in the genus *Mycena*. *New Phytol*. 227: 601–612.

●第3章

＊1 Freudenstein, J. V. *et al*. 2016. Phylogenetic relationships at the base of Ericaceae: Implications for vegetative and mycorrhizal evolution. *Taxon* 65:794–804.

＊2 Read, D. J. 1996. The structure and function of the ericoid mycorrhizal root. *Ann. Bot*. 77: 365–374.

＊3 Duddridge, J. and Read, D. J. 1982. An ultrastructural analysis of the development of mycorrhizas in *Rhododendron ponticum*. *Can. J. Botany* 60: 2345–2356.

＊4 Setaro, S. *et al*. 2006. Sebacinales form ectoendomycorrhizas with *Cavendishia nobilis*, a member of the Andean clade of Ericaceae, in the mountain rain forest of southern Ecuador. *New Phytol*. 169: 355–365.

＊5 Vohník, M. 2020. Ericoid mycorrhizal symbiosis: theoretical background and methods for its comprehensive investigation. *Mycorrhiza*. 30: 671–695

＊6 Pearson, V. and Read, D. J. 1973. The biology of mycorrhiza in the Ericaceae II. The transport of carbon and phosphorus by the endophyte and the mycorrhiza. *New Phytol* 72:1325–1331.

＊7 Grelet, G.-A. *et al*. 2009. Reciprocal carbon and nitrogen transfer between an ericaceous dwarf shrub and fungi isolated from *Piceirhiza bicolorata* ectomycorrhizas. *New Phytol* 182:359–366.

＊8 Cairney J. W. G. and Meharg, A. A. 2003. Ericoid mycorrhiza: A partnership that exploits harsh edaphic conditions. *Eur. J. Soil Sci*. 54:735–740.

＊9 Martino, E. *et al*. 2018. Comparative genomics and transcriptomics depict ericoid mycorrhizal fungi as versatile saprotrophs and plant mutualists. *New Phytol*. 217:1213–1229.

＊10 Bradley, R. *et al*. 1981. Mycorrhizal infection and resistance to heavy metal toxicity in *Calluna vulgaris*. *Nature* 292:335–337.

＊11 Grunewaldt-Stöcker, G. *et al*. 2013. Interactions of ericoid mycorrhizal fungi and root pathogens in *Rhododendron*: *In vitro* tests with plantlets in sterile liquid culture. *Plant Root* 7:33–48.

＊12 Wei, X. *et al*. 2020. Ericoid mycorrhizal fungus enhances microcutting rooting of *Rhododendron fortunei* and subsequent growth. *Hortic. Res*. 7: 140.

＊13 Wurzburger, N. and Hendrick, R. L. 2009. Plant litter chemistry and mycorrhizal roots promote a nitrogen feedback in a temperate forest. *J. Ecol*. 97: 528–536.

＊14 Leopold, D. R. 2016. Ericoid fungal diversity: Challenges and opportunities for mycorrhizal research. *Fungal Ecol*. 24:114–123.

＊15 下園文雄 2003. 講演会を終えて．小石川植物園後援会ニュースレター 25号：1–5.

ONE 13: e0193745.

＊18 Bonito, G. *et al*. 2013. Historical biogeography and diversification of truffles in the Tuberaceae and their newly identified southern hemisphere sister lineage. *PLoS ONE* 8: e52765.

＊19 Martin, F. *et al*. 2010. Périgord black truffle genome uncovers evolutionary origins and mechanisms of symbiosis. *Nature* 464: 1033–1038.

＊20 Rubini, A. *et al*. 2011. *Tuber melanosporum*: Mating type distribution in a natural plantation and dynamics of strains of different mating types on the roots of nursery-inoculated host plants. *New Phytol*. 189: 723–735.

＊21 Nakamura, N. *et al*. 2020. Genotypic diversity of the Asiatic black truffle, *Tuber himalayense*, collected in spontaneous and highly productive truffle grounds. *Mycol. Prog*. 19: 1511–1523.

＊22 Schneider-Maunoury, L. *et al*. 2020. Two ectomycorrhizal truffles, *Tuber melanosporum* and *T. aestivum*, endophytically colonise roots of non-ectomycorrhizal plants in natural environments. *New Phytol*. 225: 2542–2556.

＊23 Nakano, S. *et al*. 2022. Mitospore formation on pure cultures of *Tuber japonicum*（Tuberaceae, Pezizales）in vitro. *Mycorrhiza* 32: 353–360.

＊24 森林総合研究所 2023. プレスリリース「国産トリュフを人工的に発生させることに成功した」. https://www.ffpri.affrc.go.jp/press/2023/20230209/index.html

＊25 Sánchez-García, M. *et al*. 2020. Fruiting body form, not nutritional mode, is the major driver of diversification in mushroom-forming fungi. Proc. Nat. Acad. Sci. 117: 32528–32534.

＊26 Kobayashi, Y. *et al*. 2023. The genome of *Lyophyllum shimeji* provides insight into the initial evolution of ectomycorrhizal fungal genomes. DNA Res. 30: dsac053.

●コラム：きのこの下の菌糸をたどって新発見

＊1 Kobayashi, H. and Hatano, K. 2001. A morphological study of the mycorrhiza of *Entoloma clypeatum* f. *hybridum* on *Rosa multiflora*. *Mycoscience* 42: 83-90.

＊2 Agerer, R. and Waller, K. 1993. Mycorrhizae of *Entoloma saepium*: parasitism or symbiosis? *Mycorrhiza*, 3: 145–154.

＊3 Shishikura, M. *et al*. 2021. Four mycelial strains of *Entoloma clypeatum* species complex form ectomycorrhiza-like roots with *Pyrus betulifolia* seedlings in vitro, and one develops fruiting bodies 2 months after inoculation. *Mycorrhiza*, 31: 31–42.

＊3 Bruns T.D. *et al*. 1989. Accelerated evolution of a false-truffle from a mushroom ancestor. *Nature* 111: 140–142.

＊4 Miyauchi, S. *et al*. 2020. Large-scale genome sequencing of mycorrhizal fungi provides insights into the early evolution of symbiotic traits. *Nature Comm*. 11: 5125.

＊5 Kinoshita, A., Sasaki, H. and Nara, K. 2011. Phylogeny and diversity of Japanese truffles（*Tuber* spp.）inferred from sequences of four nuclear loci. *Mycologia* 103: 779–794.

＊6 Co-David, D., Langeveld, D. and Noordeloos, M.E. 2009. Molecular phylogeny and spore evolution of Entolomataceae. *Persoonia* 23: 147–176.

＊7 Kobayashi, H., Degawa, Y. and Yamada, A. 2003. Two new records of entolomatoid fungi associated with rosaceous plants from Japan. *Mycoscience* 44: 331–333.

＊8 佐々木廣海，木下晃彦，奈良一秀 2016．地下生菌識別図鑑．誠文堂新光社，東京．143p.

＊9 Kinoshita, A., Sasaki, H. and Nara, K. 2012. Multiple origins of sequestrate basidiomes within *Entoloma* inferred from molecular phylogenetic analyses. *Fungal Biol*. 116: 1250–1262.

＊10 Agerer, R. and Waller, K. 1993. Mycorrhizae of *Entoloma saepium*: parasitism or symbiosis? *Mycorrhiza* 3: 145–154.

＊11 Sánchez-García, M. and Matheny, P.B. 2017. Is the switch to an ectomycorrhizal state an evolutionary key innovation in mushroom-forming fungi? A case study in the Tricholomatineae（Agaricales）. *Evolution* 71: 51–65.

＊12 Imai, S. 1940. Second note on the Tuberales of Japan. *Proc. Imperial Acad*. 16: 153–154.

＊13 Kinoshita, A. *et al*. 2022. *Tuber torulosum*: A new truffle species decorated with moniliform cystidia from Japan. *Mycoscience* 63: 26–32.

＊14 Sato, H., Tanabe, A.S. and Toju, H. 2017. Host shifts enhance diversification of ectomycorrhizal fungi: Diversification rate analysis of the ectomycorrhizal fungal genera *Strobilomyces* and *Afroboletus* with an 80-gene phylogeny. *New Phytol*. 214: 443–454.

＊15 Kinoshita, A., Sasaki, H. and Nara, K. 2016. Two new truffle species, *Tuber japonicum* and *Tuber flavidosporum* spp. nov. found from Japan. *Mycoscience* 57: 366–373.

＊16 Shimokawa, T. *et al*. 2020. Component features, odor-active volatiles, and acute oral toxicity of novel white-colored truffle *Tuber japonicum* native to Japan. *Food Sci. Nutr*. 8: 410–418.

＊17 Kinoshita, A. *et al*. 2018. Using mating-type loci to improve taxonomy of the *Tuber indicum* complex, and discovery of a new species, *T. longispinosum*. *PLoS*

fungi in endangered Japanese Douglas-fir forests. *Ecol. Res.* 32: 469-479.
＊19　奈良一秀 2020. 絶滅危惧樹木の保全に不可欠な菌根菌の系統分類と菌株コレクションの構築 . *IFO Research Communications* 34: 3-15.
＊20　Mujic, A.B., Hosaka, K. and Spatafora, J.W. 2014. *Rhizopogon togasawariana* sp. nov., the first report of *Rhizopogon* associated with an Asian species of *Pseudotsuga. Mycologia* 106: 105-112.
＊21　Wen, Z. *et al*. 2017. Soil spore bank communities of ectomycorrhizal fungi in endangered Chinese Douglas fir forests. *Mycorrhiza* 28: 49-58.
＊22　Murata, M., Kanetani, S. and Nara, K. 2017. Ectomycorrhizal fungal communities in endangered *Pinus amamiana* forests. *Plos One* 12（12）：e0189957.
＊23　Sugiyama, Y., Murata, M. and Nara, K. 2018. A new *Rhizopogon* species associated with *Pinus amamiana* in Japan. *Mycoscience* 59: 176-180.
＊24　奈良一秀・村田政穂 2018. 絶滅危惧樹木を支えるキノコの発見――共進化した菌根菌が保全の鍵 !?.　遺伝 72: 448-453.
＊25　IUCN 2022. The IUCN Red List of Threatened Species. Ver. 2022-2. https://www.iucnredlist.org. Accessed on Feb 18, 2023.
＊26　Sugiyama, Y. *et al*. 2019. Towards the conservation of ectomycorrhizal fungi on endangered trees: native fungal species on *Pinus amamiana* are rarely conserved in trees planted *ex situ. Mycorrhiza* 29: 195-20.

●コラム：菌類の分類

＊1　Strassert, J.F.H. and Monaghan, M.T. 2022. Phylogenomic insights into the early diversification of fungi, *Current Biol.*, 32: 1-8.

●コラム：菌根共生が教科書に掲載されるまで

＊1　市石　博 2007. 学校便り（3）生態系をみる新たな視点――土の中に広がるネットワーク『菌根菌』研究の現場を見聞きして．日本生態学会誌 57: 277-280.
＊2　文部科学省検定済教科書 2012. 高等学校理科用「科学と人間生活――くらしの中のサイエンス」数研出版.

●第2章

＊1　ザッカリー・ノワク（著），富原まさ江（訳）2017.　トリュフの歴史．原書房，東京．192p.（Nowak Z. 2015. *Truffle: a global history*. Reaktion Books, London）
＊2　Frank, A.B., and Trappe, J.M. 2005. On the nutritional dependence of certain trees on root symbiosis with belowground fungi (an English translation of A.B. Frank's classic paper of 1885). *Mycorrhiza* 15: 267–275.

primary successional volcanic desert on the southeast slope of Mount Fuji. *Mycorrhiza* 17:495-506.
* 5 Nara, K., Nakaya, H. and Hogetsu, T. 2003. Ectomycorrhizal sporocarp succession and production during early primary succession on Mount Fuji. *New Phytol.* 158:193-206.
* 6 Ishida, T. A. *et al.* 2008. Germination and infectivity of ectomycorrhizal fungal spores in relation to ecological traits during primary succession. *New Phytol.* 180: 491-500.
* 7 Nara, K. *et al.* 2003. Underground primary succession of ectomycorrhizal fungi in a volcanic desert on Mount Fuji. *New Phytol.* 159: 743-756
* 8 Lian, C. *et al.* 2003. Genetic structure and reproduction dynamics of *Salix reinii* during primary succession on Mount Fuji, as revealed by nuclear and chloroplast microsatellite analysis. *Mol. Ecol.* 12: 609-618.
* 9 Nara, K. and Hogetsu, T. 2004. Ectomycorrhizal fungi on established shrubs facilitate subsequent seedling establishment of successional plant species. *Ecology* 85: 1700-1707.
* 10 Nara, K. 2006. Ectomycorrhizal networks and seedling establishment during early primary succession. *New Phytol.* 169: 169-178.
* 11 Nara, K. 2006. Pioneer dwarf willow may facilitate tree succession by providing late colonizers with compatible ectomycorrhizal fungi in a primary successional volcanic desert. *New Phytol.* 171: 187-198.
* 12 Nara, K. 2015. The role of ectomycorrhizal networks in seedling establishment and primary succession. In: Mycorrhizal Network, Ecological studies series, Tom Horton ed., pp.177-201. Springer, New York.
* 13 Ashkannejhad, S. and Horton, T.R. 2005. Ectomycorrhizal ecology under primary succession on coastal san dunes: interactions involving *Pinus contorta*, suilloid fungi and deer. *New Phytol.* 169:345-354.
* 14 Ishikawa, A. and Nara, K. 2023. Primary succession of ectomycorrhizal fungi associated with *Alnus sieboldiana* on Izu-Oshima Island, Japan. *Mycorrhiza* 33: 187-197.
* 15 Baar, J. *et al.* 1999. Mycorrhizal colonization of *Pinus muricata* from resistant propagules after a stand-replacing wildfire. *New Phytol.* 143:409-418.
* 16 Grubisha, L.C. *et al.* 2002. Biology of the ectomycorrhizal genus Rhizopogon. VI. Re-examination of infrageneric relationships inferred from phylogenetic analyses of ITS sequences. *Mycologia* 94: 607-619.
* 17 Murata, M., Kinoshita, A. and Nara, K. 2013. Revisiting the host effect on ectomycorrhizal fungal communities: implications from host–fungal associations in relict *Pseudotsuga japonica* forests. *Mycorrhiza* 23: 641-653.
* 18 Murata, M., Nagata, Y. and Nara, K. 2017. Soil spore banks of ectomycorrhizal

参考文献

●菌根全般について

小川　真 1980. 菌を通して森をみる——森林の微生物生態学入門．創文，東京．279p.

小川　真 1987. 作物と土をつなぐ共生微生物——菌根の生態学．農山漁村文化協会，東京．241p.

Brundrett, M. *et al*. 1996. Working with Mycorrhizas in Forestry and Agriculture. AClAR, Canberra, 374p.

https://www.aciar.gov.au/publication/working-mycorrhizas-forestry-and-agriculture（ダウンロード可）

Peterson, R. L., Massicotte, H.B. and Melville, L. H. 2004. Mycorrhizas: Anatomy and Cell Biology. National Research Council of Canada. Ottawa, 173p.

Smith, S.E. and Read, D.J. 2008. Mycorrhizal Symbiosis. 3rd Ed., Academic Press, London, 787p.

日本菌学会（編）2013. 菌類の事典．朝倉書店，東京．717p.

齋藤雅典（編）2020. 菌根の世界——菌と植物のきってもきれない関係．築地書館，東京．248p.

●序　章

＊1　Brundrett, M.C. and Tedersoo, L. 2018. Evolutionary history of mycorrhizal symbioses and global ho st plant diversity. *New Phytol*. 220: 1108-1115.

＊2　小川　真 2013. カビ・キノコが語る地球の歴史——菌類・植物と生態系の進化．築地書館，東京．328p.

＊3　Strullu-Derrien, C. *et al*. 2018. The origin and evolution of mycorrhizal symbioses: from palaeomycology to phylogenomics. *New Phytol*. 220: 1012-1030.

●第１章

＊1　奈良一秀 2014. 木を育て、森を生み出す微生物「菌根菌」．森林科学 70：31-34.

＊2　Abuzinadaha, R. A. and Read, D.J. 1986. The role of proteins in the nutrition of ectomycorrhizal plants. 1. Utilization of peptides and proteins by ectomycorrhizal fungi. *New Phytol*. 103: 481-493.

＊3　Zhou, Z. *et al*. 2003. Patch establishment and development of a clonal plant, *Polygonum cuspidatum*, on Mt. Fuji. *Mol. Ecol*. 12: 1361-1373.

＊4　Wu, B. *et al*. 2007. Community structure of arbuscular mycorrhizal fungi in a

【マ行】

【ヤ行】

【ラ行】

【ナ行】

【ハ行】

【タ行】

【サ行】

【カ行】

索引

【A ～ Z】

【ア行】

著者紹介（執筆順）

齋藤雅典（さいとう・まさのり）

一九五二年東京都生まれ。東京大学大学院農学系研究科を修了後、農林水産省・東北農業試験場、同・畜産草地研究所、農業環境技術研究所を経て、東北大学大学院農学研究科教授。二〇一八年に定年退職、同・名誉教授。研究テーマは、アーバスキュラー菌根菌の生理・生態とその利用技術。農業生態系における土壌肥沃度管理。農業活動に関わるライフサイクルアセスメントなど。おもな著書に、“Arbuscular mycorrhizas: molecular biology and physiology”（共著、Kluwer、2000）、『微生物の資材化——研究の最前線』（共著、ソフトサイエンス社、二〇〇〇）、『新・土の微生物（10）研究の歩みと展望』（共著、博友社、二〇〇三）、『菌根の世界——菌と植物のきってもきれない関係』（編著、築地書館、二〇二〇）などがある。

奈良一秀（なら・かずひで）

一九六八年生まれ。一九九一年東京大学農学部卒業、一九九三年同大学院農学系研究修士課程修了。農林水産省森林総合研究所研究員、東京大学アジア生物資源環境研究センター助教などを経て、二〇一六年から東京大学大学院新領域創成科学研究科教授。専門は微生物生態学。おもに、キノコと樹木の外生菌根共生に着目した植生遷移や絶滅危惧樹木保全の研究を行ってきた。また、トリュフやショウロなど、地中にできるキノコの研究にも取り組み、多くの新種を発見している。著書として、『攪乱と遷移の自然史——「空き地」の植物生態学』（共著、北海道大学出版会、二〇〇八）、『地下生菌識別図鑑——日本のトリュフ。地下で進化したキノコの仲間たち』（共著、誠文堂新光社、二〇一六）などがある。

木下晃彦（きのした・あきひこ）

一九七九年生まれ。二〇〇七年広島大学大学院生物圏科学研究科博士課程後期修了。東京大学アジア生物資源環境研究センター、同大学大学院新領域創成科学研究科、国立科学博物館植物研究部、森林総合研究所でのポスドクを経て、二〇一七年より森林総合研究所九州支所主任研究員。現在、森林総合研究所九州支所森林微生物管理研究グループグループ長。専門はトリュフの分類や生態など基礎、および栽培化に向けた応用研究。また菌根共生系を介した保全研究にも取り組んでいる。おもな著書に『地下生菌識別図鑑——日本のトリュフ。地下で進化したキノコの仲間たち』(共著、誠文堂新光社、二〇一六)、『日本菌類百選——きのこ・カビ・酵母と日本人』(共著、八坂書房、二〇二〇)。

小林久泰(こばやし・ひさやす)
一九六九年大阪府生まれ。京都大学大学院人間・環境学研究科単位取得退学後、大阪市立自然史博物館外来研究員を経て、二〇〇一年より茨城県林業技術センター勤務となる。流動研究員、任期付研究員、主任研究員を経て現在はきのこ特産部長。博士(農学)。研究テーマは菌根性キノコ類を中心とした特用林産物の栽培技術開発。おもな著書に、『きのこの100不思議』(共著、東京書籍、一九九七)、『菌類の事典』(共著、朝倉書店、二〇一三)、『日本菌類百選——きのこ・カビ・酵母と日本人』(共著、八坂書房、二〇二〇)などがある。

馬場隆士(ばば・たかし)
一九九〇年長崎県生まれ。東京農工大学大学院連合農学研究科を修了後、農業・食品産業技術総合研究機構果樹茶業研究部門任期付研究員を経て、同部門果樹生産研究領域の研究員。根研究学会所属。果樹園芸学を出発点に、エリコイド菌根性植物における多様な菌の共生、なかでも根の形態と菌共生の関係の研究を通じて、植物・菌双方の生き方の理解とそれに基づく菌の利用法の開発に取り組み、現在に至る。

広瀬　大(ひろせ・だい)
一九七六年神奈川県生まれ。筑波大学大学院生命環境科学研究科を修了後、筑波大学菅平高原実験センター非常勤研究員などを経て、現在日本大学薬学部教授。現在の主たる研究テーマはヒトの病原真菌、霊長類の常在菌、住環境中の好乾性菌などの進化・生態であるが、院生時に魅せられたツツジの根内共生菌の多様性研究も継続している。おもな著書に『微生物生態学への招待——森をめぐるミクロな世界』(共著、京都大学学術出版会、二〇一二)、『菌類の事典』(共著、朝倉書店、二〇一三)、『シリーズ現代の生態学(6)　感染症の生態学』(共著、共立出版、二〇一六)、訳書に『菌類の生物学――生活様式を理解する』（共訳、京都大学学術出版会、二〇一一）などがある。

末次健司（すえつぐ・けんじ）

一九八七年生まれ。二〇一四年京都大学大学院人間・環境学研究科博士後期課程修了。京都大学白眉センター特定助教などを経て、二〇二二年から神戸大学大学院理学研究科教授・神戸大学高等学術研究院卓越教授。専門は進化生態学。おもに、光合成をやめた植物「菌従属栄養植物」の生態を研究し、妖精のランプ「コウベタヌキノショクダイ」など多くの新種を発見。さらに自然界の不思議を明らかにすることをモットーとし、菌従属栄養植物に加え広範な動植物やキノコに関する研究も展開。たとえば、ナナフシが鳥に食べられても、子孫を分散できることを示唆した研究は、驚きをもって迎えられた。著書として『「植物」をやめた植物たち』（福音館書店、「たくさんのふしぎ」二〇二三年九月号）などがある。

秋山康紀（あきやま・こうき）

一九六七年兵庫県生まれ。岡山大学農学部総合農業科学科を卒業、岡山大学大学院自然科学研究科を修了後、農林水産省・農業生物資源研究所非常勤職員を経て、一九九六年より大阪府立大学農学部勤務。現在、大阪公立大学大学院農学研究科教授。農学博士。研究テーマは、アーバスキュラー菌根共生における共生制御物質の解明。二〇〇六年日本農芸化学会・農芸化学奨励賞、二〇一二年トムソン・ロイター第三回リサーチフロントアワード、二〇一六年植物化学調節学会・学会賞などを受賞。おもな著書に、『菌類の事典』（共著、朝倉書店、二〇一三）などがある。

齋藤勝晴（さいとう・かつはる）

一九七四年福島県生まれ。東北大学大学院農学研究科を修了後、博士研究員として畜産草地研究所（現・農研機構畜産研究部門）と東京大学理学部に在籍。現在は、信州大学学術研究院農学系教授。研究テーマは、土壌肥料・植物栄養学を専門とし、アーバスキュラー菌根の生理・生態の解明とその利用技術の開発に取り組む。おもな著書に、“Molecular Mycorrhizal Symbiosis”（共著、John Wiley & Sons、2016）、『実践土壌学シリーズ（3）土壌生化学』（共著、朝倉書店、二〇一九）、『食と微生物の事典』（共著、朝倉書店、二〇一七）、『共進化の生態学――生物間相互作用が織りなす多様性』（共著、文一総合出版、二〇〇八）などがある。

小八重善裕（こばえ・よしひろ）

一九七六年宮崎県生まれ。名古屋大学大学院生命農学研究科を修了後、名古屋大学、東京大学、農研機構北海道農業研究センターのポスドクを経て、二〇一八年から酪農学園大学循環農学類准教授。研究テーマは作物の菌根と地力の関係を理解して農業利用につなげること。二〇一六年、「アーバスキュラー菌根の細胞内動態に関する研究」で日本土壌肥料学会・奨励賞を受賞。おもな著書に『新植物栄養・肥料学（改訂版）』（共著、朝倉書店、二〇二三）などがある。

久我ゆかり（くが・ゆかり）

一九六二年北海道生まれ。北海道大学大学院農学研究科を修了。北海道薬科大学助手、ゲルフ大学博士研究員、生研機構派遣研究員（農業環境技術研究所、畜産草地研究所）、ゲルフ大学共焦点レーザー顕微鏡室主任、信州大学農学部食料生産科学科准教授を経て、広島大学大学院統合生命科学研究科教授。研究テーマは植物と共生真菌の相互作用。菌根の細胞科学（ラン科菌根、アーバスキュラー菌根など）、温水処理による白紋羽病菌衰退機構の解明など。おもな著書に、“Current advances in Mycorrhizae research”（共著、APS Press、2000）、『微生物の事典』（共著、朝倉書店、二〇〇八）、『フローチャート標準生物学実験』（共著、実教出版、二〇一一）、『菌類の事典』（共著、朝倉書店、二〇一三）、『難培養微生物研究の最新技術Ⅲ――微生物の生き様に迫り課題解決へ』（共著、シーエムシー出版、二〇一五）、“Methods in Rhizosphere Biology Research”（共著、Springer、2019）などがある。

成澤才彦（なりさわ・かずひこ）

筑波大学大学院農学研究科農林学専攻（博士課程）修了後、茨城県生物工学研究所、カナダ・アルバータ大学・学位取得後研究員を経て、茨城大学農学部教授。研究テーマは、根部エンドファイト（ＤＳＥ）の生態学的研究、特にアブラナ科植物とＤＳＥの相互作用、ＤＳＥを含む菌類に内生するバクテリア研究、そしてＤＳＥをコアとする微生物ネットワークの農業利用。おもな著書に『有機農業大全――持続可能な農の技術と思想』（共著、コモンズ、二〇一九）、『農学入門――食料・生命・環境科学の魅力』（共著、養賢堂、二〇一三）、『エンドファイトの働きと使い方――作物を守る共生微生物』（農山漁村文化協会、二〇一一）。

もっと菌根《きんこん》の世界
知られざる根圏のパートナーシップ

2023年9月22日　初版発行

編著者　齋藤雅典
発行者　土井二郎
発行所　築地書館株式会社
〒104-0045 東京都中央区築地 7-4-4-201
TEL.03-3542-3731　FAX.03-3541-5799
http://www.tsukiji-shokan.co.jp/
振替 00110-5-19057
印刷・製本　シナノ印刷株式会社
装丁　吉野 愛

 ISBN978-4-8067-1655-6

●築地書館の本●

海岸林再生マニュアル
炭と菌根を使ったマツの育苗・植林・管理

小川真＋伊藤武＋栗栖敏浩［著］　1,000円＋税

日本全国で急速に消えつつある海岸林。塩害に強く、防災、防風、防砂、景観づくり、キノコ狩りの楽しみなど、さまざまな機能を持つ海岸林復活のために必要な技術を、最新の実践に基づく知見をもとにコンパクトにまとめた。

森とカビ・キノコ
樹木の枯死と土壌の変化

小川真［著］　2,400円＋税

日本列島の森で、マツ、ナラ、サクラ、クリ、スギ、ヒノキ、タケなど､多くの樹木が大量枯死しはじめている。原因は何なのか？
その時、土壌の菌類相の変化の影響は……。
拡大する樹木の枯死現象の謎に、菌類学の第一人者が迫る。

菌と世界の森林再生

小川真［著］　2,600円＋税

炭と菌根を使って世界各地の森林再生プロジェクトをリードしてきた菌類学者が、ロシア、アマゾン、ボルネオ、中国、オーストラリアなどでの先進的な実践事例を紹介する。
◎熱帯雨林の王者フタバガキの菌根菌つき苗と菌根のない苗の生存率比較 など

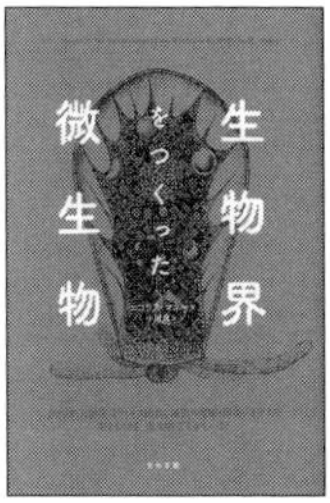

生物界をつくった微生物

ニコラス・マネー［著］小川真［訳］　2,400円＋税

著者は、地球上の生物に対する考え方をひっくり返さなければならないと説く。葉緑体からミトコンドリアまで、生物界は微生物の集合体であり、動物や植物は、微生物が支配する生物界のほんの一部にすぎないのだ。単細胞の原核生物や藻類、菌類、バクテリア、古細菌、ウイルスなど、その際立った働きを紹介する。